金昌植物图鉴

JINCHANG ZHIWU TUJIAN

赵德善　陈文业　刘世增 ◎ 主编

甘肃科学技术出版社

图书在版编目（CIP）数据

金昌植物图鉴 / 赵德善, 陈文业, 刘世增主编. --
兰州：甘肃科学技术出版社, 2022.5
ISBN 978-7-5424-2908-7

Ⅰ. ①金… Ⅱ. ①赵… ②陈… ③刘… Ⅲ. ①植物-
金昌-图集 Ⅳ. ①Q948.524.23-64

中国版本图书馆 CIP 数据核字(2022)第 073288 号

金昌植物图鉴

赵德善 陈文业 刘世增 主编

责任编辑 陈学祥 于佳丽
封面设计 麦朵设计

出　版 甘肃科学技术出版社
社　址 兰州市城关区曹家巷 1 号 730030
网　址 www.gskejipress.com
电　话 0931-2131572(编辑部) 0931-8773237(发行部)

发　行 甘肃科学技术出版社　印　刷 兰州星河印务有限责任公司
开　本 889 毫米 × 1194 毫米 1/16　印　张 32.5　插　页 4　字　数 804 千
版　次 2022 年 7 月第 1 版
印　次 2022 年 7 月第 1 次印刷
印　数 1~1500
书　号 ISBN 978-7-5424-2908-7　定　价 298.00 元

项 目 资 助

第二次青藏高原综合考察研究森林和灌丛生态系统与资源管理专题(2019QZKK0301)

敦煌西湖荒漠——湿地生态系统环境特征及生态服务功能恢复技术研究与示范(1302FKDA035)

甘肃敦煌西湖湿地生态系统国家定位观测研究站

金昌市戈壁沙漠植物保护利用开发研究与示范(1503FCMC012)

编 委 会

序

金昌位于甘肃省河西走廊中段，祁连山脉北麓，阿拉善台地南缘。北、东与民勤县相连，东南与凉州区相靠，南与肃南裕固族自治县相接，西南与青海省门源回族自治县搭界，西与民乐、山丹县接壤，西北与内蒙古自治区阿拉善右旗毗邻，全境东西长 144.78 千米，南北宽 134.6 千米，总面积 9593 平方千米。是我国最大的镍钴生产基地，被誉为祖国的“镍都”。

金昌地处阿拉善高原，青藏高原北部边缘地带，境内高山丘陵，绿洲平原、沙漠戈壁相间分布，年均温度 4.8~9.2℃，年日照率 51%~66%，年均降水量 200 毫米左右，年均蒸发量 2827 毫米，气候干旱，风大沙多，植被稀少，水资源匮乏，生态环境脆弱。由于其特殊的地理位置和独特的气候特征，金昌孕育了丰富的野生植物资源，野生植物是经过长期的自然筛选保留下来的优势种，在当地的林业生态环境建设和自然修复过程中发挥着较大的作用，为该区域经济社会发展和生态文明建设做出了积极贡献。因此，开展金昌市野生植物多样性本底资源调查，摸清家底、掌握实情，编写一本系统、全面、图文并茂的描述野生植物的专业性图鉴非常必要，必将为我们深入认识金昌市植物，合理利用植物资源和加强生态文明建设做出重要贡献，为助推“双碳”目标实现提供科学依据。

图鉴的编著工作由甘肃省林业科学研究院、金昌市林业和草原局及永昌县自然资源局等一批长期从事林草科学研究的科技人员共同完成，他们历时 10 多个春秋，走遍金昌大地的高山、平原、草原、戈壁、荒漠，从海拔 1200 米的荒漠戈壁到海拔 4500 米的祁连山冷龙岭，无不留下他们艰辛探寻的足迹。为了获得逼真、生动、翔实的第一手资料，他们以步当车、以苦为乐，走遍金昌的沟沟坎坎，拍遍金昌的一草一木，付出了常人难以想象的艰辛与努力，最终拍摄完了 8000 余幅植物照片，经过细心筛选，精心编撰、反复修改、数易其稿，完成了一本数据翔实、图文并茂的《金昌植物图鉴》。

《金昌植物图鉴》运用了现代数码影像技术，采用图文并茂的设计理念，共收集了89科420属925种植物，详细记录了每种植物器官特征，描述了生境、植物学和生态学特征以及利用价值。

《金昌植物图鉴》文字简练、通俗易懂、科学严谨，内容丰富翔实，图片直观形象，是一部集专业性、知识性、科普性为一体的学术著作，既为广大林草科技工作者和植物研究者提供了一本简洁实用的工具书，也可以满足广大林草工作者学习和应用的需要，是一本重要的参考资料。

《金昌植物图鉴》一书开创了金昌植物研究基础性、系统性收集整理植物研究资料的先河，对当前的林草资源利用、生态环境保护建设和合理开发利用有着重要学术价值，是一部难得具有地域性、行业性的专著，对今后深入开展金昌植物资源保护与利用研究有着深远的意义。历经数载，编者们倾注了大量心血，终于能以这本新颖而活泼的图鉴形式与读者见面，甚是欣慰。

《金昌植物图鉴》一书付印之际，编著者邀我作序，欣然述语，以资鼓励和支持。以此为序，谨表祝贺！

中国工程院院士

2020.2.24

前 言

金昌地处河西走廊中段，祁连山北麓，阿拉善台地南缘，介于E：101°04′35″~102°43′40″、N：37°47′10″~39°00′30″之间，总面积9593平方千米。金昌市属甘肃省下辖地级市，包含金川区和永昌县，是古丝绸之路重要节点城市和河西走廊主要城市之一。金昌缘矿兴企、因企设市，因盛产镍而被誉为祖国的“镍都”。2014年1月，金昌市被国家城乡建设部命名为“国家园林城市”；2015年，金昌市被中央文明委评选为全国文明城市，成为甘肃省唯一一座首次获得全国文明城市称号的城市。

金昌地势南高北低，山地平川交错，戈壁绿洲相间。南部山地，均属祁连山系。以冷龙岭为主体，主峰海拔4442米，为市内最高山地，包括大黄山、火松林、盖掌大坂等支脉，地形崎岖陡峭，多“V”字形峡谷，一般阳坡陡峻，阴坡稍缓。中部以龙首山为主体，包括枸子山、武当山、风门山和龙口山等山岭及山间盆地，绿洲平原主要分布于祁连山、龙首山之间。北部荒漠平原分布于龙首山以北，属腾格里沙漠的西延部分。

金昌自古以来自然条件较为严酷，属大陆性温带干旱气候，光照充足，气候干燥，全年

森林草原植被类型

多西北风，昼夜、四季温差较大，无霜期长，春季多大风。金昌年均温度4.8~9.2℃，年日照率51%~66%，年均降水量200毫米左右，年均蒸发量2827毫米。金昌是全国110个重点缺水城市和13个资源型缺水城市之一，也是中国西部地区自然生态环境比较脆弱的地区。

金昌境内有着丰富的野生、药用和食用植物及牧草资源。乔木有青海云杉、华北落叶松、侧柏、祁连圆柏、二白杨、新疆杨等，灌木有鲜黄小蘗、柠条锦鸡儿、山杏、中国沙棘等，药用植物有枸杞、甘草、麻花艽、中麻黄、车前、牛蒡等，食用植物有小麦、大豆、南瓜、蒙古韭等。丰富的植物资源为全市社会经济发展提供了重要保障。

《金昌植物图鉴》(以下简称《图鉴》)共收录了金昌境内植物925种，分属89科，420属，其中：蕨类植物5科5属6种；裸子植物3科6属12种；被子植物81科409属907种。《图鉴》从拍摄的8000多张照片中精选了3800余张能够真实反映金昌植物形态特征的彩色数码照片，从多视角展示了植物群体、个体、器官、局部特征等。《图鉴》编排顺序依据恩格勒(A.Engler)植物分类系统(《中国植物志》所采用的分类系统)进行，同时为方便读者快速检索相关植物，分别编制了中文名和拉丁名索引。

《图鉴》以图文并茂的形式展示了各种植物形态特征，并对每种植物的生境、地域、海拔、地理分布以及饲用、药用价值等进行了详细介绍，较为全面地反映了金昌市植物资源家底，是一部了解和认识金昌植物的科普性著作。《图鉴》集实用性、知识性、科普性于一体，可作为科研、教学、管理、生产等部门的工具书使用。

全书由赵德善、刘世增、陈文业、杨泰山、谈嫣蓉负责文字统稿，李得禄负责图片审

湿地水域植被类型

核。其中陈文业负责序、木贼科、凤尾蕨科、冷蕨科、铁角蕨科、水龙骨科、松科、柏科、麻黄科、杨柳科、胡桃科、桦木科、榆科、桑科、大麻科、荨麻科、檀香科、蓼科、苋科、马齿苋科、石竹科、芍药科内容编写，字数12.3万。杨泰山负责前言、毛茛科、小檗科、罂粟科、十字花科、景天科、虎耳草科、茶藨子科、蔷薇科内容编写，字数12.4万。谈嫣蓉负责豆科、熏倒牛科、牻牛儿苗科、亚麻科、白刺科、蒺藜科、芸香科、苦木科、远志科、大戟科、漆树科、卫矛科、无患子科、凤仙花科、鼠李科、葡萄科、锦葵科、柽柳科、堇菜科、瑞香科、胡颓子科、柳叶菜科、小二仙草科、锁阳科、伞形科、山茱萸科、杜鹃花科内容编写，字数12.3万。王斌杰负责报春花科、白花丹科、木樨科、龙胆科、夹竹桃科、旋花科、花荵科、紫草科、马鞭草科、唇形科、茄科、列当科、车前科、茜草科、忍冬科、五福花科、葫芦科内容编写，字数12.3万。冯颖负责毛茛科、小檗科、桔梗科、菊科、香蒲科、水麦冬科、眼子菜科、泽泻科内容编写，字数12.2万。殷德怀负责通泉草科、玄参科、禾本科、莎草科、灯心草科、天门冬科、石蒜科、百合科、鸢尾科、兰科内容编写，字数12.2万。

在《图鉴》编写过程中，得到了甘肃省治沙研究所李得禄研究员的指导，以及市县林草资源部门学界前辈、有关专家领导的大力支持，在此，谨向他们表示衷心的感谢！

《图鉴》是金昌市出版的第一部彩色植物图鉴，由于出版经验缺乏，编著时间有限，加上编写水平不足，离广大读者的要求还有一定的差距，疏漏之处、不足之处在所难免，敬请读者提出宝贵意见，以期再版时进一步补充完善。

编者

2021年8月

城市绿化植被类型

人工造林植被类型

农田荒地植被类型

荒漠滩地植被类型

石质山地植被类型

沙质滩地植被类型

人工种花植被类型

目　录

蕨类植物门

木贼科
木贼属 /3
问荆　节节草

凤尾蕨科
珠蕨属 /4
稀叶珠蕨

冷蕨科
冷蕨属 /4
皱孢冷蕨

铁角蕨科
铁角蕨属 /5
西北铁角蕨

水龙骨科
瓦为属 /5
高山瓦韦

裸子植物门

松科
云杉属 /9
青海云杉
落叶松属 /9
华北落叶松
松属 /10
油松　樟子松

柏科
侧柏属 /11
侧柏
刺柏属 /11
叉子圆柏　祁连圆柏　圆柏　杜松

麻黄科
麻黄属 /13
中麻黄　膜果麻黄　单子麻黄

被子植物门

杨柳科
杨属 /17
新疆杨　山杨　毛白杨　二白杨
箭杆杨　小叶杨
柳属 /20
垂柳　旱柳　山生柳　青山生柳
中国黄花柳　洮河柳　线叶柳
乌柳　龙爪柳　馒头柳　小叶柳

胡桃科
胡桃属 /25
胡桃

桦木科
桦木属 /26
白桦
虎榛子属 /26
虎榛子

榆科
榆属 /27
榆树　裂叶榆　圆冠榆　龙爪榆

桑科
桑属 /29
桑

大麻科
大麻属 /29
大麻
葎草属 /30
啤酒花

荨麻科
荨麻属 /30
毛果荨麻　西藏荨麻　麻叶荨麻

檀香科
百蕊草属 /32
急折百蕊草

蓼科
冰岛蓼属 /32
冰岛蓼
大黄属 /33
鸡爪大黄　歧穗大黄　单脉大黄
小大黄
酸模属 /35
水生酸模　皱叶酸模　巴天酸模
荞麦属 /36
荞麦
萹蓄属 /37
萹蓄　酸模叶蓼　柔毛蓼　两栖蓼
水蓼　红蓼　西伯利亚蓼　圆穗蓼
珠芽蓼
沙拐枣属 /41
阿拉善沙拐枣
木蓼属 /42
沙木蓼
何首乌属 /42
蔓首乌　何首乌　木藤蓼

苋科
梭梭属 /44
梭梭
假木贼属 /44
短叶假木贼
驼绒藜属 /45

华北驼绒藜　驼绒藜
碱猪毛菜属 /46
木本猪毛菜　珍珠猪毛菜
松叶猪毛菜菜　刺沙蓬
蒿叶猪毛菜　猪毛菜
地肤属 /49
黑翅地肤　地肤
盐爪爪属 /50
细枝盐爪爪　尖叶盐爪爪
盐爪爪　黄毛头
合头草属 /52
合头草
滨藜属 /52
西伯利亚滨藜　野滨藜
鞑靼滨藜　中亚滨藜
碱蓬属 /54
角果碱蓬　碱蓬　平卧碱蓬
沙蓬属 /56
沙蓬
轴藜属 /56
杂配轴藜
虫实属 /57
绳虫实　碟果虫实
沙冰藜属 /58
雾冰藜
藜属 /58
平卧藜　灰绿藜　藜　小白藜
尖头叶藜　杂配藜
腺毛藜属 /61
菊叶香藜　刺藜
盐生草属 /62
盐生草　白茎盐生草
苋属 /63
反枝苋
马齿苋科
马齿苋属 /64
马齿苋
石竹科
牛漆姑属 /64
拟漆姑
裸果木属 /65
裸果木
卷耳属 /65
山卷耳
孩儿参属 /66
异花孩儿参
薄蒴草属 /66
薄蒴草
无心菜属 /67
西南无心菜　漆姑无心菜
甘肃雪灵芝
繁缕属 /68
二柱繁缕　钝萼繁缕　雀舌草
伞花繁缕　禾叶繁缕　繁缕
石头花属 /71
头状石头花　细叶石头花
蝇子草属 /72
女娄菜　蔓茎蝇子草
长梗蝇子草　麦瓶草
隐瓣蝇子草
麦蓝菜属 /75
麦蓝菜
石竹属 /75
石竹
囊种草属 /76
囊种草
芍药科
芍药属 /76
牡丹　芍药　川赤芍
毛茛科
乌头属 /78
甘青乌头　高乌头　露蕊乌头
铁棒锤　乌头
翠雀属 /80
单花翠雀花　翠雀　疏花翠雀花
腺毛翠雀　白蓝翠雀花
毛翠雀花
蓝堇草属 /83
蓝堇草
北扁果草属 /84
扁果草
耧斗菜属 /84
耧斗菜
拟耧斗菜属 /85
拟耧斗菜
唐松草属 /85
亚欧唐松草　芸香叶唐松草
长柄唐松草　钩柱唐松草
瓣蕊唐松草　短梗箭头叶唐松草
高山唐松草　直梗高山唐松草
银莲花属 /89
疏齿银莲花　叠裂银莲花
小花草玉梅　草玉梅
湿地银莲花
金莲花属 /92
矮金莲花　毛茛状金莲花
鸦跖花属 /93
鸦跖花
白头翁属 /93
蒙古白头翁
铁线莲属 /94
芹叶铁线莲　粉绿铁线莲
黄花铁线莲　甘青铁线莲
短尾铁线莲　灰叶铁线莲
侧金盏花属 /97
蓝侧金盏花
毛茛属 /97
美丽毛茛　砾地毛茛　云生毛茛
长茎毛茛　茴茴蒜　掌裂毛茛
水毛茛属 /100
水毛茛

碱毛茛属 /101
碱毛茛 三裂碱毛茛
长叶碱毛茛
小檗科
小檗属 /102
秦岭小檗 鲜黄小檗 细叶小檗
紫叶小檗 甘肃小檗
罂粟科
绿绒蒿属 /105
多刺绿绒蒿 五脉绿绒蒿
全缘叶绿绒蒿
角茴香属 /106
细果角茴香
荷包牡丹属 /107
荷包牡丹
紫堇属 /107
叠裂黄堇 灰绿黄堇 红花紫堇
条裂黄堇 假北紫堇 糙果紫堇
三裂紫堇 暗绿紫堇
十字花科
芸薹属 /111
擘蓝 芸薹 甘蓝 白菜
花椰菜
芝麻菜属 /114
芝麻菜
沙芥属 /114
宽翅沙芥
萝卜属 /115
萝卜
群心菜属 /115
毛果群心菜
独行菜属 /116
心叶独行菜 宽叶独行菜
钝叶独行菜 阿拉善独行菜
独行菜
菥蓂属 /118
菥蓂
双果荠属 /119
双果荠
芹叶荠属 /119
藏芹叶荠
荠属 /120
荠
双脊荠属 /120
无苞双脊荠
沟子荠属 /121
泉沟子荠
亚麻荠属 /121
小果亚麻荠
葶苈属 /122
喜山葶苈 阿尔泰葶苈
半抱茎葶苈 蒙古葶苈
总苞葶苈 矮喜山葶苈 毛葶苈
单花荠属 /125
单花荠
碎米荠属 /126
紫花碎米荠
焯菜属 /126
沼生焯菜
离子芥属 /127
离子芥
花旗杆属 /127
白毛花旗杆 羽裂花旗杆
连蕊芥属 /128
柔毛连蕊芥
涩荠属 /129
涩荠
山嵛菜属 /129
密序山萮菜
糖芥属 /130
小花糖芥 红紫糖芥
沟子荠属 /131
沟子荠
小柱荠属 /131
短果小柱荠
大蒜芥属 /132
垂果大蒜芥
念珠芥属 /132
蚓果芥 甘新念珠芥
播娘蒿属 /133
播娘蒿
景天科
瓦松属 /134
瓦松
红景天属 /134
小丛红景天 对叶红景天
狭叶红景天 唐古红景天
景天属 /136
阔叶景天
费菜属 /137
费菜
虎耳草科
虎耳草属 /137
黑虎耳草 光缘虎耳草
唐古特虎耳草 零余虎耳草
爪瓣虎耳草 山地虎耳草
优越虎耳草
金腰属 /141
裸茎金腰 单花金腰
茶藨子科
茶藨子属 /142
东方茶藨子 瘤糖茶藨子
长果茶藨子 美丽茶藨子
蔷薇科
珍珠梅属 /144
华北珍珠梅
绣线菊属 /144
蒙古绣线菊 高山绣线菊
楼斗菜叶绣线菊
金丝桃叶绣线菊
鲜卑花属 /146

窄叶鲜卑花
枸子属 /147
毛叶水栒子 灰栒子
山楂属 /148
山楂
花楸属 /148
陕甘花楸 天山花楸
绵刺属 /149
绵刺
地蔷薇属 /150
地蔷薇
无尾果属 /150
无尾果
梨属 /151
杜梨 白梨 新疆梨
木瓜海棠属 /152
皱皮木瓜
苹果属 /153
西府海棠 海棠花 楸子
蔷薇属 /154
玫瑰 黄刺玫 月季花
小叶蔷薇
草莓属 /156
野草莓 东方草莓
悬钩子属 /157
紫色悬钩子
山莓草属 /158
伏毛山莓草 四蕊山莓草
沼委陵菜属 /159
西北沼委陵菜
委陵菜属 /159
星毛委陵菜 匍匐委陵菜
银露梅 小叶金露梅
二裂委陵菜 钉柱委陵菜
蕨麻 长叶二裂委陵菜
朝天委陵菜 窄裂委陵菜
大萼委陵菜 羽毛委陵菜
西山委陵菜
李属 /166
欧李 毛樱桃 山桃 碧桃
蒙古扁桃 榆叶梅 山杏 杏
紫叶李 李

豆科

槐属 /171
槐 龙爪槐
苦参属 /172
苦豆子
野决明属 /172
轮生叶野决明 披针叶野决明
高山野决明
草木樨属 /174
白花草木樨 草木樨
胡卢巴属 /175
胡卢巴
苜蓿属 /175
天蓝苜蓿 青海苜蓿 花苜蓿
紫苜蓿 野苜蓿
旱雀豆属 /178
甘肃旱雀豆
紫穗槐属 /178
紫穗槐
刺槐属 /179
香花槐 刺槐 毛洋槐
苦马豆属 /180
苦马豆
锦鸡儿属 /181
鬼箭锦鸡儿 甘蒙锦鸡儿
柠条锦鸡儿 荒漠锦鸡儿
矮脚锦鸡儿 青甘锦鸡儿
短叶锦鸡儿
黄芪属 /184
斜茎黄耆 金翼黄耆 一叶黄耆
黑紫花黄耆 马衔山黄耆
胀萼黄耆 单叶黄耆 雪地黄耆
多枝黄耆 阿拉善黄耆
乌拉特黄耆 甘肃黄耆
玉门黄耆 变异黄耆 莲山黄耆
橙黄花黄耆 云南黄耆
荒漠黄耆 祁连山黄耆
草木樨状黄耆 糙叶黄耆
蔓黄芪属 /195
蔓黄耆
甘草属 /195
甘草
米口袋属 /196
少花米口袋
棘豆属 /196
黑萼棘豆 小花棘豆
胶黄耆状棘豆 猫头刺
细叶棘豆 祁连山棘豆
多叶棘豆 甘肃棘豆
镰荚棘豆 黄毛棘豆 黄花棘豆
密花棘豆 宽苞棘豆
胡枝子属 /203
兴安胡枝子
羊柴属 /203
细枝山竹子 红花山竹子
岩黄芪属 /204
短翼岩黄耆
豌豆属 /205
豌豆
野豌豆属 /205
窄叶野豌豆 救荒野豌豆 蚕豆
广布野豌豆
大豆属 /207
大豆
兵豆属 /208
兵豆

熏倒牛科

熏倒牛属 /208
熏倒牛

牻牛儿苗科
牻牛儿苗属 /209
牻牛儿苗 芹叶牻牛儿苗
西藏牻牛儿苗
老鹳草属 /210
甘青老鹳草 鼠掌老鹳草
草地老鹳草
亚麻科
亚麻属 /212
宿根亚麻 垂果亚麻 亚麻
白刺科
白刺属 /213
小果白刺 大白刺 泡泡刺
骆驼蓬属 /215
多裂骆驼蓬 骆驼蓬
蒺藜科
蒺藜属 /216
蒺藜
驼蹄瓣属 /216
霸王 戈壁驼蹄瓣 粗茎驼蹄瓣
蝎虎驼蹄瓣 甘肃驼蹄瓣
芸香科
花椒属 /219
花椒
苦木科
臭椿属 /219
臭椿
远志科
远志属 /220
远志 西伯利亚远志
大戟科
大戟属 /221
泽漆 地锦草
漆树科
盐麸木属 /222
火炬树
卫矛科
卫矛属 /222
白杜
梅花草属 /223
黄花梅花草 细叉梅花草
无患子科
槭属 /224
梣叶槭
栾属 /224
栾树
凤仙花科
凤仙花属 /225
凤仙花
鼠李科
鼠李属 /225
小叶鼠李
枣属 /226
枣
葡萄科
葡萄属 /226
葡萄
锦葵科
木槿属 /227
野西瓜苗
锦葵属 /227
锦葵 野葵
蜀葵属 /228
蜀葵
柽柳科
琵琶柴属 /229
红砂
柽柳属 /229
短穗柽柳 多枝柽柳
水柏枝属 /230
宽苞水柏枝 具鳞水柏枝
堇菜科
堇菜属 /231
双花堇菜 鳞茎堇菜 裂叶堇菜
圆叶小堇菜 早开堇菜
西藏堇菜
瑞香科
瑞香属 /234
唐古特瑞香
狼毒属 /235
狼毒
胡颓子科
胡颓子属 /235
沙枣
沙棘属 /236
中国沙棘 肋果沙棘 西藏沙棘
柳叶菜科
柳兰属 /237
柳兰
柳叶菜属 /238
沼生柳叶菜 小花柳叶菜
小二仙草科
狐尾藻属 /239
穗状狐尾藻
锁阳科
锁阳属 /239
锁阳
伞形科
独活属 /240
裂叶独活
棱子芹属 /240
青藏棱子芹 西藏棱子芹
粗茎棱子芹
藁本属 /242
长茎藁本 尖叶藁本
迷果芹属 /243
迷果芹
柴胡属 /243

黑柴胡
芫荽属 /244
芫荽
羌活属 /244
宽叶羌活 羌活
蛇床属 /245
碱蛇床
阿魏属 /246
河西阿魏
水芹属 /246
水芹
绒果芹属 /247
绒果芹
葛缕子属 /247
田葛缕子 葛缕子
胡萝卜属 /248
胡萝卜
山茱萸科
山茱萸属 /249
红瑞木
杜鹃花科
鹿蹄草属 /249
鹿蹄草
杜鹃花属 /250
头花杜鹃 烈香杜鹃 陇蜀杜鹃
北极果属 /251
北极果
报春花科
海乳草属 /252
海乳草
羽叶点地梅属 /252
羽叶点地梅
点地梅属 /253
西藏点地梅 大苞点地梅
北点地梅 小点地梅
直立点地梅 垫状点地梅
报春花属 /256
圆瓣黄花报春 甘青报春
天山报春 狭萼报春
白花丹科
补血草属 /258
黄花补血草
鸡娃草属 /258
鸡娃草
木樨科
连翘属 /259
连翘
丁香属 /259
紫丁香 暴马丁香
梣属 /260
白蜡树
女贞属 /261
小叶女贞
龙胆科
百金花属 /261
百金花
龙胆属 /262
管花秦艽 麻花艽 偏翅龙胆
达乌里秦艽 鳞叶龙胆
蓝白龙胆 刺芒龙胆 线叶龙胆
云雾龙胆 黄斑龙胆
花锚属 /267
椭圆叶花锚
假龙胆属 /267
黑边假龙胆
扁蕾属 /268
扁蕾
喉毛花属 /268
皱边喉毛花 镰萼喉毛花
肋柱花属 /269
辐状肋柱花 肋柱花
合萼肋柱花
獐牙菜属 /271
祁连獐牙菜 歧伞獐牙菜
四数獐牙菜
夹竹桃科
罗布麻属 /272
白麻
鹅绒藤属 /273
戟叶鹅绒藤 鹅绒藤 雀瓢
地梢瓜
旋花科
菟丝子属 /275
菟丝子
旋花属 /275
鹰爪柴 银灰旋花 田旋花
刺旋花
虎掌藤属 /277
圆叶牵牛
打碗花属 /278
打碗花
花荵科
花荵属 /278
中华花荵
紫草科
软紫草属 /279
黄花软紫草 灰毛软紫草
牛舌草属 /280
狼紫草
糙草属 /280
糙草
附地菜属 /281
附地菜
鹤虱属 /281
卵盘鹤虱 沙生鹤虱
颈果草属 /282
颈果草
微孔草属 /283
狭叶微孔草 宽苞微孔草
甘青微孔草 长叶微孔草
柔毛微孔草

齿缘草属 /285
唐古拉齿缘草 针刺齿缘草
北齿缘草
紫丹属 /287
砂引草
马鞭草科
马鞭草属 /287
马鞭草
唇形科
莸属 /288
蒙古莸
薄荷属 /288
薄荷
香薷属 /289
高原香薷 密花香薷
小头花香薷
鼠尾草属 /290
蓝花鼠尾草 粘毛鼠尾草
夏至草属 /291
夏至草
黄芩属 /292
并头黄芩
鼬瓣花属 /292
鼬瓣花
水苏属 /293
甘露子
青兰属 /293
白花枝子花 甘青青兰
荆芥属 /294
多裂叶荆芥 蓝花荆芥
橙花糙苏属 /295
尖齿糙苏
益母草属 /296
细叶益母草
薰衣草属 /296
薰衣草
野芝麻属 /297
宝盖草
茄科
枸杞属 /297
黑果枸杞 枸杞 宁夏枸杞
天仙子属 /299
天仙子
茄属 /299
红果龙葵 阳芋 青杞 龙葵
茄
番茄属 /302
番茄
辣椒属 /302
辣椒
山莨菪属 /303
山莨菪
曼陀罗属 /303
曼陀罗
通泉草科
肉果草属 /304
肉果草
玄参科
醉鱼草属 /304
互叶醉鱼草
水茫草属 /305
水茫草
玄参属 /305
砾玄参
列当科
小米草属 /306
短腺小米草
疗齿草属 /306
疗齿草
马先蒿属 /307
中国马先蒿 藓生马先蒿
皱褶马先蒿 阿拉善马先蒿
绵穗马先蒿 甘肃马先蒿
管状长花马先蒿
大唇马先蒿 轮叶马先蒿
普氏马先蒿 欧氏马先蒿
毛颏马先蒿 穗花马先蒿
三叶马先蒿
豆列当属 /314
矮生豆列当
肉苁蓉属 /314
盐生肉苁蓉 沙苁蓉
草苁蓉属 /315
丁座草
车前科
车前属 /316
车前 小车前 平车前
水马齿属 /317
沼生水马齿
杉叶藻属 /318
杉叶藻
婆婆纳属 /318
水苦荬 北水苦荬 毛果婆婆纳
婆婆纳 长果婆婆纳
两裂婆婆纳
兔耳草属 /321
短筒兔耳草 短穗兔耳草
茜草科
茜草属 /322
茜草 林生茜草
拉拉藤属 /323
莲子菜 猪殃殃 林猪殃殃
忍冬科
忍冬属 /325
矮生忍冬 小叶忍冬
岩生忍冬 红花岩生忍冬
葱皮忍冬 刚毛忍冬
缬草属 /328
缬草 小缬草
刺参属 /329
圆萼刺参

五福花科
五福花属 /329
五福花
接骨木属 /330
接骨木
荚蒾属 /330
香荚蒾
葫芦科
南瓜属 /331
南瓜 西葫芦
黄瓜属 /332
黄瓜
西瓜属 /332
西瓜
桔梗科
党参属 /333
党参
风铃草属 /333
钻裂风铃草
沙参属 /334
喜马拉雅沙参 长柱沙参
菊科
紫菀属 /335
阿尔泰狗娃花 狗娃花
半卧狗娃花 青藏狗娃花
星舌紫菀
狭苞紫菀
联毛紫菀属 /338
短星菊
紫菀木属 /338
中亚紫菀木
飞蓬属 /339
长茎飞蓬
火绒草属 /339
矮火绒草 美头火绒草
黄白火绒草
香青属 /341
淡黄香青 乳白香青 铃铃香青
旋覆花属 /342
蓼子朴 欧亚旋覆花
花花柴属 /343
花花柴
苍耳属 /344
苍耳
鬼针草属 /344
狼杷草
向日葵属 /345
向日葵 菊芋
牛膝菊属 /346
牛膝菊
百日菊属 /346
百日菊
大丽花属 /347
大丽花
秋英属 /347
秋英
短舌菊属 /348
星毛短舌菊
小甘菊属 /348
灌木小甘菊 小甘菊
百花蒿属 /349
紊蒿
亚菊属 /350
铺散亚菊 灌木亚菊 细叶亚菊
柳叶亚菊 丝裂亚菊
绢蒿属 /352
聚头绢蒿
栉叶蒿属 /353
栉叶蒿
蒿属 /353
大籽蒿 猪毛蒿 碱蒿 圆头蒿
沙蒿 黑沙蒿 五月艾 龙蒿
蒙古蒿 褐苞蒿 内蒙古旱蒿
米蒿 毛莲蒿 牛尾蒿 甘青蒿
细裂叶莲蒿 莳萝蒿 黄花蒿
冷蒿 臭蒿
狗舌草属 /363
橙舌狗舌草
千里光属 /364
天山千里光 北千里光
橐吾属 /365
箭叶橐吾 黄帚橐吾
垂头菊属 /366
车前状垂头菊 盘花垂头菊
矮垂头菊
蓝刺头属 /367
砂蓝刺头
金盏菊属 /368
金盏菊
红花属 /368
红花
牛蒡属 /369
牛蒡 毛头牛蒡
黄缨菊属 /370
黄缨菊
蓟属 /370
葵花大蓟 刺儿菜 藏蓟
飞廉属 /372
丝毛飞廉
苓菊属 /372
蒙疆苓菊
猬菊属 /373
火媒草
风毛菊属 /373
抱茎风毛菊 钝苞雪莲
唐古特雪莲 水母雪兔子
黑毛雪兔子 林生风毛菊
柳叶菜风毛菊 褐花雪莲
长毛风毛菊 倒羽叶风毛菊
盐地风毛菊 弯齿风毛菊
异色风毛菊 乌苏里风毛菊

灰白风毛菊 重齿风毛菊
倒披针叶风毛菊 美丽风毛菊
毓泉风毛菊 草地风毛菊
禾叶风毛菊
漏芦属 /384
顶羽菊
麻花头属 /384
缢苞麻花头
鸦葱属 /385
蒙古鸦葱 帚状鸦葱 鸦葱
拐轴鸦葱
栓果菊属 /387
河西菊
毛连菜属 /387
毛连菜
蒲公英属 /388
多裂蒲公英 深裂蒲公英
垂头蒲公英 蒲公英
白缘蒲公英 窄边蒲公英
苦苣菜属 /391
苦苣菜 苣荬菜
莴苣属 /392
乳苣
苦荬菜属 /392
中华苦荬菜
耳菊属 /393
盘果菊
还阳参属 /393
北方还阳参
假苦菜属 /394
弯茎假苦菜
碱苣属 /394
碱小苦苣菜
黄鹌菜属 /395
无茎黄鹌菜
绢毛苣属 /395
绢毛苣 皱叶绢毛苣

香蒲科
香蒲属 /396
水烛 无苞香蒲
水麦冬科
水麦冬属 /397
水麦冬 海韭菜
眼子菜科
篦齿眼子菜属 /398
蓖齿眼子菜
眼子菜属 /399
穿叶眼子菜 小眼子菜 菹草
角果藻属 /400
角果藻
泽泻科
泽泻属 /401
草泽泻 东方泽泻
禾本科
芦苇属 /402
芦苇
臭草属 /402
甘肃臭草 臭草 偏穗臭草
抱草
早熟禾属 /404
早熟禾 胎生早熟禾
极地早熟禾 西藏早熟禾
长稃早熟禾 垂枝早熟禾
草地早熟禾 硬质早熟禾
沿沟草属 /408
沿沟草
碱茅属 /409
碱茅
扇穗茅属 /409
扇穗茅
雀麦属 /410
旱雀麦
鹅观草属 /410
直穗鹅观草

仲彬草属 /411
硬秆以礼草
偃麦草属 /411
偃麦草
小麦属 /412
普通小麦
冰草属 /412
冰草
新麦草属 /413
单花新麦草
披碱草属 /413
垂穗披碱草 短颖披碱草
赖草属 /414
赖草
大麦属 /415
紫大麦草 大麦 青稞
洽草属 /416
洽草 大花洽草
异燕麦属 /417
藏异燕麦 异燕麦
发草属 /418
滨发草
燕麦属 /419
野燕麦
黄花茅属 /419
茅香 光稃香草
看麦娘属 /420
苇状看麦娘
拂子茅属 /421
假苇拂子茅 大拂子茅 拂子茅
菵草属 /422
菵草
棒头草属 /423
长芒棒头草
剪股颖属 /423
巨序剪股颖
针茅属 /424

戈壁针茅 短花针茅 沙生针茅
长芒草 大针茅 疏花针茅
芨芨草属 /427
芨芨草 醉马草
细柄茅属 /428
中亚细柄茅 双叉细柄茅
沙鞭属 /429
沙鞭
九顶草属 /429
九顶草
隐子草属 /430
无芒隐子草
羊茅属 /430
毛稃羊茅
画眉草属 /431
大画眉草
虎尾草属 /431
虎尾草
隐花草属 /432
蔺状隐花草
锋芒草属 /432
锋芒草
马唐属 /433
止血马唐
黍属 /433
稷
三芒草属 /434
三芒草
稗属 /434
无芒稗
狼狗尾草属 /435
白草
狗尾草属 /435
狗尾草 金色狗尾草 粟
高粱属 /437
高粱
孔颖草属 /437
白羊草
玉蜀黍属 /438
玉蜀黍

莎草科

水葱属 /438
三棱水葱
藨蔗草属 /439
矮针蔺
三棱草属 /439
扁秆荆三棱
扁穗草属 /440
华扁穗草
扁莎属 /440
红鳞扁莎
荸荠属 /441
单鳞苞荸荠 沼泽荸荠
具槽秆荸荠
嵩草属 /442
粗壮嵩草
薹草属 /443
白颖薹草 膨囊薹草 箭叶薹草
黄囊薹草 红棕薹草 圆囊薹草
甘肃薹草 黑褐穗薹草
柄状薹草 灰脉薹草 干生薹草

灯心草科

灯心草属 /448
展苞灯心草 细灯心草
小花灯心草 小灯心草
栗花灯心草

天门冬科

天门冬属 /451
戈壁天门冬 攀援天门冬
黄精属 /452
卷叶黄精 玉竹 轮叶黄精

石蒜科

葱属 /453
葱 洋葱 楼子葱 野韭 韭
天蓝韭 唐古韭 镰叶韭
金头韭 野黄韭 青甘韭
蜜囊韭 碱韭 蒙古韭 山韭
阿拉善葱

百合科

百合属 /461
山丹
洼瓣花属 /462
洼瓣花
顶冰花属 /462
少花顶冰花

鸢尾科

鸢尾属 /463
卷鞘鸢尾 白花马蔺
蓝花卷鞘鸢尾 锐果鸢尾
粗根鸢尾 大苞鸢尾 马蔺
准噶尔鸢尾

兰科

盔花兰属 /467
北方盔花兰
掌裂兰属 /467
掌裂兰 凹舌掌裂兰
鸟巢兰属 /468
尖唇鸟巢兰 对叶兰
珊瑚兰属 /469
珊瑚兰
角盘兰属 /470
裂瓣角盘兰
参考文献 /471
中文名索引 /472
拉丁名索引 /486

蕨类植物门

JUENEIZHIWUMENG

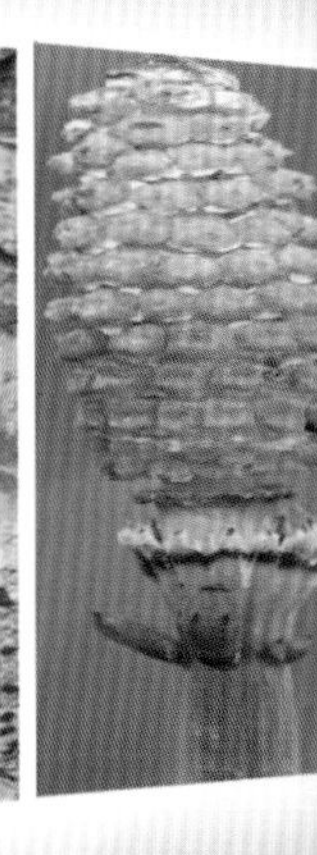

木贼科 Equisetaceae

木贼属 *Equisetum*　问荆 *Equisetum arvense*

多年生草本。茎二型；营养茎夏季生出，小枝轮生节上，有棱脊 3~4 条；叶退化，膜质，下部连合成鞘，鞘齿披针形，边缘灰白色；生殖器早春生出，不分枝，鞘长而大，棕褐色，肉质，顶端生有孢子囊穗。孢子囊穗圆柱形，有总梗，钝头，黑色，孢子叶六角形，盾状着生，螺旋状排列，边缘着生长形孢子囊。分布于永昌县所辖祁连山区及沿山各乡镇田间、路旁、林下等潮湿处。

木贼属 *Equisetum*　节节草 *Equisetum ramosissimum*

多年生草本。根状茎长而横走，黑褐色；地上茎灰绿色，粗糙，高 25~75 厘米，粗 1.5~4.5 厘米，中央腔径 1~3.5 毫米；节上轮叶侧枝 1~7，或基部分枝，侧枝斜展；主茎具肋棱 6~16 条，沿棱脊有疣状突起一列；叶鞘筒长 4~12 毫米，鞘齿 5~8 枚，披针形或狭三角形，背部具浅沟，先端棕褐色，具长尾，易脱落。分布于金昌市各乡镇地埂、水沟等地。

凤尾蕨科 Pteridaceae

珠蕨属 *Cryptogramma* 稀叶珠蕨 *Cryptogramma stelleri*

多年生草本，植株高 5~16 厘米，根状茎细长横走。叶二型，疏生，不育叶较短，卵形或卵状长圆形，圆钝头，一回羽状或二回羽裂；羽片 3~4 对，近圆形，全缘或浅波状；能育叶二回羽状；羽片 4~5 对，中部以下的有柄，基部 1 对最大，一回羽状；小羽片 1~2 对，上先出，宽披针形，短尖头或钝头，基部楔形；叶脉羽状分叉，少有单一。孢子囊群生于小脉顶部，彼此分开，成熟时常汇合；囊群盖膜质，灰绿色。分布于永昌县所辖祁连山林区阴坡岩石缝隙等区域。

冷蕨科 Cystopteridaceae

冷蕨属 *Cystopteris* 皱孢冷蕨 *Cystopteris dickieana*

多年生草本，植株高 10~25 厘米，根状茎短横走或稍伸长；叶近生或簇生；叶片披针形至阔披针形，短渐尖头，通常二回羽裂至二回羽状，小羽片羽裂；羽片 12~15 对；叶脉羽状分叉，主脉稍曲折，小脉伸达锯齿先端。叶轴及羽轴特别是下部羽片着生处多少具稀疏的单细胞至多细胞长节状毛，甚或有少数鳞毛。孢子囊群小，圆形，背生于每小脉中部，每一小羽片 2~4 对，向顶端的小羽片上侧有 1~2 枚；囊群盖卵形至披针形。孢子深褐色，具皱纹或不规则的矮凸起。分布于永昌县所辖祁连山林区阴坡岩石缝隙等区域。

铁角蕨科
Aspleniaceae

铁角蕨属 *Asplenium*　西北铁角蕨 *Asplenium nesii*

植株高 6~12 厘米。根状茎短而直立，先端密被鳞片。叶多数密集簇生；叶片披针形，两端渐狭，二回羽状；羽片 7~9 对。孢子囊群椭圆形，斜向上，在羽片基部 1 对小羽片各有 2~4 枚，位于小羽片中央，向上各小羽片各有 1 枚，紧靠羽轴，整齐，成熟后满铺羽片下面，深棕色；囊群盖椭圆形，灰棕色，薄膜质，全缘。分布于永昌县所辖祁连山林区山坡石缝等区域。

水龙骨科
Polypodiaceae

瓦韦属 *Lepisorus*　高山瓦韦 *Lepisorus eilophyllus*

多年生草本，植株高 15~37 厘米。根状茎横走，粗壮，密被披针形鳞片。叶远生或近生；叶片阔卵状被针形，通常下部 1/3 处为最宽，短渐尖头，基部狭缩并长下延，边缘平直。沿主脉和叶片下面有稀疏的鳞片贴生。孢子囊群圆形或椭圆形，位于主脉和叶边之间，略靠近主脉，彼此相距约等于 2 个孢子囊群体积。分布于永昌县所辖祁连山林区阴坡岩石缝隙等区域。

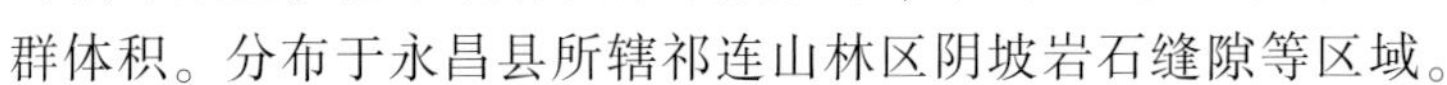

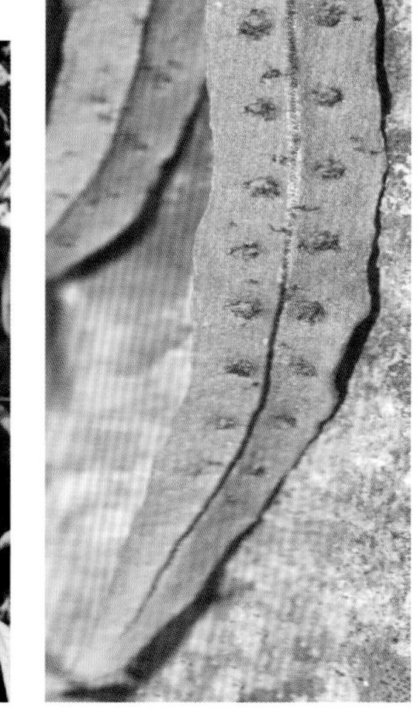

裸子植物门

LUOZIZHIWUMENG

松科 Pinaceae

云杉属 *Picea*　青海云杉 *Picea crassifolia*

常绿乔木，高达 20 米，胸径 30~60 厘米，一年生枝淡绿色；冬芽圆锥形；叶四棱状条形，微弯或直。球果圆柱形或长圆柱形，成熟前种鳞背面露出部分绿色，上部边缘紫红色，熟时变为褐色。种子斜倒卵形。花期 4~5 月，球果 9~10 月成熟。分布于永昌县所辖祁连山海拔 2400~3800 米的阴坡及半阴坡，金昌市各乡镇均种植。

落叶松属 *Larix*　华北落叶松 *Larix gmelinii* var. *principis-rupprechtii*

落叶乔木，高达 30 米，小枝下垂或开展，有长枝和短枝二型；短枝生长缓慢呈矩状，长枝上有隆起或微隆起的叶枕。叶在长枝上螺旋状散生，在短枝上呈簇生状，线形，柔软，表面平或中脉隆起。球花单性，雌雄同株，均单生于枝端，球果长卵形或卵圆形，熟时淡褐色或淡灰褐色。种子斜倒卵状椭圆形。花期 5 月，球果 10 月成熟。金昌市东大河林场种植。

松属 *Pinus*　油松 *Pinus tabuliformis*

常绿乔木，高达 25 米，胸径可达 1 米以上，针叶 2 针 1 束，边缘有细锯齿，两面具气孔线；横切面半圆形，树脂道 5~8 个或更多，多数生于背面。叶鞘宿存。球果广卵形或圆卵形，有短梗，向下弯垂，熟时淡黄色或淡褐黄色，常宿存树上数年之久。种子卵圆形或长卵圆形。花期 6~7 月，球果翌年成熟。金昌市各乡镇及林场种植。

松属 *Pinus*　樟子松 *Pinus sylvestris* var. *mongolica*

常绿乔木。针叶 2 针 1 束，坚硬，微扭曲，边缘有细锯齿。叶鞘黑褐色或灰黄色，宿存。雄球花卵圆形，在新枝基部散生；雌球花具短梗，紫褐色，下垂。球果卵形或长卵形，下垂；熟时淡褐灰色，脱落。种子黑褐色。花期 5~6 月，球果翌年 9~10 月成熟。金昌市各乡镇及林场种植。

柏科 Cupressaceae

侧柏属 *Platycladus* 侧柏 *Platycladus orientalis*

常绿乔木，高达 20 米。树皮薄，初为红褐色，老时灰褐色，呈浅条状剥落。生鳞叶的小枝直展或斜展，排成一平面，扁平，一年生枝绿色，二年生枝绿褐色，渐变成褐红色，并变为圆形。叶鳞形，交叉对生，小枝正面的一对菱形，扁平，背部有中间有条状腺槽。雌雄同株，球花单生于小枝顶端，雄球花黄色，卵圆形；雌球花有四对交叉对生的珠鳞，花期 3~4 月，球果 10 月成熟。金昌市各乡镇均有种植。

刺柏属 *Juniperus* 叉子圆柏 *Juniperus sabina*

常绿灌木，高 0.5~1.5 米，常呈匍匐状。枝皮不规则薄片脱落；一年生枝的分枝皆为圆柱形。叶二型，刺叶常生在幼树上，交叉对生或少有三叶交叉对生，顶端刺尖，表面凹，背面拱圆，中部有长椭圆形或条状腺体；鳞叶交叉互生，菱状卵形，顶端微钝或尖，具明显的椭圆形或卵状腺体。雌雄异株；雄球花椭圆形或长圆形；雌球花球果生于向下弯曲的小枝顶端，倒三角形或不规则圆形。分布于永昌县所辖祁连山及熊子山等北山山顶区域。

刺柏属 *Juniperus*　祁连圆柏 *Juniperus przewalskii*

常绿乔木，高10余米。小枝不下垂，一回分枝，圆柱形，二回分枝密，圆形或近四棱形。鳞叶交叉对生，排列疏松或密；刺叶长生在幼树上，壮龄树上刺叶、鳞叶均有，大树全为鳞叶；刺叶3枚交叉轮生，三角状披针形，斜展或开展，背面凹，有白粉带。雌雄同株，雄球花、球果卵圆形或近球形，种子1粒。分布于永昌县所辖祁连山山顶及阳坡，各乡镇均有种植。

刺柏属 *Juniperus*　圆柏 *Juniperus chinensis*

常绿乔木，高达20米，胸径达3.5米，树冠尖塔形或圆锥形。叶二型，生鳞叶的小枝径约1毫米，鳞叶先端钝尖，背面近中部有椭圆形微凹的腺体；刺叶三叶交叉轮生，上面微凹，有两条白粉带。球果翌年成熟，近圆形，被白粉。种子2~4粒。金昌市各乡镇均有种植。

刺柏属 *Juniperus*　杜松 *Juniperus rigida*

常绿乔木，高达 10 米；枝近直展，树冠塔形或圆锥形。叶条状刺形，质厚，坚硬而直，先端锐尖，上面凹下成深槽，槽内有一条窄的白粉带，下面有明显的纵脊。球果球形，熟时淡褐黑色或蓝黑色，被白粉。种子近圆形，下端尖，有 4 条钝棱。金昌市朱王堡等镇种植。

麻黄科 Ephedraceae

麻黄属 *Ephedra*　中麻黄 *Ephedra intermedia*

灌木，高 20~50 厘米。茎直立或匍匐斜上，具纵槽纹，叶三裂，雌雄异株，雄球花无梗或具短梗，数个簇生在节上或 2~3 个对生、轮生于节上，具 4~6 轮活对苞片。雌球花单生，对生或 2~3 簇生于节上，无梗或具短梗。花果期 5~8 月。分布于金昌市祁连山及北山荒漠区域的荒滩、石缝等区域。

麻黄属 *Ephedra*　膜果麻黄 *Ephedra przewalskii*

灌木，高 50~240 厘米。小枝绿色，2~3 枝生于节上，分枝基部再生小枝，形成假轮生状，每节常有假轮生小枝 9~20 或更多。叶通常 3 裂并有少数 2 裂混生。球花通常无梗，常多数密集成团状的复穗花序；雄球花淡褐色或褐黄色；雌球花淡绿褐色或淡红褐色。种子通常 3 粒，稀 2 粒。分布于金昌市北部东水岸沙地及石质山坡。

麻黄属 *Ephedra*　单子麻黄 *Ephedra monosperma*

草本状矮小灌木，高 5~15 厘米，木质茎短小。绿色小枝常微弯，纵槽纹不甚明显。叶 2 裂。雄球花生于小枝上下各部，单生枝顶或对生节上，多成复穗状；雌球花单生或对生节上，无梗。种子多为 1，外露。花果期 6~8 月。分布于永昌县所辖祁连山林区高山石缝等区域。

被子植物门

LUOZIZHIWUMENG

杨柳科 Salicaceae

杨属 *Populus*　新疆杨 *Populus alba* var. *pyramidalis*

落叶乔木，高15~30米。树干通直，树冠窄圆柱形或尖塔形。树皮白色或青灰色，光滑少裂。萌条和长枝叶掌状深裂，基部平截；短枝叶圆形，有缺齿，侧齿几对称，基部平截，下面绿色几无毛。仅见雄株。雄花序长3~6厘米，花序轴有毛，薄片膜质，宽椭圆形；雄蕊8~10，花药紫红色。花果期4~5月。金昌市各乡镇均有种植。

杨属 *Populus*　山杨 *Populus davidiana*

落叶乔木，高达25米。树皮光滑，灰绿色或灰白色，老树基部黑色粗糙；树冠圆形。叶三角状卵圆形或近圆形，长宽近相等，顶端钝尖、急尖或短渐尖，基部圆形、截形或浅心形，边缘有密波状浅齿，发叶时显红色，萌枝叶大，三角状卵圆形，背面被柔毛；叶柄侧扁，雄蕊5~12，花药紫红色。花果期5~6月。分布于永昌县所辖祁连山南坝、夹道林区的阴坡或半阴坡。

杨属 *Populus*　毛白杨 *Populus tomentosa*

落叶乔木，高达 35 米。树冠卵圆形，枝条开展，斜生。树皮灰白色或灰绿色，光滑。萌发枝或长枝叶三角状卵圆形，先端渐尖，基部心形或截形，边缘有不规则齿，表面暗绿色，背面密被白绒毛，后期毛部分脱落，呈斑块状残存。短枝叶较小，卵圆形或三角状卵圆形，有波状齿或不规则齿。雄花序轴被白色柔毛，苞片褐色，边缘尖裂并具密的白色柔毛。蒴果长卵形。花果期 4~6 月。金昌市喇叭泉林场等地种植。

杨属 *Populus*　二白杨 *Populus* × *gansuensis*

落叶乔木，高 20 余米。树干通直，树冠长圆形或狭椭圆形。萌枝或长枝叶三角形或三角状卵形，长宽近相等，顶端短渐尖，基部截形或近圆形，边缘近基部具钝锯齿；短枝叶宽卵形或菱状卵形，中部以下最宽，顶端渐尖，基部圆形或阔楔形，边缘具细腺锯齿，近基部全缘，表面绿色，背面苍白色。雄花序细长，雄蕊 8~13，雌花序苞片扇形，花序轴无毛。蒴果长卵形。花果期 4~5 月。金昌市各乡镇均有种植。

杨属 *Populus*　　箭杆杨 *Populus nigra* var. *thevestina*

落叶乔木，高达30米。树皮灰白色，较光滑。小枝圆形，黄褐色或淡黄褐色，嫩枝有时疏生短柔毛。芽长卵形，顶端长渐尖，淡红色，富黏质。三角状卵形，顶端渐尖，基部楔形，长大于宽。萌枝叶长宽近相等。叶柄上部微扁，顶端无腺点。蒴果瓣裂。花果期4~5月。金昌市北海子公园等区域有种植。

杨属 *Populus*　　小叶杨 *Populus simonii*

落叶乔木，高达20米，胸径50厘米以上；树冠近圆形。幼树小枝及萌枝有明显的棱脊。叶菱状卵形，菱状椭圆形或菱状倒卵形，边缘平整，细锯齿，无毛，背面淡绿色，背面灰绿或微白，无毛。雄花序轴无毛，苞片细条裂，雄蕊8~9；雌花序苞片淡绿色，裂片褐色，无毛，柱头二裂。果小。果期4~6月。金昌市各乡镇均有种植。

柳属 *Salix* 垂柳 *Salix babylonica*

落叶乔木，高达 12~18 米，树冠开展而疏散；枝细，下垂，淡褐黄色或带紫色。叶狭披针形或线状披针形，锯齿缘。花序先叶开放，或与叶同时开放；雄花序有短梗，轴无毛；雄蕊 2，花药红黄色；雌花序有梗，基部有 3~4 个小叶。花果期 4~5 月。金昌市各乡镇均有种植。

柳属 *Salix* 旱柳 *Salix matsudana*

落叶乔木，高达 18 米，胸径可达 80 厘米，树冠广圆形。叶披针形，叶缘有细腺锯齿，幼叶有丝状柔毛。雄花序圆柱形，轴有长毛，雄蕊 2，花丝基部有长毛，花药卵形，黄色。雌花序较雄花序短，基部有 3~5 小叶生于短花序梗上，轴有长毛。花果期 4~5 月。金昌市各乡镇均有种植。

柳属 *Salix* 山生柳 *Salix oritrepha*

直立矮小灌木，最高可达 2 米。幼枝被灰绒毛，后无毛。叶椭圆形或卵圆形，全缘；叶柄紫色。雄花序圆柱形，花密集，具 2~3 枚倒卵状椭圆形小叶。雌花序花密生，具 2~3 叶。花果期 6~7 月。分布于永昌县所辖祁连山林区海拔 2100 米以上的山谷、山坡等区域。

柳属 *Salix* 青山生柳 *Salix oritrepha* var. *amnematchinensis*

落叶灌木。该种与山生柳形态基本特征相同，主要区别：叶为椭圆状卵形或圆状披针形。两者分布区域也相同。

柳属 *Salix*　中国黄花柳 *Salix sinica*

落叶灌木或小乔木。当年生幼枝有柔毛，后无毛，小枝红褐色。叶形多变化，一般为椭圆形、椭圆状披针形、椭圆状菱形、倒卵状椭圆形，稀披针形或卵形、宽卵形，多全缘。花先叶开放；雄花序无梗，宽椭圆形至近球形，开花顺序自上往下；雌花序短圆柱形，子房狭圆锥形。花果期 5~6 月。分布于永昌县所辖祁连山山坡等区域。

柳属 *Salix*　洮河柳 *Salix taoensis*

大灌木。小枝红褐色或紫红色至黑紫色。叶狭倒卵状长圆形至狭倒披针形，先端急尖，基部楔形至圆形，上面绿色，下面淡绿色或稍发白色，边缘有锯齿，或向基部全缘；叶柄短。花序长圆形，无梗，花先叶开放或近同时；雌花序子房卵形。花果期 5~6 月。分布于永昌县所辖祁连山西大河河道等区域。

柳属 *Salix*　线叶柳 *Salix wilhelmsiana*

灌木或小乔木，高达 5~6 米。小枝细长，末端半下垂，紫红色或栗色。叶线形或线状披针形，边缘有细锯齿，稀近全缘；叶柄短。花序与叶近同时开放，密生于上年的小枝上；雄花序近无梗；雄蕊 2，连合成单体，花丝无毛，花药黄色，初红色，球形；雌花序细圆柱形，基部具小叶；子房卵形，密被灰绒毛。花果期 5~6 月。分布于金昌市金川河流域河道边等区域。

柳属 *Salix*　乌柳 *Salix cheilophila*

落叶灌木或小乔木，高达 5.4 米。叶线形或线状倒披针形，边缘外卷，上部具腺锯齿，下部全缘。花序与叶同时开放，基部具 2~3 小叶。雄花序密花，花药黄色，4 室；雌花序密花，花序轴具柔毛；子房卵形或卵状长圆形。花果期 4~5 月。分布于永昌县所辖祁连山山坡及金川河流域。

柳属 *Salix*　龙爪柳 *Salix matsudana* f. *tortuosa*

与原变型旱柳主要区别为：枝卷曲。金昌市各乡镇均有种植。

柳属 *Salix*　馒头柳 *Salix matsudana* f. *umbraculifera*

与原变型旱柳的主要区别为：树冠半圆形，如同馒头状。金昌市各乡镇均有种植。

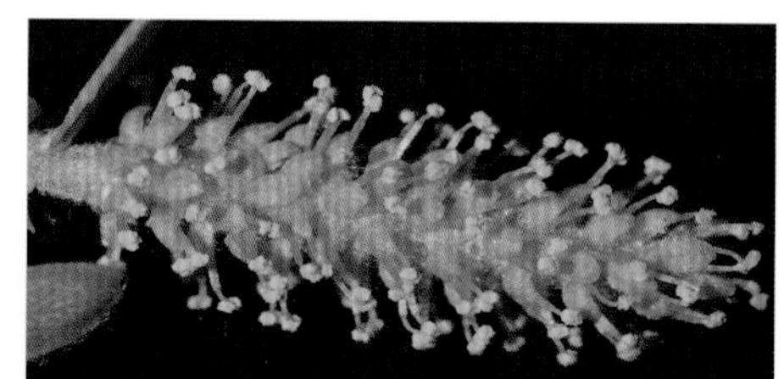

柳属 *Salix*　小叶柳 *Salix hypoleuca*

灌木，高 1~3.6 米。枝暗棕色，无毛。叶椭圆形、披针形、椭圆状长圆形、稀卵形，先端急尖，基部宽楔形或渐狭，上面深绿色，无毛或近无毛，下面苍白色，无毛；叶脉明显突起，全缘。雄花序雄蕊 2，花丝中下部有长柔毛，花药球形，黄色；苞片倒卵形。雌花序密花，花序梗短。子房长卵圆形，花柱 2 裂。蒴果卵圆形，近无柄。花果期 5~6 月。分布于永昌县所辖祁连山山沟、河道等区域。

胡桃科 Juglandaceae

胡桃属 *Juglans*　胡桃 *Juglans regia*

落叶乔木。高 10~15 米。叶互生，奇数羽状复叶，小叶全缘或有锯齿。雌雄同株；雄花序生于去年的小枝叶痕腋内，成下垂柔荑花序；每雄花有 1 苞片或 2 苞片，花被片 1~4 枚，雄蕊 4~40，雌花数朵成穗状花序，生于当年枝顶端，每雌花的苞片和小苞片合生成总苞，通常 3 裂，花被片 4。果为核果状，外有肥厚的肉质假果皮。成熟时不规则开裂，肉果皮坚硬，有不规则的雕纹及纵脊。金昌市双湾、南坝、水源、朱王堡等乡镇有种植，品种较多。

桦木科 Betulaceae

桦木属 *Betula* 白桦 *Betula platyphylla*

落叶乔木，高可达 27 米。树皮灰白色，成层剥裂；叶厚纸质，三角状卵形、三角状菱形，少有菱状卵形和宽卵形，顶端锐尖、渐尖至尾状渐尖，基部截形、宽楔形或楔形，边缘具重锯齿，有时具缺刻状重锯齿或单齿。果序单生，圆柱形或矩圆状圆柱形，通常下垂，密被短柔毛，中裂片三角状卵形，侧裂片卵形或近圆形。小坚果狭矩圆形、矩圆形或卵形。花果期 5~10 月。分布于永昌县所辖祁连山新城子林区。

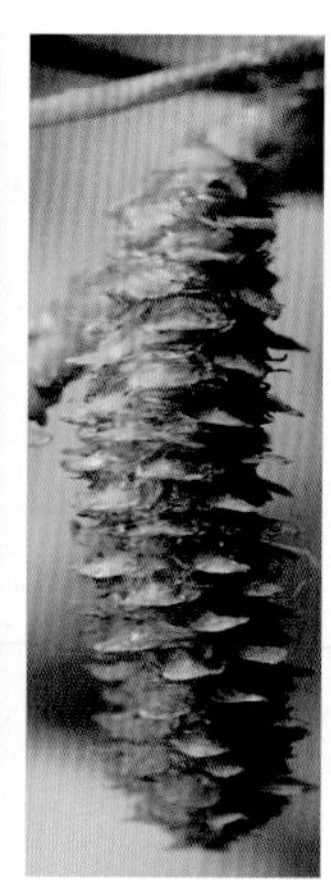

虎榛子属 *Ostryopsis* 虎榛子 *Ostryopsis davidiana*

落叶灌木，高 1~3 米。叶卵形或椭圆状卵形，顶端渐尖或锐尖，基部心形、斜心形或几圆形，边缘具重锯齿；侧脉 7~9 对。雄花序单生于小枝的叶腋，倾斜至下垂；苞鳞宽卵形。果 4 枚至多枚排成总状，下垂，着生于当年生小枝顶端；序梗细瘦；果苞厚纸质，下半部紧包果实，上半部延伸呈管状。小坚果宽卵圆形或几球形。花果期 4~7 月。分布于永昌县所辖祁连山南坝林区。

榆科 Ulmaceae

榆属 *Ulmus*　榆树 *Ulmus pumila*

落叶乔木，高达 25 米。叶椭圆状卵形、长卵形、椭圆状披针形或卵状披针形，先端渐尖或长渐尖，基部偏斜或近对称，一侧楔形至圆，另一侧圆至半心脏形。花先叶开放，在去年生枝的叶腋成簇生状。翅果近圆形，稀倒卵状圆形，除顶端缺口柱头面被毛外，余处无毛。花果期 4~6 月。金昌市各乡镇种植。

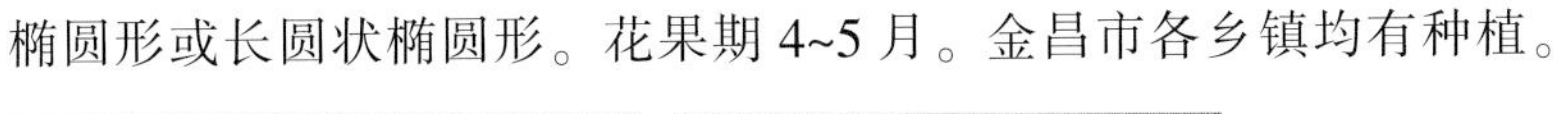

榆属 *Ulmus*　裂叶榆 *Ulmus laciniata*

落叶乔木，高达 27 米，胸径 50 厘米；树皮淡灰褐色或灰色，浅纵裂。叶倒卵形、倒三角状、倒三角状椭圆形或倒卵状长圆形，先端通常 3~7 裂，裂片三角形，渐尖或尾状，不裂之叶先端具或长或短的尾状尖头，基部明显地偏斜，楔形、微圆、半心脏形或耳状。花在去年生枝上排成簇状聚伞花序。翅果椭圆形或长圆状椭圆形。花果期 4~5 月。金昌市各乡镇均有种植。

榆属 *Ulmus*　圆冠榆 *Ulmus densa*

落叶乔木，树冠密，近圆形；幼枝多少被毛，当年生枝无毛，淡褐黄色或红褐色。叶卵形，先端渐尖，基部多少偏斜，一边楔形，一边耳状。花在前一年生枝上排成簇状聚伞花花序。翅果长圆状倒卵形、长圆形或长圆状椭圆形，除顶端缺口柱头面被毛外，余处无毛，果核部分位于翅果中上部，上端接近缺口。花果期 4~5 月。金昌市各乡镇均有种植。

榆属 *Ulmus*　龙爪榆 *Ulmus pumila* 'Pendula'

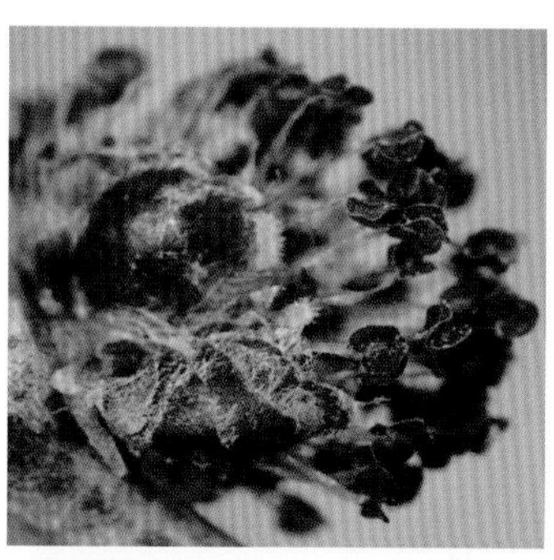

落叶小乔木。单叶互生，椭圆状窄卵形或椭圆状披针形，长 2~9 厘米，基部偏斜，叶缘具单锯齿。枝条柔软、细长下垂、生长快、自然造型好、树冠丰满，花先叶开放。翅果近圆形。金昌市各乡镇均有种植。

桑科 Moraceae

桑属 *Morus*　桑 *Morus alba*

落叶乔木或为灌木，高 3~10 米或更高，胸径可达 50 厘米，树皮厚，灰色，具不规则浅纵。叶卵形或广卵形，边缘锯齿粗钝，有时叶为各种分裂。花单性，腋生或生于芽鳞腋内，与叶同时生出。聚花果卵状椭圆形，成熟时红色或暗紫色。花果期 4~8 月。金昌市朱王堡等乡镇有种植。

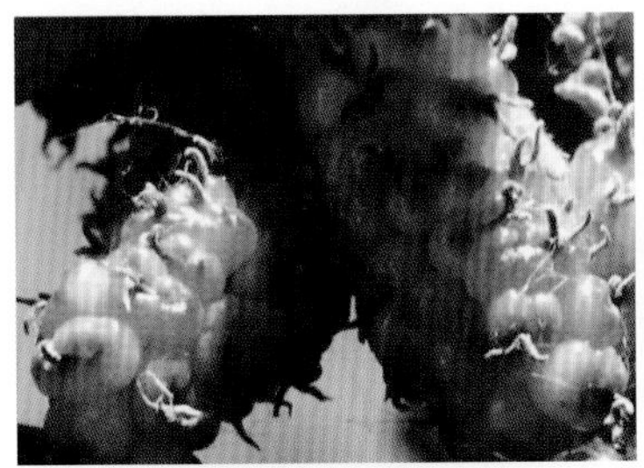

大麻科 Cannabaceae

大麻属 *Cannabis*　大麻 *Cannabis sativa*

一年生直立草本，高 1~3 米，枝具纵沟槽，密生灰白色贴伏毛。叶掌状全裂，裂片披针形或线状披针形。雄花序花黄绿色，花被 5；雌花绿色；花被 1，紧包子房，略被小毛。子房近球形，外面包于苞片。瘦果为宿存黄褐色苞片所包，果皮坚脆，表面具细网纹。花果期 5~7 月。金昌市各乡镇农户零星种植。

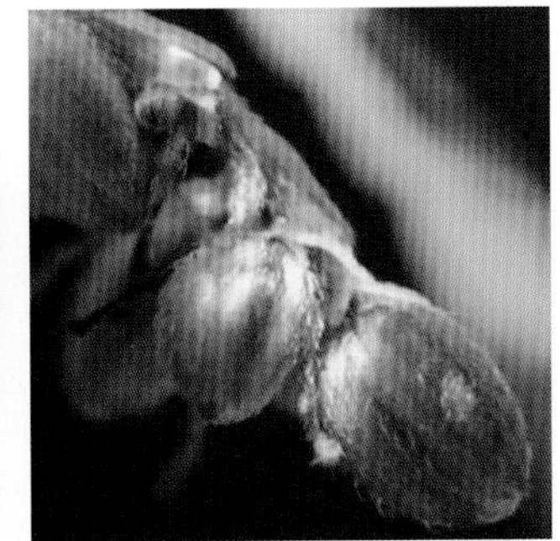

葎草属 *Humulus*　啤酒花 *Humulus lupulus*

多年生攀缘草本，茎、枝和叶柄密生绒毛和倒钩刺。叶卵形或宽卵形。雄花排列为圆锥花序，雌花每两朵生于一苞片腋间，苞片呈覆瓦状排列为一近球形的穗状花序。果穗球果状，花期秋季。金昌市各乡镇农户及庭院零星种植。

荨麻科 Urticaceae

荨麻属 *Urtica*　毛果荨麻 *Urtica triangularis* subsp. *trichocarpa*

多年生草本。茎高 10~50 厘米。叶卵形至披针形，基部常圆形，有时浅心形，先端锐尖或渐尖，边缘具粗牙齿，齿尖略内倾，侧出的一对基脉近直出，伸达上部齿尖。花果期 7~9 月。分布于永昌县所辖祁连山林区山坡、石缝等区域。

荨麻属 *Urtica*　西藏荨麻 *Urtica tibetica*

多年生草本，根状茎木质化，粗达 1 厘米。茎自基部多出，高 40~100 厘米，四棱形，带淡紫色，疏生刺毛和细糙毛。叶卵形至披针形，稀长圆状披针形。花雌雄同株，雄花序圆锥状，生下部叶腋，雌花序近穗状或具少数分枝，生上部叶腋，花果期 6~10 月。分布于永昌县所辖祁连山西大河林区泥石流滩等区域。

荨麻属 *Urtica*　麻叶荨麻 *Urtica cannabina*

多年生草本。茎高 60~150 厘米，四棱形，带淡紫色，疏生刺毛和细糙毛，中下部常分枝，上部几乎不分枝。叶狭三角形至三角状披针形，上部的叶呈条形。花雌雄同株，雄花序圆锥状，生下部叶腋，开展；雌花序近穗状， 在下部有少数短的分枝，生上部叶腋。花果期 6~10 月。分布于永昌县所辖祁连山各林区的山坡、河滩、沟底等地。

檀香科 Santalaceae

百蕊草属 *Thesium* 急折百蕊草 *Thesium refractum*

多年生草本，高 20~40 厘米；茎有明显的纵沟。叶线形，通常单脉。总状花序腋生或顶生；花白色；总花梗呈之字形曲折，花后外倾并渐反折；苞片 1 枚，叶状，开展；小苞片 2 枚；花被筒状或阔漏斗状，上部 5 裂。坚果椭圆状或卵形，果熟时反折。花果期 7~9 月。分布于永昌县所辖祁连山林区河滩、沙质草滩。

蓼科 Polygonaceae

冰岛蓼属 *Koenigia* 冰岛蓼 *Koenigia islandica*

一年生草本。茎矮小，细弱，高 3~7 厘米，通常簇生，带红色，无毛，分枝开展。叶宽椭圆形或倒卵形，无毛，顶端通常圆钝，基部宽楔形；花簇腋生或顶生，花被 3 深裂，淡绿色，花被片宽椭圆形；雄蕊 3，比花被短；花柱 2，极短，柱头头状。瘦果长卵形，双凸镜状。花果期 7~9 月。分布于永昌县所辖祁连山西大河林区河道边。

大黄属 *Rheum*　鸡爪大黄 *Rheum tanguticum*

高大草本，高 1.5~2 米，根及根状茎粗壮，黄色。茎粗，中空。茎生叶大型，叶片近圆形或及宽卵形，顶端窄长急尖，基部略呈心形，通常掌状 5 深裂，最基部一对裂片简单，中间三个裂片多为三回羽状深裂，小裂片窄长披针形，基出脉 5 条；茎生叶较小，叶柄亦较短，裂片多更狭窄。大型圆锥花序，分枝较紧聚，花小，淡黄色至乳白色。种子卵形，黑褐色。花果期 6~8 月。分布于永昌县所辖祁连山三岔、西大河、大黄山等林区。

大黄属 *Rheum*　歧穗大黄 *Rheum przewalskyi*

矮壮草本，无茎，根状茎顶端具多层托叶鞘。叶基生，2~4 片，叶片革质，宽卵形或菱状宽卵形，顶端圆钝，基部近心形，全缘，有时成极弱波状，基出脉 5~7 条，叶上面黄绿色，下面紫红。花葶 2~3 枝，自根状茎顶端抽出，与叶近等长或短于叶，每枝成 2~4 歧状分枝，花序为穗状的总状；花黄白色。果实宽卵形或梯状卵形。种子卵形。花果期 7~8 月。分布于永昌县所辖祁连山西大河林区河道边。

大黄属 *Rheum*　　单脉大黄 *Rheum uninerve*

矮小草本，根较细长，无茎。基生叶 2~4 片，叶片纸质，卵形或窄卵形，顶端钝或钝急尖，基部略圆形到极宽楔形，边缘具弱波；叶脉掌羽状，中脉粗壮，侧脉明显。窄圆锥花序，2~5 枝，由根状茎生出，花 2~4 朵簇生，花被片淡并红紫色。果实宽矩圆状椭圆形。种子窄卵形。花果期 5~9 月。分布于金昌市北部山区山坡、河滩等区域。

大黄属 *Rheum*　　小大黄 *Rheum pumilum*

矮小草本，高 10~25 厘米。茎细，直立。基生叶 2~3 片，叶片卵状椭圆形或卵状长椭圆形，近革质，顶端圆，基部浅心形，全缘，基出脉 3~5 条；茎生叶 1~2 片，通常叶部均具花序分枝。窄圆锥状花序，分枝稀而不具复枝，具稀短毛，花 2~3 朵簇生。果实三角形或角状卵形。种子卵形。花果期 6~9 月。分布于永昌县所辖祁连山林区山坡草地。

酸模属 *Rumex*　水生酸模 *Rumex aquaticus*

多年生草本，茎直立，具槽，上部具伏毛，分枝，高 60~150 厘米，叶柄有沟；下部叶较大，卵形或长圆状卵形，基部心形，先端渐尖，上部叶具短柄，较狭小，长圆形或广披针形，基部心形。顶生狭圆锥花序分枝多，每个分枝成总状，多花轮生，枝紧密。花果期 6~7 月。分布于永昌县祁连山林区河道边及金川区河流域湿地等区域。

酸模属 *Rumex*　皱叶酸模 *Rumex crispus*

多年生草本，高 50~100 厘米。直根，粗壮。茎直立，有浅沟槽。根生叶有长柄；叶片披针形或长圆状披针，顶端和基部都渐狭，边缘有波状皱褶；茎上部叶小，有短柄；托叶鞘，铜状，膜质。花序由数个腋生的总状花序组成圆锥状，顶生狭长，花两性，多数。花果期 6~8 月。分布于金昌市各乡镇地埂、荒地等区域。

酸模属 *Rumex*　巴天酸模 *Rumex patientia*

多年生草本。根肥厚，直径可达 3 厘米；茎直立，粗壮，高 90~150 厘米，上部分枝，具深沟槽。基生叶长圆形或长圆状披针形，顶端急尖，基部圆形或近心形，边缘波状；叶柄粗壮；茎上部叶披针形，较小，具短叶柄或近无柄。花序圆锥状，大型；花两性，外花被片长圆形，内花被片果时增大，宽心形。瘦果卵形，具 3 锐棱。花果期 5~7 月。分布于金昌市各乡镇地埂、荒地等区域。

荞麦属 *Fagopyrum*　荞麦 *Fagopyrum esculentum*

一年生草本。茎直立，高 30~90 厘米，上部分枝。叶三角形或卵状三角形，顶端渐尖，基部心形；下部叶具长叶柄，上部较小近无梗。花序总状或伞房状，顶生或腋生，花序梗一侧具小突起；苞片卵形，绿色，边缘膜质，每苞内具 3~5 花；花梗比苞片长，无关节，花被 5 深裂，白色或淡红色，花被片椭圆形。瘦果卵形，具 3 锐棱。花果期 5~10 月。金昌市朱王堡等乡镇农户零星种植。

萹蓄属 *Polygonum*　萹蓄 *Polygonum aviculare*

一年生草本。茎平卧，高 10~40 厘米，自基部多分枝，具纵棱。叶椭圆形、狭椭圆形或披针形，顶端钝圆或急尖，基部楔形，边缘全缘。花单生或数朵簇生于叶腋，遍布于植株，花被 5 深裂，雄蕊 8，花柱 3。瘦果卵形，具 3 棱。花果期 5~8 月。分布于金昌市祁连山区及各乡镇农地边、荒地、河滩等区域。

萹蓄属 *Polygonum*　酸模叶蓼 *Polygonum lapathifolium*

一年生草本，高 30~200 厘米。茎直立，上部分枝，粉红色，节部膨大。叶片宽披针形，大小变化很大，顶端渐尖或急尖，表面绿色，常有黑褐色新月形斑点。花序为数个花穗构成的圆锥花序；苞片膜质，边缘疏生短睫毛，花被 4 深裂，粉红色或白色。花果期 5~10 月。分布于金昌市各乡镇农地水沟、湿地等区域。

萹蓄属 *Polygonum*　柔毛蓼 *Polygonum sparsipilosum*

一年生草本。茎细弱，高 10~30 厘米，具纵棱，分枝，疏生柔毛或无毛。叶宽卵形，顶端圆钝，基部宽楔形或近截形，两面疏生柔毛，边缘具缘毛。花序头状，顶生或腋生，苞片卵形，每苞内具 1 花；花被 4 深裂，白色。花果期 6~9 月。分布于永昌所辖祁连山各林区的草甸和沟谷、阴湿山坡等区域。

萹蓄属 *Polygonum*　两栖蓼 *Polygonum amphibium*

多年生草本，根状茎横走。生于水中者：茎漂浮，无毛，节部生不定根。叶长圆形或椭圆形，浮于水面，顶端钝或微尖，基部近心形，两面无毛，全缘，无缘毛；生于陆地者：茎直立，不分枝或自基部分枝，叶披针形或长圆状披针形，顶端急尖，基部近圆形，两面被短硬伏毛，全缘，具缘毛。总状花序呈穗状，顶生或腋生，苞片宽漏斗状；花被 5 深裂，淡红色或白色花被片长椭圆形。花果期 7~9 月。分布于金昌市金川河流域金川峡水库、韩家峡等河道、水沟等区域。

萹蓄属 *Polygonum*　水蓼 *Polygonum hydropiper*

一年生草本，高20~80厘米，直立或下部伏地。茎红紫色无毛，节常膨大，叶互生，披针形或椭圆状披针形，两端渐尖，均有腺状小点，无毛或叶脉及叶缘上有小刺状毛。穗状花序腋生或顶生，细弱下垂，下部的花间断不连；花具细花梗而伸出苞外，间有1~2朵花包在膨胀的托鞘内；花被4~5裂。瘦果卵形。花果期7~8月。分布于金昌市各乡镇农地水沟、湿地等区域。

萹蓄属 *Polygonum*　红蓼 *Polygonum orientale*

一年生草本。茎直立，粗壮，高1~2米，上部多分枝，密被开展的长柔毛。叶宽卵形、宽椭圆形或卵状披针形，总状花序呈穗状，顶生或腋生，花紧密，微下垂，通常数个再组成圆锥状；花果期6~10月，金昌市各乡镇农户庭院有零星种植。

萹蓄属 *Polygonum* 西伯利亚蓼 *Polygonum sibiricum*

多年生草本，高 10~25 厘米。根状茎细长。茎外倾或近直立，自基部分枝，无毛。叶片长椭圆形或披针形，无毛，顶端急尖或钝，基部戟形或楔形，边缘全缘。花序圆锥状，顶生，花排列稀疏，通常间断；苞片漏斗状，无毛，通常每 1 苞片内具 4~6 朵花；花被 5 深裂，黄绿色。瘦果卵形，具 3 棱。花果期 6~9 月。分布于金昌市各乡镇及祁连山各林区内的山坡、草地等区域。

萹蓄属 *Polygonum* 圆穗蓼 *Polygonum macrophyllum*

多年生草本。根状茎粗壮，弯曲。茎直立，高 8~30 厘米，不分枝，2~3 条自根状茎发出。基生叶长圆形或披针形，顶端急尖，基部近心形；茎生叶较小，狭披针形或线形。总状花序呈短穗状，顶生，每苞内具 2~3 花；花被 5 深裂，淡红色或白色，花被片椭圆形。瘦果卵形，具 3 棱。花果期 7~10 月。分布于永昌县所辖祁连山潮湿山坡等区域。

萹蓄属 *Polygonum*　珠芽蓼 *Polygonum viviparum*

多年生草本。根状茎粗壮，弯曲。茎直立，不分枝，通常2~4条自根状茎发出。基生叶长圆形或卵状披针形，顶端尖或渐尖，基部圆形、近心形或楔形，两面无毛，边缘脉端增厚外卷，具长叶柄；茎生叶较小，披针形。总状花序呈穗状，顶生，紧密，下部生珠芽；每苞内具1~2花；花被5深裂，白色或淡红色。瘦果卵形，具3棱。花果期5~9月。分布于永昌县所辖祁连山各林区潮湿的山坡等区域。

沙拐枣属 *Calligonum*　阿拉善沙拐枣 *Calligonum alashanicum*

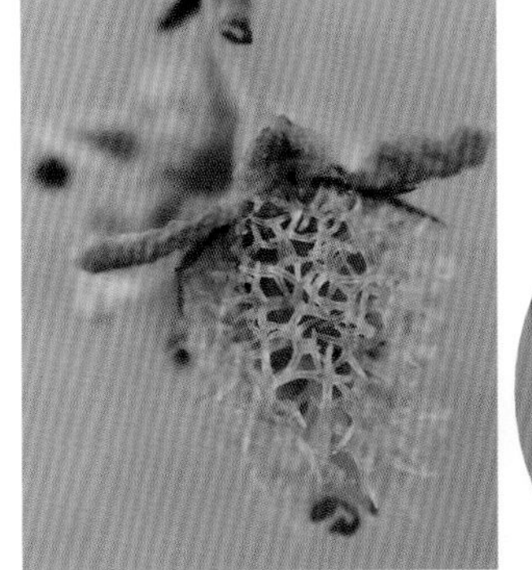

灌木，高1~3米，分枝开展，同化枝绿色，有节，老枝暗灰色，小枝淡灰黄色。叶退化成鳞片状，互生，条形或锥形。花淡红色，通常2~3朵簇生于叶腋，花梗细弱，下部具关节，花被片卵形或近圆形，雄蕊12~18，子房椭圆形。瘦果卵圆形，多向右扭曲，具明显棱和沟槽，每棱肋具刺毛2~3排，长于瘦果的宽度，呈二至三回叉状分枝，顶叉交织，基部微扁。中部或中下部2次二至三回分叉，顶枝开展，交错或伸直。花果期6~8月。分布于金昌市东水岸沙化区等区域 。

木蓼属 *Atraphaxis*　沙木蓼 *Atraphaxis bracteata*

直立灌木，高 1~1.5 米。主干粗壮，淡褐色，直立，无毛，具肋棱，多分枝；枝延伸，褐色，斜升或成钝角叉开，平滑无毛，顶端具叶或花。托叶鞘圆筒状，膜质，上部斜形，顶端具 2 个尖锐牙齿；叶革质，长圆形或椭圆形，当年生枝上者披针形，顶端钝，具小尖，基部圆形或宽楔形，边缘微波状，下卷，两面均无毛，侧脉明显。总状花序，顶生，每苞内具 2~3 花；花被片 5，绿白色或粉红色，内轮花被片卵圆形，不等大，网脉明显，边缘波状，外轮花被片肾状圆形，果时平展，不反折，具明显的网脉。瘦果卵形，具三棱形。花果期 6~8 月。分布于金昌市东水岸、九坝滩等沙化区。

何首乌属 *Fallopia*　蔓首乌 *Fallopia convolvulus*

一年生草本。茎缠绕，具纵棱，自基部分枝，具小突起。叶卵形或心形，顶端渐尖，基部心形，两面无毛，下面沿叶脉具小突起，边缘全缘。花序总状，腋生或顶生，花稀疏，下部间断，有时成花簇，生于叶腋；苞片长卵形，每苞具 2~4 花；花被 5 深裂，雄蕊 8；花柱 3。瘦果椭圆形，具 3 棱。花果期 5~9 月。分布于金昌市各乡镇农地、河滩等区域。

何首乌属 *Fallopia*　何首乌 *Fallopia multiflora*

多年生草本。茎缠绕，长 2~4 米，多分枝，具纵棱。叶卵形或长卵形，顶端渐尖，基部心形或近心形，两面粗糙，边缘全缘。花序圆锥状，顶生或腋生，分枝开展，具细纵棱，沿棱密被小突起；苞片三角状卵形，具小突起，顶端尖，每苞内具 2~4 花；花被 5 深裂，白色或淡绿色。瘦果卵形，具 3 棱。花果期 8~10 月。永昌县农家有零星种植。

何首乌属 *Fallopia*　木藤蓼 *Fallopia aubertii*

半灌木，茎缠绕，灰褐色，无毛。叶簇生，稀互生，叶片长卵形或卵形，顶端急尖，基部近心形，两面均无毛。花序圆锥状，少分枝，稀疏，腋生或顶生，花序梗具小突起；苞片膜质，每苞内具 3~6 花；花被 5 深裂，淡绿色或白色。花果期 7~9 月。金昌市各乡镇街道庭院种植。

苋科 Amaranthaceae

梭梭属 *Haloxylon*　梭梭 *Haloxylon ammodendron*

小乔木，高 1~9 米。树皮灰白色，木材坚而脆；当年枝细长，斜升或弯垂，叶鳞片状，宽三角形，稍开展，先端钝，腋间具棉毛。花着生于二年生枝条的侧生短枝上；小苞片舟状；花被片矩圆形，先端钝，背面先端之下 1/3 处生翅状附属物；翅状附属物肾形至近圆形，斜伸或平展，边缘波状或啮蚀状，基部心形至楔形；花被片在翅以上部分稍内曲并围抱果实。胞果黄褐色。花果期 5~10 月，金昌市北部各乡镇及林杨种植。

假木贼属 *Anabasis*　短叶假木贼 *Anabasis brevifolia*

半灌木。茎多分枝，当年枝多成对发自小枝顶端，通常具 4~8 节，不分枝或上部有少数分枝。叶条形，半圆柱状，开展并向上弧曲，先端钝或锐尖，有半透明的短刺尖，叶基部合生成鞘，腋内生绵毛。花两性，单生叶腋，有时叶腋内同时具含 2~4 花的短枝，形似数花簇生；小苞片卵形；花被片 5，果时外轮 3 个花被片自背侧横生翅，翅膜质，扇形或半圆形，具脉纹，淡黄色或橘红色；内轮 2 个花被片生较小的翅。胞果宽椭圆形或近球形，黄褐色。密被乳头状突起；种子与果同形，卵形。外轮 3 片花被的翅肾形或近圆形，内轮 2 片花被翅较狭小，圆形或倒卵形。胞果卵形至宽卵形。花果期 7~10 月。分布于金昌市各乡镇山坡、荒滩、戈壁等区域。

驼绒藜属 *Krascheninnikovia* 华北驼绒藜 *Krascheninnikovia arborescens*

半灌木。株高 1~2 米，分枝多集中于上部，较长。叶较大，柄短；叶片披针形或矩圆状披针形，向上渐狭，先端急尖或钝，基部圆楔形或圆形，通常具明显的羽状叶脉。雄花序细长而柔软。雌花管倒卵形，花管裂片粗短，为管长的 1/5~1/4，先端钝，略向后弯；果时管外中上部具 4 束长毛，下部具短毛。果实狭倒卵形，被毛。花果期 7~9 月。分布于永昌县所辖大黄山林区山坡。

驼绒藜属 *Krascheninnikovia* 驼绒藜 *Krascheninnikovia ceratoides*

灌木，植株高 0.1~1 米，分枝多集中于下部，斜展或平展。叶较小，条形、条状披针形、披针形或矩圆形，先端急尖或钝，基部渐狭，楔形或圆形，1 脉，有时近基处有 2 条侧脉。雄花序较短，紧密。雌花管椭圆形；花管裂片角状，较长。果直立，椭圆形，被毛。花果期 6~9 月。分布于金昌市北部山区及祁连山荒山、荒坡等区域。

碱猪毛菜属 *Salsola*　木本猪毛菜 *Salsola arbuscula*

小灌木，高 40~100 厘米。多分枝；老枝淡灰褐色，有纵裂纹。叶互生，老枝上的叶簇生于短枝的顶部，叶片半圆柱形，淡绿色，无毛，顶端钝或尖，基部扩展而隆起，乳白色，扩展处的上部缢缩成柄状，叶片自缢缩处脱落，枝条上留有明显的叶基残痕。花序穗状；苞片比小苞片长；小苞片卵形，顶端尖，基部的边缘为膜质，比花被长或与花被等长；花被片矩圆形，顶端有小凸尖，背部有 1 条明显的中脉，果时自背面中下部生翅；翅 3 个为半圆形，膜质，有多数细而明显的脉，2 个较狭窄；花被片在翅以上部分，向中央聚集，包覆果实，上部膜质，稍反折，成莲座状。种子横生。花果期 7~10 月。分布于金昌市北部荒漠区砾质山坡等区域。

碱猪毛菜属 *Salsola*　珍珠猪毛菜 *Salsola passerina*

半灌木，高 15~30 厘米。植株密生丁字毛，自基部分枝；老枝木质，灰褐色，伸展；小枝草质，黄绿色，短枝缩短成球形。叶片锥形或三角形，顶端急尖，基部扩展，背面隆起，通常早落。花序穗状，生于枝条的上部；苞片卵形；小苞片宽卵形，顶端尖，两侧边缘为膜质；花被片长卵形，背部近肉质，边缘为膜质果时自背面中部生翅；翅 3 个为肾形，膜质，黄褐色或淡紫红色，密生细脉，2 个较小为倒卵形；花被片在翅以上部分，生丁字毛，向中央聚集成圆锥体，在翅以下部分，无毛；花药矩圆形，自基部分离至顶部；花药附属物披针形，顶端急尖；柱头丝状。种子横生或直立。花果期 8~9 月。分布于金昌市北部山区及祁连山荒山、荒坡等区域。

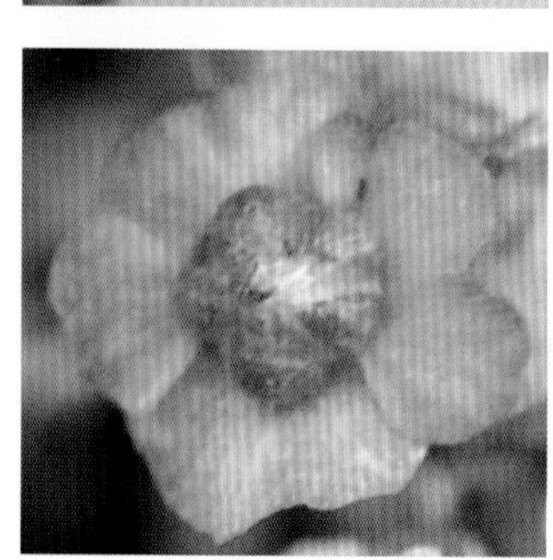

碱猪毛菜属 *Salsola*　松叶猪毛菜 *Salsola laricifolia*

小灌木，高 40~90 厘米。多分枝；老枝黑褐色或棕褐色，有浅裂纹，小枝乳白色。叶互生，老枝上的叶簇生于短枝的顶端，叶片半圆柱状，肥厚，黄绿色。花序穗状；苞片叶状，基部下延；小苞片宽卵形，背面肉质，绿色；花被片长卵形，顶端钝，背部稍坚硬，无毛，淡绿色，边缘为膜质，果时自背面中下部生翅；翅 3 个较大，肾形，膜质，有多数细而密集的紫褐色脉，2 个较小，近圆形或倒卵形；花被片在翅以上部分向中央聚集成圆锥体；花药附属物顶端急尖；柱头扁平，钻状，长约为花柱的 2 倍。种子横生。花果期 8~9 月。分布于金昌市北部荒漠区石质、砾质山坡等区域。

碱猪毛菜属 *Salsola*　刺沙蓬 *Salsola tragus*

一年生草本，高 30~100 厘米。茎直立，自基部分枝，茎、枝生短硬毛或近于无毛，有白色或紫红色条纹。叶片半圆柱形或圆柱形，无毛或有短硬毛，顶端有刺状尖，基部扩展，扩展处的边缘为膜质。花序穗状，生于枝条的上部；苞片长卵形，顶端有刺状尖，基部边缘膜质，比小苞片长；小苞片卵形，顶端有刺状尖；花被片长卵形，膜质，无毛，背面有 1 条脉；花被片果时变硬，自背面中部生翅；翅 3 个较大，肾形或倒卵形，膜质，无色或淡紫红色，有数条粗壮而稀疏的脉，2 个较狭窄；花被片在翅以上部分近革质，顶端为薄膜质，向中央聚集，包覆果实。种子横生。花果期 8~10 月。分布于金昌市各乡镇荒滩、河滩、沙地等区域。

碱猪毛菜属 *Salsola*　蒿叶猪毛菜 *Salsola abrotanoides*

半灌木，高 15~40 厘米。老枝灰褐色，有纵裂纹，小枝草质，密集，黄绿色，有细条棱。叶片半圆柱状，互生，老枝上的叶簇生于短枝的顶端，顶端钝或有小尖，基部扩展，在扩展处的上部缢缩成柄状，叶片自缢缩处脱落。花序穗状，细弱，花排列稀疏；苞片比小苞片长；小苞片长卵形，比花被短，边缘膜质；花被片卵形，背面肉质，边缘膜质，顶端钝，果时自背面中部生翅；翅 3 个较大，膜质，半圆形，黄褐色，有多数粗壮的脉，2 个稍小，为倒卵形；花被片在翅以上部分顶端钝，背部肉质，边缘为膜质，紧贴果实。种子横生。花果期 7~9 月。分布于金昌市北部荒漠区石质山坡、砾石河滩等区域。

碱猪毛菜属 *Salsola*　猪毛菜 *Salsola collina*

一年生草本，高 20~100 厘米。茎自基部分枝，枝互生，伸展，茎、枝绿色，有白色或紫红色条纹，生短硬毛或近于无毛。叶片丝状圆柱形，伸展或微弯曲，生短硬毛，顶端有刺状尖，基部边缘膜质，稍扩展而下延。花序穗状，生枝条上部；苞片卵形，顶部延伸，有刺状尖，边缘膜质，背部有白色隆脊；小苞片狭披针形，顶端有刺状尖，苞片及小苞片与花序轴紧贴；花被片卵状披针形，膜质，顶端尖，果时变硬，自背面中上部生鸡冠状突起；花被片在突起以上部分近革质，顶端为膜质，向中央折曲成平面，紧贴果实，有时在中央聚集成小圆锥体。种子横生或斜生。花果期 7~10 月。分布于金昌市各乡镇戈壁、沙滩等区域。

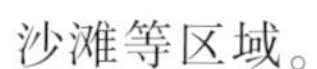

地肤属 *Kochia*　黑翅地肤 *Kochia melanoptera*

一年生草本，高15~40厘米。茎直立，多分枝，有条棱及不明显的色条。叶圆柱状或近棍棒状。花两性，通常1~3个团集，遍生叶腋；花被近球形，带绿色，有短柔毛；花被附属物3个较大，翅状，披针形至狭卵形，平展，有粗壮的黑褐色脉，或为紫红色或褐色脉，2个较小的附属物通常呈钻状。种子卵形；胚乳粉质，白色。花果期8~9月。分布于金昌市北部山坡、荒滩等区域。

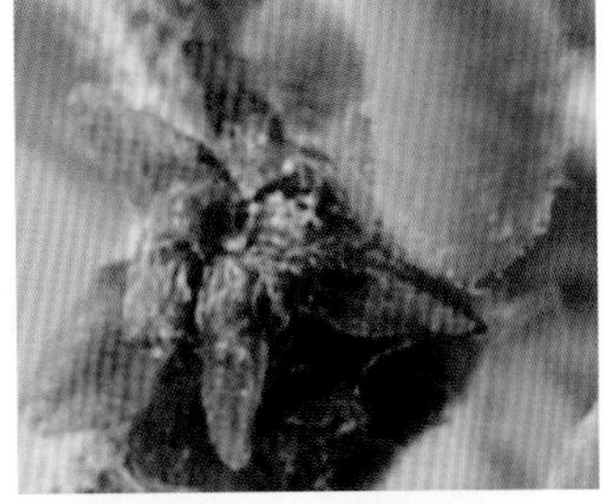

地肤属 *Kochia*　地肤 *Kochia scoparia*

一年生草本，高50~100厘米。根略呈纺锤形。茎直立，圆柱状，淡绿色或带紫红色，有多数条棱，稍有短柔毛或下部几无毛；分枝稀疏，斜上。叶为平面叶，披针形或条状披针形，无毛或稍有毛，先端短渐尖，基部渐狭入短柄，通常有3条明显的主脉，边缘有疏生的锈色绢状缘毛；茎上部叶较小，无柄，1脉。花两性或雌性，通常1~3个生于上部叶腋，构成疏穗状圆锥花序。胞果扁球形。种子卵形，黑褐色。花果期6~10月。分布于金昌市各乡镇山坡、荒滩等区域。

盐爪爪属 *Kalidium*　细枝盐爪爪 *Kalidium gracile*

小灌木，高 20~40cm。茎直立，多分枝，互生，老枝灰黄色，秋季红褐色，幼枝纤细，黄绿色或黄褐色。叶不发达，疣状，肉质，黄绿色，先端钝，叶基狭窄，下延。穗状花序顶生，细弱，圆柱状，每一鳞片状苞内着生 1 朵花。胞果皮膜质，密被乳头状突起。种子卵圆形，两侧压扁，胚马蹄形，淡红褐色。花果期 7~9 月。分布于金昌市各乡镇荒滩、荒山等区域。

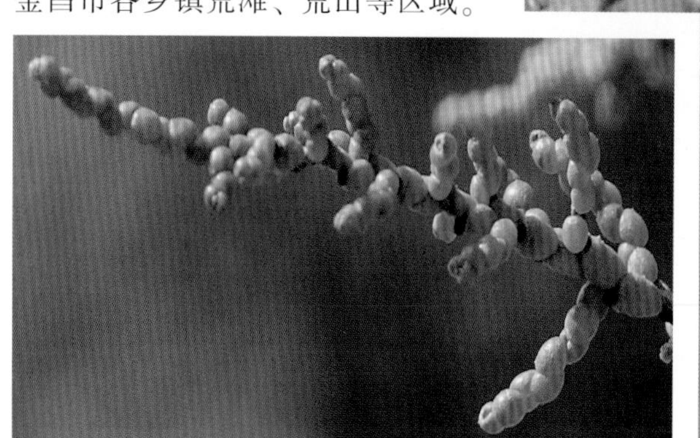

盐爪爪属 *Kalidium*　尖叶盐爪爪 *Kalidium cuspidatum*

半灌木。高 20~40cm，茎自基部分枝，斜升，老枝浅灰黄色，嫩枝黄绿色。叶互生，肉质，卵形，先端锐尖，稍内弯，基部半抱茎，下延。穗状花序顶生，花两性，无梗，嵌入肉质花序轴内，每一鳞苞片内着生 3 朵花。胞果圆形，果皮膜质，种子与胞果同形，被乳头状小突起。花果期 7~9 月。分布于金昌市各乡镇盐碱地、湖滩、湿地周边山坡、荒滩等区域。

盐爪爪属 *Kalidium* 盐爪爪 *Kalidium foliatum*

小灌木，植株高20~60厘米，茎直立，多分枝，枝条互生，当年生枝黄白色，老枝灰白色。叶互生，圆柱形，肉质，灰绿色，先端钝，基部下延，半抱茎。花序穗状，生于枝端。圆柱状或卵状；每3朵生于1个鳞状苞片内；胞果圆形，直径约1毫米；种子与胞果同形，密被乳头状小突起。花果期7~9月。分布于金昌市各乡镇荒山、荒滩，花草滩林场大面积集中分布。

盐爪爪属 *Kalidium* 黄毛头 *Kalidium cuspidatum* var. *sinicum*

小灌木，高20~40厘米。茎自基部分枝；枝近于直立，灰褐色，小枝黄绿色。叶片卵形，顶端急尖，稍内弯，基部半抱茎，下延。花序穗状，生于枝条的上部；花排列紧密，每1苞片内有3朵花；花被合生，上部扁平成盾状，盾片呈长五角形，具狭窄的翅状边缘胞果近圆形，果皮膜质；种子近圆形，淡红褐色，有乳头状小突起。花果期7~9月。分布于金昌市各乡镇荒滩、山坡等区域。

合头草属 *Sympegma*　合头草 *Sympegma regelii*

小半灌木，高 20~50 厘米。茎直立，多分枝，老枝灰褐色，通常有条状裂纹；当年生枝黑绿色。叶互生，肉质，圆柱形，黑绿色，花两性，常 3~4 朵聚集成顶生或腋生的小头状花序。花被片 5，革质，果时变坚硬且自顶端横生翅。胞果扁圆形，果皮淡黄色；种子直立。花果期 7~10 月。分布于金昌市北部各乡镇石质山坡、荒滩等区域。

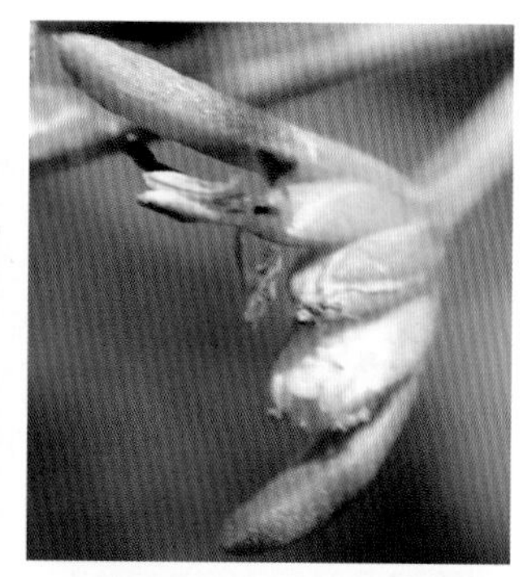

滨藜属 *Atriplex*　西伯利亚滨藜 *Atriplex sibirica*

一年生草本，高 20~50 厘米。茎通常自基部分枝；枝外倾或斜伸，钝四棱形，无色条，有粉。叶片卵状三角形至菱状卵形，先端微钝，基部圆形或宽楔形，边缘具疏锯齿，近基部的 1 对齿较大而呈裂片状，或仅有 1 对浅裂片而其余部分全缘，上面灰绿色，无粉或稍有粉，下面灰白色，有密粉。团伞花序腋生。胞果扁平，卵形或近圆形；果皮膜质。花果期 6~9 月。分布于金昌市各乡镇荒滩、河道等区域。

滨藜属 *Atriplex*　野滨藜 *Atriplex fera*

一年生草本，高 20~60 厘米。茎直立或上升，具条棱，呈四棱形，基部近圆柱形。单叶互生，具柄；叶片卵状披针形或长圆状卵形，基部广楔形至楔形，先端钝，全缘或稍呈波状缘，两面绿色或稍呈灰绿色，表面无毛或稍被白粉，背面稍被鳞秕状膜片或白粉，后期渐剥落。雌雄同株，于叶腋簇生成团伞花序；雄花 4~5 数，早落；雌花 3~6(10)聚生于团伞花序内。花果期 7~9 月。分布于金昌市各乡镇渠道、湿地及盐碱化农地等区域。

滨藜属 *Atriplex*　鞑靼滨藜 *Atriplex tatarica*

一年生草本，高 20~80 厘米。茎多分枝，枝斜伸。叶通常具短柄；叶片宽卵形、三角形、三角状卵形、矩圆形至披针形，先端急尖或短渐尖，基部宽楔形至楔形，边缘具不整齐缺裂状或浅裂状锯齿，上面无粉，绿色，下面有密粉，灰白色，有时两面均有密粉和薄片状毛丛。雄花花被片倒圆锥形，雌花的苞片果时菱状卵形至卵形。花果期 7~9 月。分布于金昌市各乡镇渠道、湿地及盐碱化农地等区域。

滨藜属 *Atriplex*　中亚滨藜 *Atriplex centralasiatica*

一年生草本，高 15~30 厘米。茎通常自基部分枝；枝钝四棱形，黄绿色，无色条，有粉或下部近无粉。叶片卵状三角形至菱状卵形，边缘具疏锯齿，近基部的 1 对锯齿较大而呈裂片状，或仅有 1 对浅裂片而其余部分全缘，先端微钝，基部圆形至宽楔形，上面灰绿色，无粉或稍有粉，下面灰白色，有密粉。花集成腋生团伞花序。胞果扁平，宽卵形或圆形，果皮膜质。花果期 7~9 月。分布于金昌市各乡镇渠道、湿地、荒滩等区域。

碱蓬属 *Suaeda*　角果碱蓬 *Suaeda corniculata*

一年生草本，高 20~50 厘米。茎直立或外倾，圆柱形，有微条棱，多分枝；上部分枝通常上升。叶条形至丝状条形，半圆柱状，稍有蜡粉，蓝灰绿色，先端微钝并具短芒尖，基部渐狭，上部的叶较短而宽。团伞花序通常 3~5 花，腋生；花两性，无柄；花被顶基扁，绿色，5 裂，裂片三角形，果时基部向外延伸成横翅，翅通常钝圆，彼此并成圆盘形；柱头 2，花柱不明显。种子横生，双凸镜形或扁卵形，黑色或红褐色，稍有光泽，表面具清晰点纹。花果期 7~9 月。分布于金昌市金川河流域湿地、渠道等周边盐碱化荒滩等区域。

碱蓬属 *Suaeda*　碱蓬 *Suaeda glauca*

一年生草本，高可达 1 米。茎直立，粗壮，圆柱状，浅绿色，有条棱，上部多分枝。叶丝状条形，半圆柱状。花两性兼有雌性，单生或 2~5 朵团集，大多着生于叶的近基部处；两性花花被杯状，黄绿色；雌花花被近球形，较肥厚，灰绿色；花被裂片卵状三角形，先端钝，果时增厚，使花被略呈五角星状，干后变黑色；雄蕊 5，花药宽卵形至矩圆形；柱头 2，黑褐色，稍外弯。胞果包在花被内，果皮膜质。种子横生或斜生，双凸镜形，黑色，周边钝或锐，表面具清晰的颗粒状点纹，稍有光泽；胚乳很少。花果期 7~9 月。分布于金昌市各乡镇湿地、渠道等周边盐碱化荒滩等区域。

碱蓬属 *Suaeda*　平卧碱蓬 *Suaeda prostrata*

一年生草本，高 20~50 厘米，无毛。茎平卧或斜升，基部有分枝并稍木质化，具微条棱，上部的分枝近平展并几等长。叶条形，半圆柱状，灰绿色，先端急尖或微钝，基部稍收缩并稍压扁；侧枝上的叶较短，等长或稍长于花被。团伞花序 2 至数花，腋生；花两性。种子双凸镜形或扁卵形，表面具清晰的蜂窝状点纹。花果期 7~10 月。分布于金昌市各乡镇湿地、渠道等周边盐碱化荒滩等区域。

沙蓬属 *Agriophyllum*　沙蓬 *Agriophyllum squarrosum*

一年生草本。植株高 14~60 厘米。茎直立，坚硬，浅绿色，具不明显的条棱。单叶互生，叶无柄，披针形、披针状条形或条形，先端（渐尖具小尖头）向基部渐狭，叶脉浮凸，纵行，3~9 条。穗状花序紧密，1~3 腋生；苞片宽卵形，先端急缩，具小尖头，后期反折，背部密被分枝毛。花果期 8~10 月。分布于金昌市朱王堡、水源、喇叭泉林场、东水岸沙地、沙丘等区域。

轴藜属 *Axyris*　杂配轴藜 *Axyris hybrida*

一年生草本。植株高 5~40 厘米，茎直立，由基部分枝，分枝通常斜展或上升，幼时被星状毛，后期秃净。叶柄较短，叶片卵形、椭圆形或矩圆状披针形，先端钝或渐尖，具小尖头，基部楔形或渐狭，全缘，背部叶脉明显，两面皆被星状毛。雄花序穗状。花果期 7~8 月。分布于永昌县所辖祁连山林区山坡。

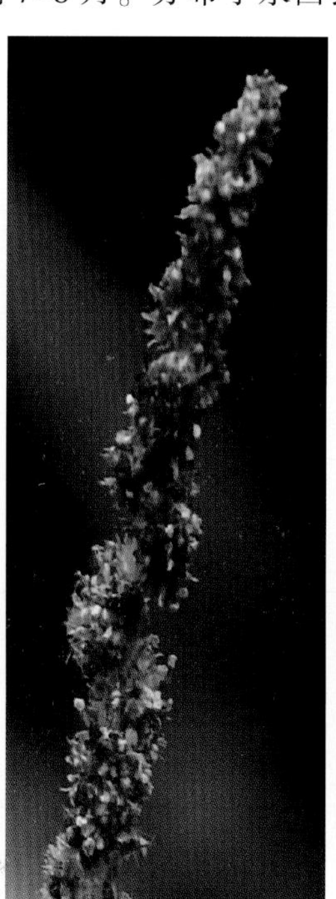

虫实属 *Corispermum* 绳虫实 *Corispermum declinatum*

茎直立，通常高约35厘米，圆柱形，分枝较多。叶条形，先端具短尖头。穗状花序顶生和侧生，细长。果实无毛，倒卵形矩园形。花果期6~9月。分布于金昌市北部沙区荒滩等区域。

虫实属 *Corispermum* 碟果虫实 *Corispermum patelliforme*

一年生草本，高10~45厘米，茎直立，圆柱状，分枝多，集中于中、上部，斜升。叶较大，长椭圆形或倒披针形，先端圆形具小尖头，基部渐狭，3脉，干时皱缩。穗状花序圆柱状，具密集的花。苞片与叶有明显的区别，花序中、上部的苞片卵形和宽卵形，少数下部的苞片宽披针形。果实圆形或近圆形，扁平，背面平坦，腹面凹入，棕色或浅棕色。花果期8~9月。分布于金昌市北部沙丘等区域。

沙冰藜属 *Bassi*　雾冰藜 *Bassia dasyphylla*

一年生草本。高 3~50 厘米，茎直立，密被水平伸展的长柔毛；分枝多，开展，与茎夹角通常大于 45°，有的几成直角。叶互生，肉质，圆柱状或半圆柱状条形，密被长柔毛，先端钝，基部渐狭。花两性，单生或两朵簇生，通常仅一花发育。花被筒密被长柔毛，裂齿不内弯，果时花被背部具 5 个钻状附属物。果实卵圆状。种子近圆形。花果期 7~9 月。分布于金昌市各乡镇沙地、盐碱地、荒滩等区域。

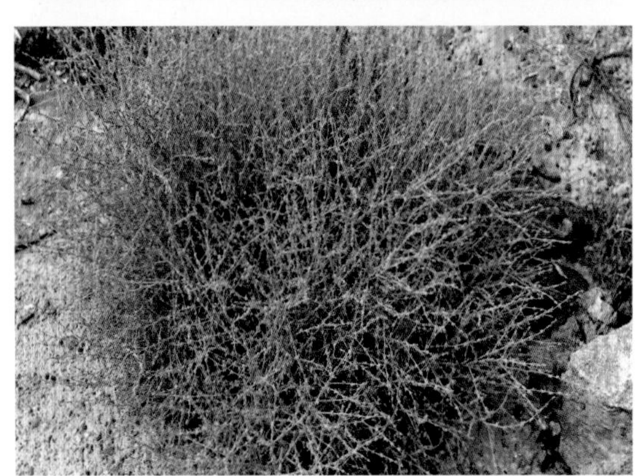

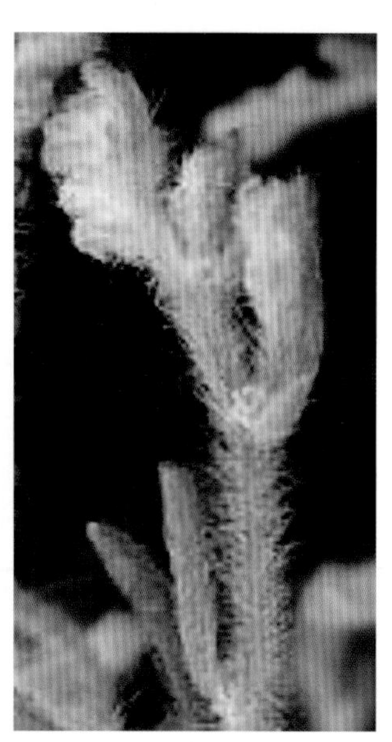

藜属 *Chenopodium*　平卧藜 *Chenopodium karoi*

一年生草本，高 20~40 厘米。茎平卧或斜升，多分枝，圆柱状或有钝棱，具绿色色条。叶片卵形至宽卵形，通常 3 浅裂，上面灰绿色，无粉或稍有粉，下面苍白色，有密粉，具互生浮凸的离基三出脉，基部宽楔形；中裂片全缘，很少微有圆齿，先端钝或急尖并有短尖头；侧裂片位于叶片中部或稍下，钝而全缘。花数个簇生，再于小分枝上排列成短于叶的腋生圆锥状花序。种子横生，双凸镜状。花果期 8~9 月。分布于永昌县大黄山及西大河山坡。

藜属 *Chenopodium*　灰绿藜 *Chenopodium glaucum*

一年生草本，高 10~45 厘米。茎通常由基部分枝，平铺或斜升；有暗绿色或紫红色条纹，叶互生有短柄。叶片厚，带肉质，椭圆状卵形至卵状披针形，顶端急尖或钝，边缘有波状齿，基部渐狭，表面绿色，背面灰白色、密被粉粒，中脉明显；叶柄短。花簇短穗状，腋生或顶生。花果期 6~10 月。分布于金昌市各乡镇地埂、荒地、荒滩等区域。

藜属 *Chenopodium*　藜 *Chenopodium album*

一年生草本，高 30~150 厘米。茎直立，粗壮，具条棱及绿色或紫红色色条，多分枝；枝条斜升或开展。叶片菱状卵形至宽披针形，先端急尖或微钝，基部楔形至宽楔形，上面通常无粉，有时嫩叶的上面有紫红色粉，下面多少有粉，边缘具不整齐锯齿；花两性，花簇于枝上部排列成或大或小的穗状圆锥状或圆锥状花序；花被裂片 5，宽卵形至椭圆形，背面具纵隆脊，有粉，先端或微凹，边缘膜质；雄蕊 5，花药伸出花被，柱头 2。种子横生，双凸镜状，表面具浅沟纹。花果期 5~10 月。分布于金昌市各乡镇农地、荒滩、荒山等区域。

藜属 *Chenopodium*　小白藜 *Chenopodium iljinii*

一年生草本，高10~25厘米，全株被白色粉粒而整株呈灰白色，茎常在下部多分枝或由基部分枝而无主枝，平卧或斜生，具前槽棱和白粉。叶片卵形至卵状三角形，两面均有密粉，呈灰绿色，先端急尖或微钝，基部宽楔形，全缘或三浅裂，侧裂片在近基部。花簇于枝端及叶腋的小枝上集成短穗状花序；花被裂片5，较少为4，倒卵状条形至矩圆形，背面有密粉，无隆脊；花药宽椭圆形，花丝稍短于花被；柱头2，丝状，花柱不明显。胞果顶基扁。种子双凸镜形，有时为扁卵形，表面近平滑或微有沟纹。花果期8~10月。分布于金昌市各乡镇农地、荒滩、荒山等区域。

藜属 *Chenopodium*　尖头叶藜 *Chenopodium acuminatum*

一年生草本，高20~80厘米。茎直立，具条棱及绿色色条，有时色条带紫红色，多分枝；枝斜升，较细瘦。叶片宽卵形至卵形，茎上部的叶片有时呈卵状披针形。花两性，团伞花序于枝上部排列成紧密的或有间断的穗状或穗状圆锥状花序，花序轴具圆柱状毛束；花被扁球形，5深裂，裂片宽卵形，边缘膜质，并有红色或黄色粉粒，果时背面大多增厚并彼此合成五角星形。种子横生，表面略具点纹。花果期8~9月。分布于金昌市各乡镇农地、荒滩等区域。

藜属 *Chenopodium*　杂配藜 *Chenopodium hybridum*

一年生草本。高 40~120cm。茎直立。叶宽卵形至卵状三角形，两面均呈亮绿色，基部圆形、截形或略呈心形，边缘掌状浅裂，轮廓略呈五角形；上部叶较小，多呈三角状戟形。花两性兼有雌性，排成圆锥状花序；花被裂片 5。花果期 7~9 月。分布金昌市于各乡镇荒草地等区域。

腺毛藜属 *Dysphania*　菊叶香藜 *Dysphania schraderiana*

一年生草本，高 20~60 厘米，有强烈气味，全体有具节的疏生短柔毛。茎直立，具绿色色条，通常有分枝。叶片矩圆形，边缘羽状浅裂至羽状深裂。复二歧聚伞花序腋生；花两性。种子横生，红褐色或黑色，具细网纹。花果期 7~10 月。分布于金昌市各乡镇地埂、荒地、荒滩等区域。

腺毛藜属 *Dysphania*　刺藜 *Dysphania aristata*

一年生草本，植物体通常呈圆锥形，高 10~40 厘米，无粉，秋后常带紫红色。茎直立，圆柱形或有棱，具色条。叶条形至狭披针形。复二歧式聚伞花序生于枝端及叶腋，最末端的分枝针刺状；花两性。花果期 8~10 月。分布于金昌市各乡镇荒山、荒滩、荒地及祁连山林区山坡等区域。

盐生草属 *Halogeton*　盐生草 *Halogeton glomeratus*

一年生草本，高 5~30 厘米。茎直立，多分枝；枝互生，基部的枝近于对生，无毛，无乳头状小突起，灰绿色。叶互生，叶片圆柱形，顶端有长刺毛，有时长刺毛脱落；花腋生，通常 4~6 朵聚集成团伞花序，遍布于植株；花被片披针形，果时自背面近顶部生翅；雄蕊通常为 2。花果期 7~9 月。分布于金昌市各乡镇山坡、河滩等区域。

盐生草属 *Halogeton*　白茎盐生草 *Halogeton arachnoideus*

一年生草本，高 10~40 厘米；枝互生，灰白色，幼时生蛛丝状毛，以后毛脱落。叶片圆柱形；花通常 2~3 朵，簇生叶腋；小苞片卵形，边缘膜质；花被片宽披针形，果时自背面的近顶部生翅；翅 5；雄蕊 5。果实为胞果。花果期 7~8 月。分布于金昌市各乡镇山坡、河滩等区域。

苋属 *Amaranthus*　反枝苋 *Amaranthus retroflexus*

一年生草本，高 20~80 厘米，有时达 1 米多；茎直立，粗壮，单一或分枝。叶片菱状卵形或椭圆状卵形。圆锥花序顶生及腋生，直立，由多数穗状花序形成，顶生花穗较侧生者长。种子近球形，棕色或黑色，边缘钝。花果期 6~9 月。分布于金昌市各乡镇农地埂、荒地等区域。

马齿苋科 Portulacaceae

马齿苋属 *Portulaca*　马齿苋 *Portulaca oleracea*

一年生草本；全株无毛。茎平卧或斜倚，铺散，多分枝，圆柱形，淡绿或带暗红色。叶互生或近对生，扁平肥厚，倒卵形，先端钝圆或平截，有时微凹，基部楔形，全缘，上面暗绿色，下面淡绿或带暗红色。花无梗，常3~5簇生枝顶，午时盛开；叶状膜质苞片2~6，近轮生。萼片2，对生，绿色，盔形；花瓣（4)5，黄色。花果期5~9月。分布于金昌市喇叭泉林场等沙质地埂等区域 。

石竹科 Caryophyllaceae

牛漆姑属 *Spergularia*　拟漆姑 *Spergularia marina*

一、二年生草本。茎基部平卧或上升，上部直立，多分枝，基部无毛。上部被腺毛；叶窄条形，稍肉质，先端锐尖或钝。花集生茎顶或叶腋，形成总状花序或总状聚伞花序；花瓣淡粉紫色，或白色，卵状矩圆形或矩圆形。蒴果卵形。花果期5~9月。分布于金昌市金川河流域湿地、沙滩等区域。

裸果木属 *Gymnocarpos*　　裸果木 *Gymnocarpos przewalskii*

半灌木，高 50~100 厘米。茎曲折，多分枝；树皮灰褐色，剥裂；嫩枝赭红色。节膨大。叶片稍肉质，线形，略成圆柱状。聚伞花序腋生；苞片白色，膜质，透明，宽椭圆形；花瓣无。瘦果包于宿存萼内。花果期 5~8 月。分布于金昌市金川峡北部山区及祁连山区等区域。

卷耳属 *Cerastium*　　山卷耳 *Cerastium pusillum*

多年生草本，高 5~15 厘米。须根纤细。茎丛生，叶片匙状；茎上部叶稍大，叶片长圆形至卵状椭圆形。聚伞花序顶生，具 2~7 朵花；花瓣 5，白色，长圆形，比萼片长 1/3~1/2，顶端 2 浅裂至 1/4 处。蒴果长圆形。分布于永昌县所辖祁连山各林区山坡、荒滩等区域。

孩儿参属 *Pseudostellaria*　异花孩儿参 *Pseudostellaria heterantha*

多年生草本，高 8~15 厘米。块根纺锤形。茎单生，直立，基部分枝，具 2 列柔毛。茎中部以下叶片倒披针形；中部以上的叶片倒卵状披针形。开花受精花顶生或腋生；花瓣 5。闭花受精花腋生。蒴果卵圆形。花果期 5~8 月。分布于永昌县所辖祁连山林区林中空地及林缘等区域。

薄蒴草属 *Lepyrodiclis*　薄蒴草 *Lepyrodiclis holosteoides*

一年生草本。全株被腺毛。茎高 40~100 厘米，具纵条纹，上部被长柔毛。叶片披针形。圆锥花序开展；花瓣 5，白色，宽倒卵形，与萼片等长或稍长。蒴果卵圆形，短于宿存萼。花果期 5~8 月。金昌市分布于各乡镇农地、荒地等区域。

无心菜属 *Arenaria*　西南无心菜 *Arenaria forrestii*

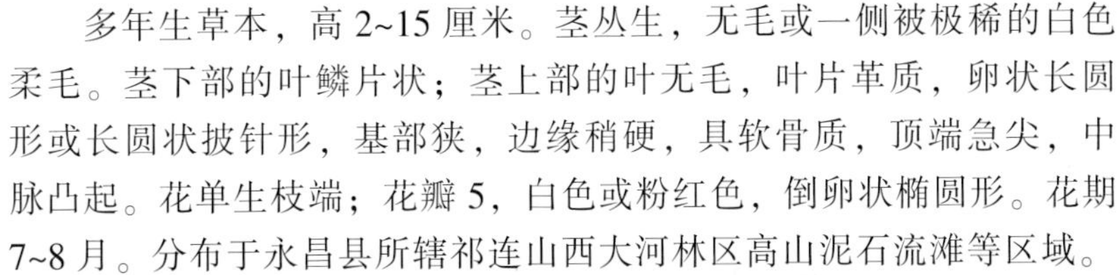

多年生草本，高 2~15 厘米。茎丛生，无毛或一侧被极稀的白色柔毛。茎下部的叶鳞片状；茎上部的叶无毛，叶片革质，卵状长圆形或长圆状披针形，基部狭，边缘稍硬，具软骨质，顶端急尖，中脉凸起。花单生枝端；花瓣 5，白色或粉红色，倒卵状椭圆形。花期 7~8 月。分布于永昌县所辖祁连山西大河林区高山泥石流滩等区域。

无心菜属 *Arenaria*　漆姑无心菜 *Arenaria saginoides*

一年生小草本，高 2~4 厘米。根纤细。茎由基部二歧式多分枝，直立，无毛，稀在花序下部疏生腺柔毛。叶片线状匙形。花顶生或为腋生的三歧聚伞花序；苞片与叶同形而小；萼片 4 或 5（当有 2 片较宽时很少为 5），长卵形；花瓣 4，稀 5，仅 2~3 片发育，白色，狭匙形或倒卵形。花果期 7~9 月。分布于永昌县所辖大黄山林区高山泥石流滩等区域。

无心菜属 *Arenaria*　甘肃雪灵芝 *Arenaria kansuensis*

多年生垫状草本，高 4~5 厘米。主根粗壮，木质化。叶片针状线形，基部稍宽，抱茎，边缘狭膜质，下部具细锯齿，稍内卷，顶端急尖，呈短芒状，上面微凹入，下面凸出，呈三棱形，质稍硬，紧密排列于茎上。花单生枝端；苞片披针形；花瓣 5，白色，倒卵形。花期 7 月。分布于金昌市大黄山林区海拔 3000 米以上山顶流石坡、砾石带等区域。

繁缕属 *Stellaria*　二柱繁缕 *Stellaria bistyla*

多年生草本，高 10~30 厘米。茎密丛生，铺散，叉状分枝，近圆柱形，带紫色，密被腺毛。叶片长圆状披针形，中脉明显，上面下凹，下面凸起。二歧聚伞花序顶生，稀疏；苞片披针形；花瓣 5，白色，倒卵形；花柱 2(极少 3)。蒴果倒卵形。花期 7~8 月。分布于金昌市武当山北山山坡等区域。

繁缕属 *Stellaria*　钝萼繁缕 *Stellaria amblyosepala*

多年生草本，全株被短腺毛。主根长圆柱形。茎多数丛生，铺散，四棱形，长 15~30 厘米。叶无柄，叶片条形至线状披针形。花序顶生，为疏松的二歧式聚伞花序；萼片 5，长圆形；花瓣 5，白色，与萼片等长或稍短，2 浅裂；花柱 3，线形。花期 5~7 月。分布于永昌县所辖祁连山林区山坡等区域。

繁缕属 *Stellaria*　雀舌草 *Stellaria alsine*

二年生草本，高 15~25(35)厘米，全株无毛。须根细。茎丛生，稍铺散，上升，多分枝。叶无柄，叶片披针形至长圆状披针形，半抱茎，边缘软骨质。聚伞花序通常具 3~5 花，顶生或花单生叶腋；萼片 5，披针形；花瓣 5，白色，短于萼片或近等长，花柱 3(有时为 2)。蒴果卵圆形，与宿存萼等长或稍长，6 齿裂。花果期 5~8 月。分布于永昌县所辖祁连山山坡等区域。

繁缕属 *Stellaria*　伞花繁缕 *Stellaria umbellata*

多年生草本，高 5~15 厘米，全株无毛。须根簇生。茎单生，分枝。叶片椭圆形，顶端钝或急尖，基部楔形，微抱茎，两面无毛。聚伞状伞形花序，具 3~10 花，果时微伸长，常下垂；萼片 5，披针形；花瓣无。蒴果比宿存萼长近 1 倍，6 齿裂。花果期 6~8 月。分布于永昌县所辖祁连山山坡等区域。

繁缕属 *Stellaria*　禾叶繁缕 *Stellaria graminea*

多年生草本，高 10~30 厘米，全株无毛。茎细弱，密丛生，近直立，具 4 棱。叶无柄，叶片线形，下部叶腋生出不育枝。聚伞花序顶生或腋生，有时具少数花；花瓣 5，稍短于萼片，白色，2 深裂；花柱 3。花果期 5~9 月。分布于永昌县所辖祁连山林区山坡等区域。

繁缕属 *Stellaria*　繁缕 *Stellaria media*

一或二年生草本，高 10~30 厘米。茎俯仰或上升，基部多少分枝，常带淡紫红色，被 1(2)列毛。叶片宽卵形或卵形，顶端渐尖或急尖，基部渐狭或近心形，全缘；基生叶具长柄。疏聚伞花序顶生。花瓣白色，长椭圆形，比萼片短，深 2 裂达基部；花柱 3，线形。蒴果卵形。花果期 6~8 月。分布于金昌市各乡镇潮湿农地、水沟等区域。

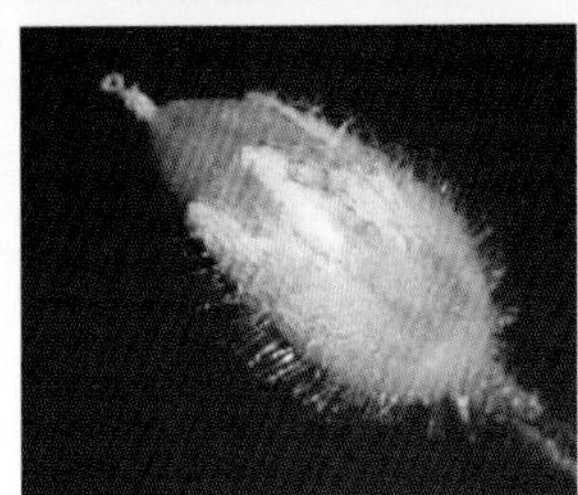

石头花属 *Gypsophila*　头状石头花 *Gypsophila capituliflora*

多年生草本，高达 25 厘米。根粗壮，木质。茎数个丛生，无毛，不分枝或上部有 1~2 个分枝。叶片线形，近肉质。聚伞花序顶生，密集成近头状；苞片披针形；花萼钟形，具 5 条紫色脉；花瓣淡紫红色至白色，长倒卵形楔状，顶端微凹，基部较狭；雄蕊与花瓣近等长。蒴果长圆形，与宿存萼几等长。花果期 7~9 月。分布于金昌市祁连山山区及北部山坡、草地等区域。

石头花属 *Gypsophila*　细叶石头花 *Gypsophila licentiana*

多年生草本，高30~50厘米。茎细，无毛，上部分枝。叶片线形，长，顶端具骨质尖，边缘粗糙，基部连合成短鞘。聚伞花序顶生，带紫色；花瓣白色，三角状楔形，为萼长1.5~2倍。蒴果略长于宿存萼。花果期7~9月。分布于永昌县所辖祁连山区北部山坡、草地等区域。

蝇子草属 *Silene*　女娄菜 *Silene aprica*

一或二年生草本，高30~70厘米。茎单生或数个，直立，分枝或不分枝。基生叶片倒披针形或狭匙形；茎生叶片倒披针形。圆锥花序较大型；花萼卵状钟形；花瓣白色或淡红色，微露出花萼或与花萼近等长，瓣片倒卵形，2裂；副花冠片舌状。蒴果卵形。花期5~8月。分布于金昌市祁连山林区北部山区河边、岩石缝隙等区域。

蝇子草属 *Silene*　蔓茎蝇子草 *Silene repens*

多年生草本，全株被短柔毛。茎丛生，直立或匍匐。叶片线状披针形、披针形。总状圆锥花序，小聚伞花序具1~3朵，苞片披针形，花萼筒状棒形，常带紫色，萼齿宽卵形；花瓣白色，瓣片倒卵形，浅2裂，副花冠片长圆形，雄蕊稍外露。蒴果卵形，比宿存萼短。种子肾形。花果期6~9月。分布于永昌县所辖祁连山各林区山坡草地。

蝇子草属 *Silene*　长梗蝇子草 *Silene pterosperma*

多年生草本，高20~50厘米。根粗壮，具多头根颈。茎疏丛生，纤细，直立或上升，通常不分枝。基生叶簇生，叶片倒披针状线形或线形；茎生叶1~2对，叶片常比基生叶短小。总状花序，花常对生，稀假轮生；苞片披针形；花萼狭钟形，花瓣黄白色，瓣片外露。蒴果长圆卵形，三角状。花果期7~8月。分布于永昌县所辖祁连山林区、山坡等区域。

蝇子草属 *Silene* 麦瓶草 *Silene conoidea*

多年生草本，高 25~60 厘米，全株被短腺毛。根为主根系，稍木质。茎单生，直立，不分枝。基生叶片匙形，茎生叶片长圆形或披针形。二歧聚伞花序具数花；花直立；花萼圆锥形；花瓣淡红色，瓣片倒卵形，全缘或微凹缺，有时微啮蚀状；副花冠片狭披针形，白色。蒴果梨状。花期 5~7 月。分布于金昌市各乡镇田间荒地及麦田等区域。

蝇子草属 *Silene* 隐瓣蝇子草 *Silene gonosperma*

多年生草本，高 6~20 厘米。根粗壮，常具多头根颈。茎疏丛生或单生，直立，不分枝。基生叶片线状倒披针形；茎生叶 1~3 对，无柄，叶片披针形。花单生；花萼狭钟形；花瓣暗紫色，内藏，稀微露出花萼，瓣片凹缺或浅 2 裂，副花冠片缺或不明显。蒴果椭圆状卵形；种子圆形。花果期 6~8 月。分布于永昌县所辖祁连山石质山坡等区域。

麦蓝菜属 *Vaccaria*　麦蓝菜 *Vaccaria hispanica*

一或二年生草本，高30~70厘米，全株无毛，微被白粉，呈灰绿色。茎单生，直立，上部分枝。叶片卵状披针形或披针形，基部圆形或近心形，微抱茎，顶端急尖，具3基出脉。伞房花序稀疏；花萼卵状圆锥形；花瓣淡红色，瓣片狭倒卵形。蒴果宽卵形或近圆球形；种子近圆球形。花果期5~8月。分布于金昌市各乡镇农户菜地、农地边等区域。

石竹属 *Dianthus*　石竹 *Dianthus chinensis*

多年生草本，高30~50厘米，全株无毛，带粉绿色。茎由根颈生出，疏丛生，直立，上部分枝。叶片线状披针形，全缘或有细小齿。花单生枝端或数花集成聚伞花序；苞片4，卵形；花萼圆筒形；花瓣片倒卵状三角形，紫红色、粉红色、鲜红色或白色，顶缘不整齐齿裂，喉部有斑纹，疏生髯毛；雄蕊露出喉部外。蒴果圆筒形，包于宿存萼内，顶端4裂；种子黑色，扁圆形。花果期5~9月。金昌市各乡镇均有种植。

囊种草属 *Thylacospermum* 囊种草 *Thylacospermum caespitosum*

多年生垫状草本，常呈球形，直径达30厘米或更大，全株无毛。茎基部强烈分枝，木质化。叶排列紧密，呈覆瓦状，叶片卵状披针形。花单生茎顶，几无梗；萼片披针形；花瓣5，卵状长圆形，顶端稍圆钝。蒴果球形。花果期6~8月。分布于永昌县所辖祁连山西大河林区泥石流滩等区域。

芍药科
Paeoniaceae

芍药属 *Paeonia* 牡丹 *Paeonia suffruticosa*

落叶灌木。茎高达2米。分枝短而粗。叶通常为二回三出复叶，偶尔近枝顶的叶为3小叶。花单生枝顶；花瓣5，或为重瓣，玫瑰色、红紫色、粉红色至白色，通常变异很大，倒卵形，顶端呈不规则的波状。蓇葖柔长圆形，密生黄褐色硬毛。花果期5~6月。金昌市城市街道及各乡镇农户零星种植。

芍药属 *Paeonia* 芍药 *Paeonia lactiflora*

多年生草本。根粗壮，分枝黑褐色。茎高 40~70 厘米。下部茎生叶为二回三出复叶，上部茎生叶为三出复叶。花数朵，生茎顶和叶腋，有时仅顶端一朵开放，而近顶端叶腋处有发育不好的花芽；苞片 4~5，披针形，大小不等；萼片 4，宽卵形或近圆形；花瓣 9~13，倒卵形，白色，有时基部具深紫色斑块。蓇葖柔长顶端具喙。花果期 5~8 月。金昌市街道及各乡镇农户零星种植。

芍药属 *Paeonia* 川赤芍 *Paeonia anomala* subsp. *veitchii*

多年生草本。根圆柱形。茎高 30~80 厘米，少有 1 米以上，无毛。叶为二回三出复叶，叶片轮廓宽卵形；小叶成羽状分裂，裂片窄披针形至披针形。花 2~4 朵，生茎顶端及叶腋，有时仅顶端 1 朵开放；萼片 4，宽卵形；花瓣 6~9，倒卵形，紫红色或粉红色；心皮 2~3(5)，密生黄色绒毛。花果期 5~7 月。分布于永昌县所辖祁连山林区林下空地等区域。

毛茛科 Ranunculaceae

乌头属 *Aconitum*　甘青乌头 *Aconitum tanguticum*

多年生草本。块根小。茎高 8~50 厘米。基生叶 7~9 枚；叶片圆形或圆肾形，3 深裂至中部或中部之下，深裂片互相稍覆压，深裂片浅裂边缘有圆牙齿。茎生叶 1~2(4)枚，稀疏排列，较小。顶生总状花序有 3~5 花；苞片线形，或有时最下部苞片 3 裂；萼片蓝紫色；花瓣无毛，稍弯，唇不明显，微凹，距短、直。分布于永昌县所辖祁连山各林区高山草甸、泥石流坡等区域。

乌头属 *Aconitum*　高乌头 *Aconitum sinomontanum*

多年生草本，根圆柱形。茎高 60~150 厘米，生 4~6 枚叶。基生叶 1 枚，与茎下部叶具长柄；叶片肾形或圆肾形，基部宽心形，3 深裂；总状花序具密集的花；苞片比花梗长，下部苞片叶状；萼片蓝紫色或淡紫色，外面密被短曲柔毛；花瓣无毛，唇舌形。花期 6~9 月。分布于永昌县所辖祁连山南坝林区山坡等区域。

乌头属 *Aconitum*　露蕊乌头 *Aconitum gymnandrum*

一年生草本。根近圆柱形。茎高(6)25~55(100)厘米，等距地生叶，常分枝。基生叶1~3(6)枚；叶片宽卵形或三角状卵形，3全裂。总状花序有6~16花；基部苞片似叶；萼片蓝紫色，少有白色，外面疏被柔毛。花期6~8月。分布于永昌县所辖祁连山各林区高山草甸、泥石流坡等区域。

乌头属 *Aconitum*　铁棒锤 *Aconitum pendulum*

多年生草本。块根倒圆锥形。茎高26~100厘米。中部以上密生叶，不分枝或分枝。茎下部叶在开花时枯萎，中部叶有短柄；叶片宽卵形，小裂片线形，两面无毛。顶生总状花序，有8~35朵花；下部苞片叶状，或三裂，上部苞片线形；花梗短而粗；萼片黄色，常带绿色，有时蓝色；花瓣无毛或有疏毛；心皮5。花果期7~9月。分布于永昌县所辖祁连山各林区高山草甸、泥石流坡等区域。

乌头属 *Aconitum*　乌头 *Aconitum carmichaelii*

多年生草本。块根倒圆锥形。茎高 60~150 厘米，等距离生叶；叶片五角形，基部浅心形三裂达或近基部，二回裂片约 2 对，斜三角形，生 1~3 枚牙齿，间或全缘，侧全裂片不等二深裂。萼片蓝紫色，外面被短柔毛，上萼片高盔形，下缘稍凹；心皮 3~5。花果期 9~10 月。永昌县城居民庭院零星种植。

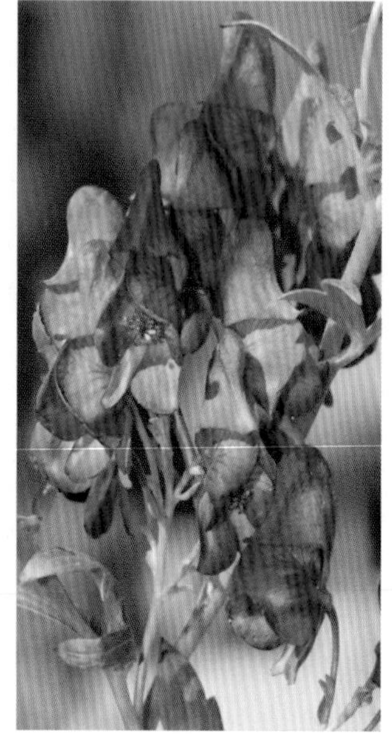

翠雀属 *Delphinium*　单花翠雀花 *Delphinium candelabrum* var. *monanthum*

多年生草本。茎埋于石砾中。叶在茎露出地面处丛生，有长柄；叶片肾状五角形，3 全裂；花梗 3~6 条自茎端与叶丛同时生出；小苞片生花梗近中部处，3 裂，裂片披针形；花大；萼片蓝紫色，卵形；花瓣暗褐色，疏被短毛或无毛。花果期 8~9 月。分布于永昌县所辖祁连山林区的高山泥石流坡、河滩等区域。

翠雀属 *Delphinium*　翠雀 *Delphinium grandiflorum*

多年生草本，无块根。茎高 35~65 厘米，等距地生叶，分枝。基生叶和茎下部叶有长柄；叶片圆五角形，3 全裂，中央全裂片近菱形，一至二回 3 裂近中脉，小裂片线状披针形至线形，侧全裂片扇形，不等 2 深裂近基部，两面疏被短柔毛或近无毛；叶柄长为叶片的 3~4 倍，基部具短鞘。总状花序有 3~15 花；下部苞片叶状，其他苞片线形；小苞片生花梗中部或上部，线形或丝形；萼片紫蓝色，椭圆形或宽椭圆形，外面有短柔毛，距钻形，直或末端稍向下弯曲；花瓣蓝色，无毛，顶端圆形；退化雄蕊蓝色，瓣片近圆形或宽倒卵形，顶端全缘或微凹，腹面中央有黄色髯毛；雄蕊无毛；心皮 3，子房密被贴伏的短柔毛。花果期 5~10 月。永昌县城居民院种植。

翠雀属 *Delphinium*　疏花翠雀花 *Delphinium sparsiflorum*

茎可达 1.2 米高，无毛，很少的上部分枝。叶片基部心形；初级裂片短于叶片半径的 90%；中央裂片菱形，3 裂，末级小裂片披针形，下部叶枯萎。金字塔的复合总状花序；叶状的下部苞片上部线形或钻形；小苞片着生花梗近中部或上部。萼片蓝色或淡粉红色。花瓣 2 裂，无毛。退化雄蕊的瓣片卵形，2 半裂，具髯毛。 花果期 7~8 月。分布于永昌县所辖祁连山南坝林区林下空地等区域。

翠雀属 *Delphinium* 腺毛翠雀 *Delphinium grandiflorum* var. *gilgianum*

与变种翠雀区别：花序轴和花梗除了反曲的白色短柔毛之外还有开展的黄色短腺毛。分布于永昌县所辖祁连山山坡草地等区域。

翠雀属 *Delphinium* 白蓝翠雀花 *Delphinium albocoeruleum*

多年生草本植物，茎高可达 100 厘米，基生叶在开花时存在或枯萎，茎生叶在茎上等距排列；叶片五角形；伞房花序，有花 3~7 朵；下部苞片叶状，萼片宿存，蓝紫色或蓝白色，花瓣无毛；退化雄蕊黑褐色，瓣片卵形，花丝疏被短毛。种子四面体形。花果期 7~9 月。分布于永昌县所辖祁连山林区山坡等区域。

翠雀属 *Delphinium* 毛翠雀花 *Delphinium trichophorum*

茎(25)30~65 厘米高。叶片基部心形；初级裂片短于叶片半径的 60%；中央裂片倒卵形、菱形，具小裂片。总状花序渐狭圆筒状；叶状的下部苞片，上部的狭卵形或披针形；小苞片生上部，像萼片一样染色，卵形或者宽披针形，萼片蓝色或紫色。花瓣微缺或者 2 裂。子房无毛或密被微柔毛。花期 7~10 月。分布于永昌县所辖祁连山灌丛山坡等区域。

蓝堇草属 *Leptopyrum* 蓝堇草 *Leptopyrum fumarioides*

多年生草本。茎(2)4~9(17)条，多少斜升，生少数分枝。基生叶多数；叶片轮廓三角状卵形，3 全裂。茎生叶 1~2，小。花小；萼片椭圆形，淡黄色，近二唇形，上唇顶端圆，下唇较短；雄蕊通常 10~15，花药淡黄色。蓇葖直立，线状长椭圆形。花果期 5~7 月。分布于永昌县所辖祁连山区及沿祁连山各乡镇地埂、水渠等区域。

北扁果草属 *Isopyrum*　扁果草 *Isopyrum anemonoides*

多年生草本。茎直，高 10~23 厘米。基生叶多数，为二回三出复叶；叶片轮廓三角形，3 全裂或 3 深裂，裂片有 3 枚粗圆齿或全缘。茎生叶 1~2 枚，似基生叶。花序为简单或复杂的单歧聚伞花序，有 2~3 花；苞片卵形；萼片白色，宽椭圆形至倒卵形，顶端圆形或钝；花瓣长圆状船形；心皮 2~5。蓇葖扁平。花果期 6~9 月。分布于永昌县所辖祁连山林区林下、石缝、沟谷等区域。

耧斗菜属 *Aquilegia*　耧斗菜 *Aquilegia viridiflora*

多年生草本。根肥大，圆柱形。茎高 15~50 厘米，常在上部分枝，除被柔毛外还密被腺毛。基生叶少数，二回三出复叶；上部 3 裂，裂片常有 2~3 个圆齿。茎生叶数枚，为一至二回三出复叶。花 3~7 朵，倾斜或微下垂；苞片 3 全裂；萼片黄绿色，长椭圆状卵形，顶端微钝，疏被柔毛；花瓣片与萼片同色。花果期 5~8 月。分布于永昌县所辖祁连山、武当山、熊子山等山区的岩石缝隙等区域。

拟耧斗菜属 *Paraquilegia*　拟耧斗菜 *Paraquilegia microphylla*

多年生草本。根状茎近纺锤形。叶多数，通常为二回三出复叶，无毛；叶片轮廓三角状卵形。花葶直立，比叶长；苞片2枚；萼片淡堇色或淡紫红色，偶为白色，倒卵形至椭圆状倒卵形；花瓣5片，倒卵形至倒卵状长椭圆形。蓇葖直立，花果期6~9月。分布于永昌县所辖祁连山林区的岩石缝等区域。

唐松草属 *Thalictrum*　亚欧唐松草 *Thalictrum minus*

多年生草本。茎下部叶有稍长柄或短柄，茎中部叶有短柄或近无柄，为四回三出羽状复叶。圆锥花序，萼片4，淡黄绿色，脱落，狭椭圆形。瘦果狭椭圆球形，稍扁，有8条纵肋。6~7月开花。分布于永昌县所辖祁连山山坡、草地及沿祁连山乡镇地埂等区域。

唐松草属 *Thalictrum*　芸香叶唐松草 *Thalictrum rutifolium*

植株全部无毛。上部分枝。基生叶和茎下部叶有长柄，为三至四回近羽状复叶。花序似总状花序，狭长；萼片 4，淡紫色，卵形。瘦果倒垂，稍扁，镰状半月形。花果期 6~8 月。分布于永昌县所辖祁连山林区山坡草地等区域。

唐松草属 *Thalictrum*　长柄唐松草 *Thalictrum przewalskii*

多年生草本。通常分枝，约有 9 叶。基生叶和近基部的茎生叶在开花时枯萎。茎下部叶为四回三出复叶。圆锥花序多分枝；萼片白色或稍带黄绿色，狭卵形。瘦果扁，斜倒卵形，有 4 条纵肋。花果期 6~9 月。分布于永昌县所辖祁连山林区的山坡、灌丛等区域。

唐松草属 *Thalictrum*　钩柱唐松草 *Thalictrum uncatum*

多年生草本。茎高 45~90 厘米，上部分枝，有细纵槽。茎下部叶有长柄，为四至五回三出复叶，顶生小叶楔状倒卵形或宽菱形。花序狭长，似总状花序，生茎和分枝顶端；花梗细；萼片 4，淡紫色，椭圆形。瘦果扁平，半月形，有 8 条纵肋。花果期 5~9 月。分布于永昌县所辖祁连山林区山坡、灌丛等区域。

唐松草属 *Thalictrum*　瓣蕊唐松草 *Thalictrum petaloideum*

多年生草本。茎高 20~80 厘米，上部分枝。基生叶数个，有短或稍长柄，为三至四回三出或羽状复叶；形状变异很大，顶生小叶倒卵形、宽倒卵形、菱形或近圆形。花序伞房状，有少数或多数花；萼片 4，白色，卵形。瘦果卵形，有 8 条纵肋。花果期 6~9 月。分布于永昌县所辖祁连山林区的山坡、灌丛等区域。

唐松草属 *Thalictrum* 短梗箭头叶唐松草 *Thalictrum simplex* var. *brevipes*

多年生草本。不分枝或在下部分枝。茎生叶向上近直展，为二回羽状复叶；茎下部的叶较大，圆菱形、菱状宽卵形或倒卵形，3 裂，裂片顶端钝或圆形，有圆齿，脉在背面隆起，脉网明显，茎上部叶渐变小；茎下部叶有稍长柄，上部叶无柄。圆锥花序，分枝与轴成 45°斜上层；萼片 4，狭椭圆形。瘦果狭椭圆球形或狭卵球形，有 8 条纵肋。7 月开花。分布于永昌县沿祁连山各乡镇地埂、水沟边等区域。

唐松草属 *Thalictrum* 高山唐松草 *Thalictrum alpinum*

多年生小草本。叶 4~5 个或更多，均基生，为二回羽状三出复叶。花葶 1~2 条，不分枝；总状花序；苞片小，狭卵形；花梗向下弯曲；萼片 4。瘦果无柄或有不明显的柄，有 8 条粗纵肋。6~8 月开花。分布于永昌县所辖祁连山高山草甸等区域。

唐松草属 *Thalictrum*　直梗高山唐松草 *Thalictrum alpinum* var. *elatum*

与高山唐松草的区别：花梗向上直展，不向下弯曲。瘦果基部不变细成柄。植株全部无毛。分布于永昌县所辖祁连山高山草甸等区域。

银莲花属 *Anemone*　疏齿银莲花 *Anemone geum* subsp. *ovalifolia*

多年生草本。植株高 10~30 厘米。基生叶 7~15；叶片肾状五角形或宽卵形。花葶 2~5，有开展的柔毛；苞片 3；萼片 5(8)，白色、蓝色或黄色，倒卵形或狭倒卵形。花果期 5~8 月。分布于永昌县所辖祁连山林区山坡、河滩等区域。

银莲花属 *Anemone* 叠裂银莲花 *Anemone imbricata*

多年生草本，植株高 4~12(20)厘米。基生叶 4~7，有长柄；叶片椭圆状狭卵形，基部心形，3 全裂，中全裂片有细长柄，3 全裂或 3 深裂，2 回裂片浅裂，侧全裂片无柄，长约为中全裂片之半，不等 3 深裂，各回裂片互相多少覆压。花朵 1~4，直立或渐升；萼片 6~9，白色、紫色或黑紫色，倒卵状长圆形或倒卵形。花果期 5~8 月。分布于永昌县所辖祁连山泥石流滩等区域。

银莲花属 *Anemone* 小花草玉梅 *Anemone rivularis* var. *flore-minore*

多年生草本，植株高(10)15~65 厘米。根状茎木质；叶片肾状五角形。花葶 1(3)，直立；聚伞花序，(一)二至三回分枝；苞片 3(4)，有柄，近等大，似基生叶；萼片(6)7~8(10)，白色，倒卵形或椭圆状倒卵形。花果期 5~8 月。分布于永昌县所辖祁连山林区及沿祁连山各乡镇水沟、湿地边等区域。

银莲花属 *Anemone*　草玉梅 *Anemone rivularis*

植株高达65厘米。根茎木质。基生叶3~5，具长柄；叶心状五角形。花葶1(3)；聚伞花序（一）二至三回分枝；苞片3(4)，具短柄，宽菱形，3裂近基部，一回裂片稍细裂。萼片(6)7~8(10)，白色，倒卵形。花期5~8月。分布于永昌县所辖祁连山西大河林区山坡草地等区域。

银莲花属 *Anemone*　湿地银莲花 *Anemone rupestris*

植株高5~18厘米。基生叶4~6，有长柄；叶片卵形，基部心形，3全裂，中全裂片宽菱形。花葶1~3，近无毛；苞片3；萼片5(7)，白色或紫色；心皮5~12，子房有柔毛或无毛。6~8月开花。分布于金昌市沿祁连山各乡镇水沟、湿地等区域。

金莲花属 *Trollius* 矮金莲花 *Trollius farreri*

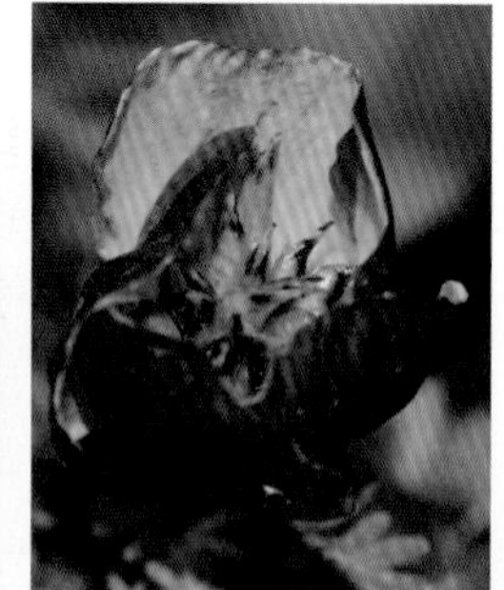

植株全部无毛。根状茎短。茎高 5~17 厘米，不分枝。叶 3~4 枚，全部基生或近基生；叶片五角形，基部心形，3 全裂达或几达基部。花单独顶生；萼片黄色，外面常带暗紫色；花瓣匙状线形，比雄蕊稍短。花果期 6~8 月，分布于永昌县所辖祁连山高山多石坡等区域。

金莲花属 *Trollius* 毛茛状金莲花 *Trollius ranunculoides*

植株无毛，高达 18(30)厘米。茎 1~3 条，不分枝。基生叶数枚，茎生叶 1~3 枚，常生茎中下部；叶圆五角形或五角形，3 全裂。单花顶生。萼片 5(8),黄色，干时稍绿色，倒卵形；花瓣较雄蕊稍短，匙状条形。花果期 5~8 月。分布于永昌县所辖祁连山高寒区河滩等区域。

鸦跖花属 *Oxygraphis*　　鸦跖花 *Oxygraphis glacialis*

植株高 2~9 厘米，有短根状茎；须根细长，簇生。叶全部基生，卵形、倒卵形至椭圆状长圆形，全缘，常有软骨质边缘。花葶 1~3(5)；花单生；花瓣橙黄色或表面白色，10~15 枚，披针形或长圆形。聚合果近球形；瘦果楔状菱形。花果期 6~8 月。分布于永昌县所辖祁连山西大河林区高寒山坡等区域。

白头翁属 *Pulsatilla*　　蒙古白头翁 *Pulsatilla ambigua*

多年生草本。植株高 16~22 厘米。基生叶 6~8，有长柄，与花同时发育；叶片卵形，3 全裂，表面近无毛，背面有稀疏长柔毛。花葶 1~2，直立，有柔毛；苞片 3；花直立，萼片紫色，长圆状卵形。瘦果卵形或纺锤形。花果期 5~7 月。分布于永昌县所辖祁连山林区的山坡、河滩等区域。

铁线莲属 *Clematis*　芹叶铁线莲 *Clematis aethusifolia*

多年生草质藤本，幼时直立，以后匍伏，长 0.5~4 米。根细长，棕黑色。茎纤细，有纵沟，微被柔毛或无毛。二至三回羽状复叶或羽状细裂。聚伞花序腋生，常 1(3)花；苞片羽状细裂；花钟状下垂；萼片 4 枚，淡黄色，长方椭圆形或狭卵形，两面近于无毛，外面仅边缘上密被乳白色绒毛。瘦果扁平，宽卵形或圆形，密被白色柔毛。花果期 7~9 月。分布于永昌县所辖祁连山林区的山坡、灌丛、河滩等区域。

铁线莲属 *Clematis*　粉绿铁线莲 *Clematis glauca*

草质藤本。茎纤细，有棱。一至二回羽状复叶，2~3 全裂或深裂、浅裂至不裂。常为单聚伞花序，3 花；苞片叶状；萼片 4，黄色，或外面基部带紫红色，瘦果卵形至倒卵形。花果期 6~10 月。分布于永昌县所辖祁连山林区的山坡、灌丛、河滩等区域。

铁线莲属 *Clematis*　黄花铁线莲 *Clematis intricata*

草质藤本。茎纤细，多分枝，有细棱。一至二回羽状复叶；小叶有柄，2~3 全裂或深裂、浅裂。聚伞花序腋生，通常为 3 花，有时单花；萼片 4，黄色，狭卵形或长圆形，顶端尖，两面无毛。瘦果卵形至椭圆状卵形，扁，被长柔毛。花果期 6~9 月。分布于金昌市各乡镇荒滩、水沟等区域。

铁线莲属 *Clematis*　甘青铁线莲 *Clematis tangutica*

落叶藤本，长 1~4 米（生于干旱沙地的植株高仅 30 厘米左右）。主根粗壮，木质。茎有明显的棱。一回羽状复叶，有 5~7 小叶。花单生，有时为单聚伞花序，有 3 花，腋生；花序梗粗壮；萼片 4，黄色外面带紫色。瘦果倒卵形，有长柔毛。花果期 6~10 月。分布于永昌县所辖祁连山林区及沿祁连山各乡镇的山坡、灌丛、河滩等区域。

铁线莲属 *Clematis*　短尾铁线莲 *Clematis brevicaudata*

藤本。枝有棱，小枝疏生短柔毛或近无毛。一至二回羽状复叶或二回三出复叶，有 5~15 小叶。圆锥状聚伞花序腋生或顶生；萼片 4，开展，白色，狭倒卵形，两面均有短柔毛，内面较疏或近无毛。瘦果卵形，密生柔毛。花果期 7~10 月。分布于永昌县所辖祁连山林区的山坡、灌丛、河滩等区域。

铁线莲属 *Clematis*　灰叶铁线莲 *Clematis tomentella*

直立小灌木，高达 1 米。枝有棱。单叶对生或数叶簇生；叶片灰绿色，革质，狭披针形或长椭圆状披针形，顶端锐尖或凸尖，基部楔形，全缘，偶尔基部有 1~2 牙齿或小裂片。花单生或聚伞花序有 3 花，腋生或顶生；萼片 4，斜上展呈钟状，黄色，长椭圆状卵形。瘦果密生白色长柔毛。花果期 7~9 月。分布于金昌市武当山、熊子山等北部山区山沟等区域。

侧金盏花属 *Adonis*　蓝侧金盏花 *Adonis coerulea*

多年生小草本。匍匐茎纤细，横走，节处生根和簇生数叶。叶均基生，叶片质地较厚，形状多变异，菱状楔形至宽卵形，基部楔形至截圆形，3 中裂至 3 深裂，有时侧裂片 2~3 裂或有齿，中裂片较长，长圆形，全缘。花葶高 2~4 厘米或更高，花单生；花瓣 5，黄色或表面白色。聚合果近球形，瘦果 20 多枚，斜倒卵形。花果期 5~8 月。分布于永昌县所辖祁连山山坡及灌丛等区域。

毛茛属 *Ranunculus*　美丽毛茛 *Ranunculus pulchellus*

多年生草本。茎直立或斜升，单一或上部有 1~2 分枝。基生叶多数，椭圆形至卵状长圆形。茎生叶 2~3 枚。花单生于茎顶和腋生短分枝顶端；萼片椭圆形；花瓣 5~6，黄色或上面白色，倒卵形，长为萼片的 2 倍。聚合果椭圆形；瘦果卵球形。花果期 6~8 月。分布于永昌县所辖祁连山林区山沟、水沟等区域。

毛茛属 *Ranunculus*　砾地毛茛 *Ranunculus glareosus*

多年生草本。须根多带肉质，稍厚，伸长。茎倾卧斜升，高 5~20 厘米，有时下部节着土生根，有分枝。基生叶和下部叶的叶片近圆形或肾状五角形。花单生；萼片椭圆形；花瓣 5，宽倒卵形，顶端圆或稍凹缺。聚合果卵球形；瘦果卵球形。花果期 7~8 月。分布于永昌县所辖祁连山海拔 3600~5000 米高山流石滩的岩坡砾石间等区域。

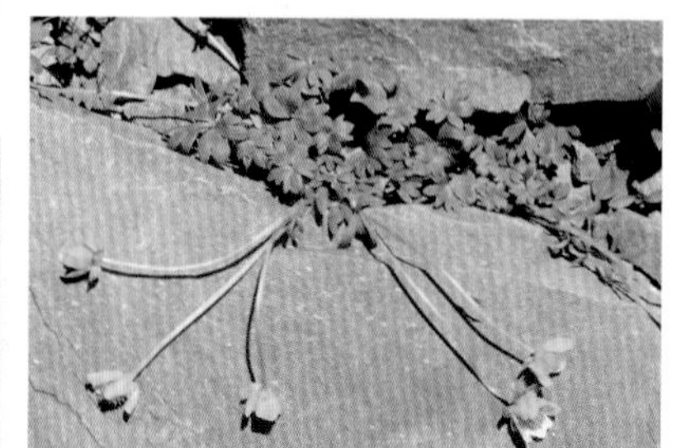

毛茛属 *Ranunculus*　云生毛茛 *Ranunculus nephelogenes*

多年生草本。茎直立，高 3~12 厘米，单一，呈葶状或有 2~3 个腋生短分枝。基生叶多数，叶片呈披针形至线形，或外层的呈卵圆形。茎生叶 1~3，无柄，叶片线形。花单生茎顶或短分枝顶端；萼片卵形；花瓣 5，倒卵形。聚合果长圆形，瘦果卵球形。花果期 6~8 月。分布于永昌县所辖祁连山林区湿地、水沟等区域。

毛茛属 ***Ranunculus*** 长茎毛茛 ***Ranunculus nephelogenes* var. *longicaulis***

多年生草本。须根伸长扭曲。茎直立，有2~4次二歧长分枝，无毛或生细毛。基生叶多数；叶片长椭圆形至线状披针形；茎生叶数枚，叶片披针形至线形。花单生于茎顶和分枝顶端；萼片卵形；花瓣5，倒卵形至卵圆形，稍长或2倍长于萼片。聚合果卵球形，瘦果卵球形。花果期6~8月。分布于永昌县所辖祁连山林区高山湿地等区域。

毛茛属 ***Ranunculus*** 茴茴蒜 ***Ranunculus chinensis***

多年生草本。须根多数簇生。茎直立粗壮，中空，有纵条纹，分枝多。基生叶与下部叶为三出复叶，叶片宽卵形至三角形。上部叶较小和叶柄较短，叶片3全裂，裂片有粗齿牙或再分裂。花序有较多疏生的花；萼片狭卵形，外面生柔毛；花瓣5，宽卵圆形，与萼片近等长或稍长，黄色或上面白色；瘦果扁平。花果期5~9月。分布于永昌县所辖祁连山林区及沿祁连山各乡镇的水沟、湿地等区域。

毛茛属 *Ranunculus*　掌裂毛茛 *Ranunculus rigescens*

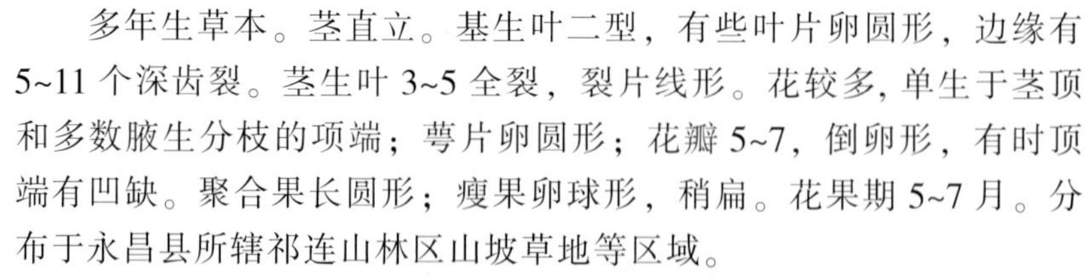

多年生草本。茎直立。基生叶二型，有些叶片卵圆形，边缘有5~11个深齿裂。茎生叶3~5全裂，裂片线形。花较多，单生于茎顶和多数腋生分枝的项端；萼片卵圆形；花瓣5~7，倒卵形，有时顶端有凹缺。聚合果长圆形；瘦果卵球形，稍扁。花果期5~7月。分布于永昌县所辖祁连山林区山坡草地等区域。

水毛茛属 *Batrachium*　水毛茛 *Batrachium bungei*

多年生沉水草本。茎长30厘米以上。叶有短或长柄；叶片轮廓近半圆形或扇状半圆形，三到五回2~3裂，小裂片近丝形。花萼片反折，卵状椭圆形；花瓣白色，基部黄色，倒卵形。聚合果卵球形；瘦果20~40。花果期5~8月。分布于金昌市新城子镇马营沟水池及河沟等区域。

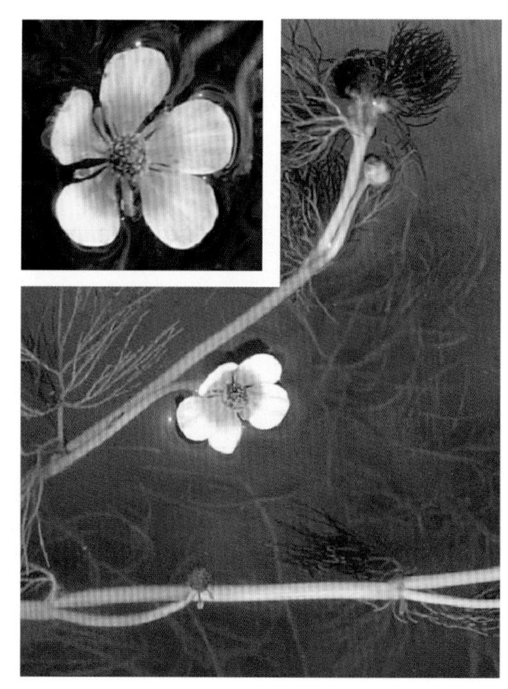

碱毛茛属 *Halerpestes* 碱毛茛 *Halerpestes sarmentosa*

多年生小草本。匍匐茎纤细，横走，节处生根和簇生数叶。叶均基生；叶片质地较厚，形状多变异，菱状楔形至宽卵形，基部楔形至截圆形，3 中裂至 3 深裂。花单生；萼片卵状长圆形；花瓣 5，黄色或表面白色，狭椭圆形。聚合果近球形；瘦果 20 多枚。花果期 5~8 月。分布于永昌县所辖祁连山林区及沿祁连山各乡镇的湿地、水沟等区域。

碱毛茛属 *Halerpestes* 三裂碱毛茛 *Halerpestes tricuspis*

多年生小草本。匍匐茎纤细，横走，节处生根和簇生数叶。叶均基生；叶片质地较厚，形状多变异，菱状楔形至宽卵形，基部楔形至截圆形，3 中裂至 3 深裂。花单生；萼片卵状长圆形；花瓣 5，黄色或表面白色，狭椭圆形。聚合果近球形；瘦果 20 多枚。花果期 5~8 月。分布于永昌县所辖祁连山林区及沿祁连山各乡镇的湿地、水沟等区域。

碱毛茛属 *Halerpestes*　长叶碱毛茛 *Halerpestes ruthenica*

多年生草本。匍匐茎。叶簇生；叶片卵状或椭圆状梯形，基部宽楔形、截形至圆形，不分裂，顶端有3~5个圆齿。花葶单一或上部分枝，有1~3花；苞片线形；萼片绿色；花瓣黄色，6~12枚，倒卵形；瘦果极多，紧密排列，斜倒卵形。花果期5~8月。分布于金昌市沿祁连山各乡镇湿地、河道等区域。

小檗科 Berberidaceae

小檗属 *Berberis*　秦岭小檗 *Berberis circumserrata*

落叶灌木，高达1米。老枝黄色或黄褐色，具条棱；茎刺3分叉。叶薄纸质，倒卵状长圆形或倒卵形，偶有近圆形，先端圆形，基部渐狭，具短柄，边缘密生15~40整齐刺齿，两面网脉明显突起。花黄色，2~5朵簇生；花瓣倒卵形。浆果椭圆形或长圆形，红色。花果期5~9月。分布于永昌县所辖祁连山林区山坡等区域。

小檗属 *Berberis*　鲜黄小檗 *Berberis diaphana*

落叶灌木，高 1~3 米。幼枝绿色，老枝灰色，具条棱和疣点；茎刺 3 分叉，粗壮，淡黄色。叶坚纸质，长圆形或倒卵状长圆形，先端微钝，基部楔形，边缘具 2~12 刺齿，偶有全缘，上面暗绿色，侧脉和网脉突起，背面淡绿色，有时微被白粉；具短柄。花 2~5 朵簇生，偶有单生，黄色；萼片 2 轮，外萼片近卵形，内萼片椭圆形，花瓣卵状椭圆形，先端急尖，锐裂，基部缢缩呈爪，具 2 枚分离腺体；胚珠 6~10 枚。浆果红色。花果期 5~9 月。分布于永昌县所辖祁连山林区沟谷、林缘等区域。

小檗属 *Berberis*　细叶小檗 *Berberis poiretii*

落叶灌木。老枝灰黄色，幼枝紫褐色，具条棱；茎刺缺如或单一，有时三分叉。叶纸质，倒披针形至狭倒披针形，偶披针状匙形，先端渐尖或急尖，具小尖头，基部渐狭，叶缘平展，全缘，偶中上部边缘具数枚细小刺齿；近无柄。穗状总状花序具 8~15 朵花，常下垂；花黄色；花瓣倒卵形或椭圆形。浆果长圆形，红色。花果期 5~9 月。分布于永昌县所辖祁连山及沿山乡镇荒滩等区域。

小檗属 *Berberis*　紫叶小檗 *Berberis thunbergii* 'Atropurpurea'

落叶灌木，一般高约 1 米，多分枝。枝条开展，具细条棱；茎刺单一，偶 3 分叉。叶薄纸质，倒卵形、匙形或菱状卵形，先端骤尖或钝圆，基部狭而呈楔形，全缘。花 2~5 朵组成具总梗的伞形花序，或近簇生的伞形花序或无总梗而呈簇生状；花瓣长圆状倒卵形。浆果椭圆形，亮鲜红色。花果期 4~10 月。金昌市各乡镇街道、庭院零星种植。

小檗属 *Berberis*　甘肃小檗 *Berberis kansuensis*

落叶灌木，高 1~2 米。老枝暗灰色，表面具不规则条裂。刺单一或 3 分叉。叶纸质，叶片 2~8 枚簇生，倒披针形、倒卵形或椭圆形，先端钝圆或锐尖，既不渐狭成柄，边缘常有梳细锯齿，很少全缘，两面绿色，网脉明显。总状花序下垂，有花 9~15 朵；花黄色；花瓣 6，倒卵状椭圆形。浆果矩圆形，鲜红色。花期 5~6 月，果期 8~9 月。分布于金昌市熊子山等北山山坡、沟谷等区域。

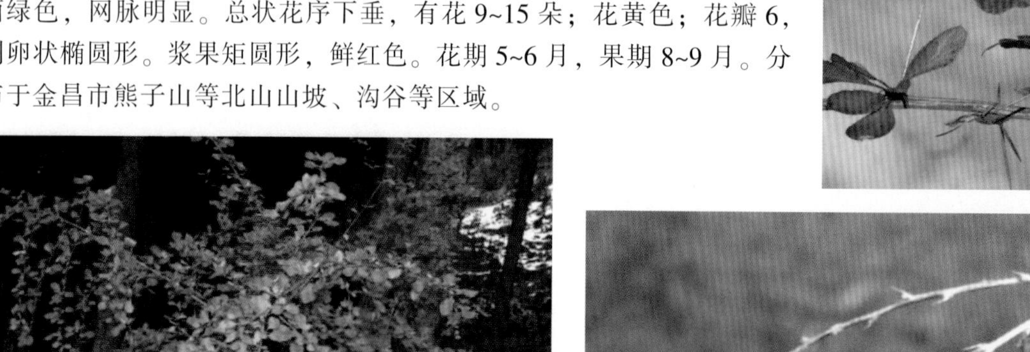

罂粟科 Papaveraceae

绿绒蒿属 *Meconopsis*　多刺绿绒蒿 *Meconopsis horridula*

一年生草本，全体被黄褐色或淡黄色、坚硬而平展的刺。叶全部基生，叶片披针形，边缘全缘或波状，两面被黄褐色或淡黄色平展的刺。花葶坚硬，绿色或蓝灰色，密被黄褐色平展的刺。花单生于花葶上，半下垂；花瓣 5~8，有时 4，宽倒卵形，蓝紫色。蒴果倒卵形或椭圆状长圆形。花果期 6~9 月。分布于永昌县所辖祁连山林区山坡石缝等区域。

绿绒蒿属 *Meconopsis*　五脉绿绒蒿 *Meconopsis quintuplinervia*

多年生草本，高 30~50 厘米，基部盖以宿存的叶基，其上密被淡黄色或棕褐色、具多短分枝的硬毛。叶全部基生，莲座状，叶片倒卵形至披针形，边缘全缘，两面密被淡黄色或棕褐色、具多短分枝的硬毛。花葶 1~3，具肋。花单生于基生花葶上；花瓣 4~6，倒卵形或近圆形，淡蓝色或紫色。蒴果椭圆形或长圆状椭圆形。花果期 6~9 月。分布于永昌县所辖祁连山林区山坡石缝等区域。

绿绒蒿属 *Meconopsis*　全缘叶绿绒蒿 *Meconopsis integrifolia* var. *integrifolia*

一至多年生草本，全体被锈色和金黄色平展或反曲、具多短分枝的长柔毛。茎粗壮。基生叶莲座状，其间常混生鳞片状叶，叶片倒披针形、倒卵形或近匙形。花通常4~5朵，稀达18朵，生最上部茎生叶腋内，有时也生于下部茎生叶腋内；花瓣6~8，近圆形至倒卵形，黄色或稀白色。蒴果宽椭圆状长圆形至椭圆形，疏或密被金黄色或褐色、平展或紧贴、具多短分枝的长硬毛。花果期5~11月。分布于永昌县所辖祁连山西大河林区泥石流滩等区域。

角茴香属 *Hypecoum*　细果角茴香 *Hypecoum leptocarpum*

一年生草本。高4~60厘米。茎丛生，铺散而先端向上，多分枝。基生叶多数，叶片狭倒披针形，二回羽状全裂，裂片4~9对，宽卵形或卵形，通常二歧状分枝；苞叶轮生。花小，排列成二歧聚伞花序。蒴果直立，两侧压扁。花果期6~9月。分布于金昌市各乡镇及祁连山林区、山坡、荒滩等区域。

荷包牡丹属 *Lamprocapnos*　荷包牡丹 *Lamprocapnos spectabilis*

直立草本，高 30~60 厘米或更高。茎圆柱形，带紫红色。叶片轮廓三角形，二回三出全裂。总状花序有(5)8~11(15)花，于花序轴的一侧下垂。花优美，基部心形，萼片披针形，玫瑰色，于花开前脱落；外花瓣紫红色至粉红色，稀白色，下部囊状，内花瓣片略呈匙形，先端圆形部分紫色，背部鸡冠状突起自先端延伸至瓣片基部，爪长圆形至倒卵形，白色；雄蕊束弧曲上升，花药长圆形；子房狭长圆形。花果期 6~8 月。金昌市各乡镇农户零星种植。

紫堇属 *Corydalis*　叠裂黄堇 *Corydalis dasyptera*

多年生铅灰色草本，高 10~30 厘米。主根粗大。茎 1 至多条，发自基生叶腋。基生叶多数；叶片长圆形，一回羽状全裂，羽片 5~7 对，无柄，近对生至对生，通常较密集，彼此叠压。总状花序多花、密集。蒴果下垂。分布于永昌县所辖祁连山林区高山泥石流坡等区域。

紫堇属 *Corydalis*　灰绿黄堇 *Corydalis adunca*

多年生丛生草本，高 20~60 厘米，多少具白粉。主根具多头根茎，向上发出多茎。茎不分枝至少分枝，具叶。基生叶具长柄，叶片狭卵圆形，二回羽状全裂。总状花序长，多花，常较密集。蒴果长圆形，直立或斜伸。分布于金昌市各乡镇及祁连山区山坡、荒滩、河滩等区域。

紫堇属 *Corydalis*　红花紫堇 *Corydalis livida*

多年生丛生草本，高 19~30 厘米。主根多少扭曲。茎发自基生叶腋，上部具叶，分枝。基生叶少数，叶柄约与叶片等长，基部鞘状宽展；叶片上面绿色，下面苍白色，一至二回羽状全裂，总状花序疏，具 10~15 花。花冠紫红色或淡紫色。蒴果线形。常自弯曲的果梗上俯垂或反折。分布于永昌县所辖祁连山及车路沟山坡、石缝等区域。

紫堇属 *Corydalis*　条裂黄堇 *Corydalis linarioides*

直立草本，高 25~50 厘米。须根多数成簇，纺锤状，肉质增粗，黄色，味苦，具柄。茎 2~5 条，通常不分枝，有时具 1~3 分枝。基生叶少数，二回羽状分裂。总状花序顶生，多花，花时密集，果时稀疏；花瓣黄色。蒴果长圆形。花果期 6~9 月。分布于永昌县所辖祁连山林区山坡草地等区域。

紫堇属 *Corydalis*　假北紫堇 *Corydalis pseudosibirica*

二年生草本，铺散，高 50 厘米以上。茎直立，具分枝，基部盖以残枯的叶基。基生叶早枯；茎生叶多数，疏离，互生，叶片轮廓卵形，三回三出分裂。总状花序生于茎和分枝先端，迟落；花瓣黄色。蒴果狭圆柱形至椭圆形，略呈念珠状。花果期 6~9 月。分布于永昌县所辖祁连山林区山坡草地等区域。

紫堇属 *Corydalis*　糙果紫堇 *Corydalis trachycarpa*

粗壮直立草本，高(15)25~35(50)厘米。须根多数成簇，棒状增粗。茎1~5，具少数分枝。基生叶少数，叶片轮廓宽卵形，二至三回羽状分裂；茎生叶1~4枚。总状花序生于茎和分枝顶端，多花密集；花瓣紫色、蓝紫色或紫红色。蒴果狭倒卵形，具多数淡黄色的小瘤，密集排列成6条纵棱。花果期4~9月。分布于永昌县所辖西大河林区石缝等区域。

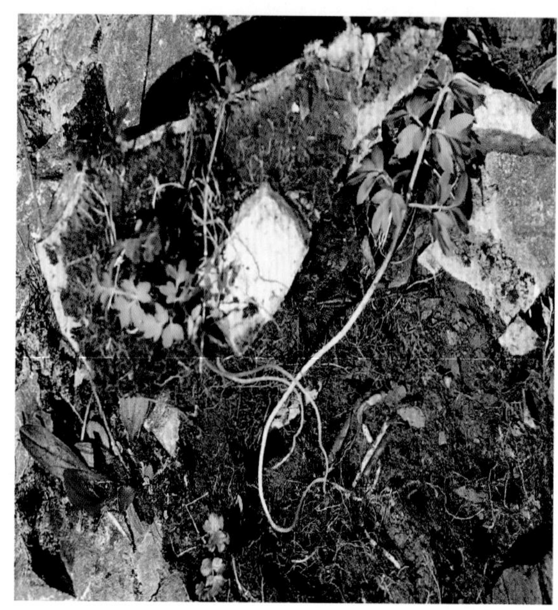

紫堇属 *Corydalis*　三裂紫堇 *Corydalis trifoliata*

无毛草本，高15~32厘米。须根多数成簇，纺锤状肉质增粗。茎1~2条，直立，纤细，不分枝，大部裸露，基部变细。基生叶1~2枚，叶片轮廓三角形，3全裂，全裂片倒卵状楔形；茎生叶1枚，生于茎上部近花序下。总状花序顶生，有2~6花，近伞房状；花瓣蓝色。蒴果狭长圆形。花果期7~9月。分布于永昌县所辖祁连山山坡草地等区域。

紫堇属 *Corydalis*　　暗绿紫堇 *Corydalis melanochlora*

无毛草本，高 5~18 厘米。须根多数成簇，棒状肉质增粗。根茎短，具鳞茎；鳞片数枚，覆瓦状排列，肉质。茎 1~5 条。基生叶 2~4 枚，叶片轮廓卵形或狭卵形，三回羽状全裂；茎生叶 2 枚。总状花序顶生，有 4~8 花，密集近于伞形；花瓣天蓝色。蒴果(未成熟)狭椭圆形。花果期 6~9 月。分布于永昌县所辖祁连山林区山坡草地等区域。

十字花科
Brassicaceae

芸薹属 *Brassica*　　擘蓝 *Brassica oleracea* var. *gongylodes*

二年生粗壮直立草本。全株光滑无毛。茎短，开始膨大而成为 1 个坚硬的长椭圆形、球形或扁球形的具叶肉质球茎；叶片卵形或卵状矩圆形，光滑，被有白粉，边缘有明显的齿或缺刻。花黄白色；排列成长的总状花序。花期春季。金昌市各乡镇居民零星种植。

芸薹属 *Brassica* 芸薹 *Brassica rapa* var. *oleifera*

一年生草本。茎直立，分枝较少，株高30~90厘米。叶互生，分基生叶和茎生叶两种，基生叶椭圆形，大头羽状分裂；茎生叶和分枝叶无叶柄，下部茎生叶羽状半裂，基部扩展且抱茎。总状无限花序，着生于主茎或分枝顶端。花黄色。长角果条形，花果期5~9月。金昌市各乡镇均有种植，品种较多。

芸薹属 *Brassica* 甘蓝 *Brassica oleracea* var. *capitata*

二年生草本，矮且粗壮。一年生茎肉质。基生叶多数，质厚，层层包裹成球状体，扁球形，乳白色或淡绿色。二年生茎有分枝，具茎生叶。基生叶及下部茎生叶长圆状倒卵形至圆形。总状花序顶生及腋生；花淡黄色；花瓣宽椭圆状倒卵形或近圆形。长角果圆柱形。花果期4~5月。金昌市各乡镇均有种植，栽培品种较多。

芸薹属 *Brassica*　白菜 *Brassica rapa* var. *glabra*

二年生草本，高 40~60 厘米。基生叶多数，大形，倒卵状长圆形至宽倒卵形；上部茎生叶长圆状卵形、长圆披针形至长披针形，顶端圆钝至短急尖。花鲜黄色；花瓣倒卵形。长角果较粗短，两侧压扁，直立。花期 5~6 月。金昌市各乡镇均有种植，品种较多。

芸薹属 *Brassica*　花椰菜 *Brassica oleracea* var. *botrytis*

一年生草本，高 60~90 厘米，被粉霜。茎直立，粗壮，有分枝。基生叶及下部叶长圆形至椭圆形，灰绿色，顶端圆形，开展，不卷心，全缘或具细牙齿，有时叶片下延，具数个小裂片，并成翅状；茎中上部叶较小且无柄，长圆形至披针形，抱茎。茎顶端有一个由总花梗、花梗和未发育的花芽密集成的乳白色肉质头状体；总状花序顶生及腋生；花淡黄色，后变成白色。长角果圆柱形。花果期 5~6 月。金昌市各乡镇均有种植。

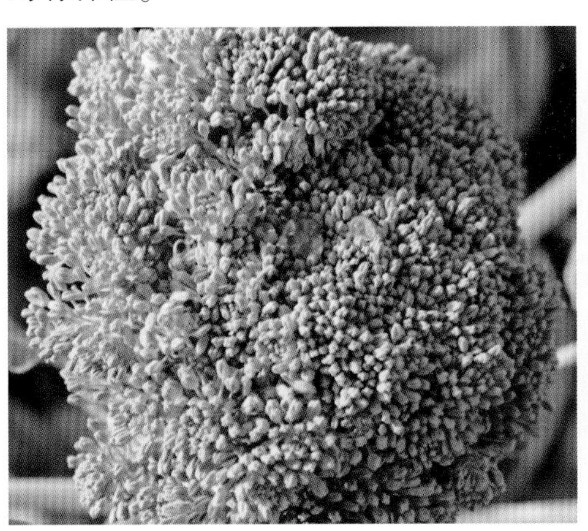

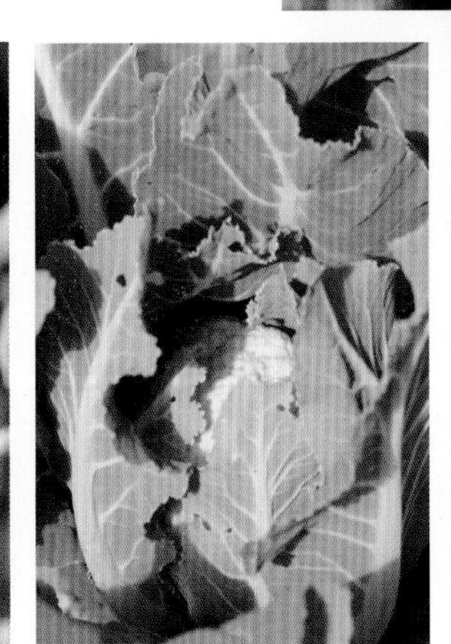

芝麻菜属 *Eruca*　芝麻菜 *Eruca vesicaria* subsp. *sativa*

一年生草本，高 20~90 厘米；茎直立，上部常分枝。基生叶及下部叶大头羽状分裂或不裂；上部叶无柄，具 1~3 对裂片。总状花序有多数疏生花；花瓣黄色，后变白色，有紫纹。长角果圆柱形。花果期 5~8 月。金昌市各乡镇农地零星生长。

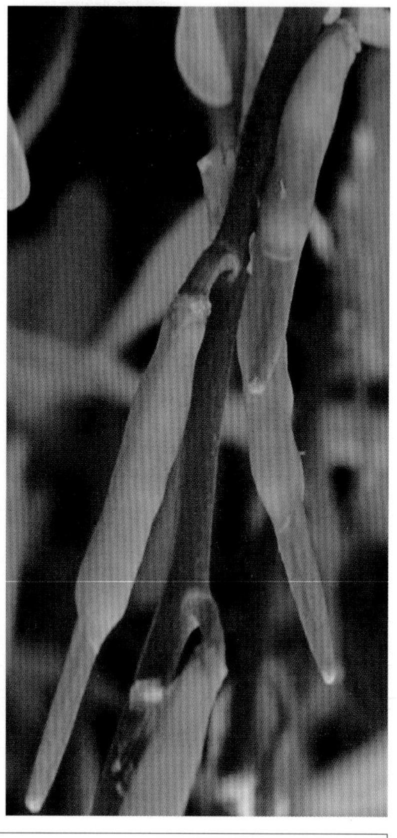

沙芥属 *Pugionium*　宽翅沙芥 *Pugionium dolabratum* var. *latipterum*

一年生草本，高 60~100 厘米；茎直立。茎下部叶二回羽状全裂至深裂；茎中部叶一回羽状全裂，裂片 5~7，下部叶及中部叶在花期枯萎；茎上部叶丝状线形。总状花序顶生，有时成圆锥花序；花瓣浅紫色，线形或线状披针形，上部内弯。短角果近扁椭圆形。花果期 6~8 月。分布于金昌市东水岸等沙化土地等区域。

萝卜属 *Raphanus*　萝卜 *Raphanus sativus*

二或一年生草本，高 20~100 厘米；肉质直根，长圆形、球形或圆锥形，外皮绿色、白色或红色；茎有分枝，无毛，稍具粉霜。基生叶和下部茎生叶大头羽状半裂。总状花序顶生及腋生；花白色或粉红色。长角果圆柱形。花果期 4~6 月。金昌市各乡镇均有种植，品种较多。

群心菜属 *Cardaria*　毛果群心菜 *Cardaria pubescens*

多年生草本，高 10~30 厘米，密被柔毛。茎直立，自基部分枝。基生叶和下部叶具柄，矩圆形或披针形；叶两面密被柔毛；边缘具细齿、波状齿或疏牙齿，短总状花序组成伞房状圆锥花序；花瓣白色；子房椭圆形，密被短柔毛，短角果卵状球形，膨胀。花果期 4~6 月。分布于金昌市各乡镇荒滩、地埂等区域。

独行菜属 *Lepidium*　心叶独行菜 *Lepidium cordatum*

一或二年生草本，高 5~30 厘米；茎直立或斜升，多分枝。基生叶莲座状，平铺地面，羽状浅裂或深裂，叶片狭匙形；茎生叶狭披针形至条形，有疏齿或全缘。总状花序顶生；花小；花瓣极小，匙形，白色。短角果扁平，近圆形，无毛，顶端凹。花果期 5~7 月。分布于金昌市各乡镇地埂、荒地等区域。

独行菜属 *Lepidium*　宽叶独行菜 *Lepidium latifolium*

多年生草本，高 0.3~1.2 米。茎直立，中上部有分枝。叶长圆披针形或广椭圆形，先端短尖，基部楔形，边缘具稀锯齿，基部的叶具长柄，茎上部叶无柄，苞片状。总状花序排成圆锥状；花小，花瓣 4，白色。果实扁椭圆形。花果期 6~9 月。分布于金昌市各乡镇地埂、荒滩等区域。

独行菜属 *Lepidium*　钝叶独行菜 *Lepidium obtusum*

多年生草本，高 70~100 厘米，灰蓝色；茎直立。分枝，无毛。叶革质，长圆形，全缘或边缘稍有 1~2 锯齿。总状花序在果期成头状；花瓣白色，倒卵形。短角果宽卵形，顶端圆形，基部心形，无毛也无翅，果瓣无中脉，网脉不显明。花果期 7~8 月。分布于金昌市各乡镇地埂、荒滩、荒地等区域。

独行菜属 *Lepidium*　阿拉善独行菜 *Lepidium alashanicum*

一或二年生草本，高 4~12 厘米。茎直立或外倾，多分枝。基生叶线形或宽线形，全缘，干时边缘内卷；茎生叶和基生叶形状相似但较短，无柄。总状花序顶生；花小。短角果卵形，顶端微缺。花果期 6~8 月。分布于金昌市北部各乡镇山坡、草地等区域。

独行菜属 *Lepidium*　独行菜 *Lepidium apetalum*

二年生草本，高 3~30 厘米或更高。茎直立，多分枝，斜生。基生叶窄匙形，一回羽状全裂，无毛或边缘和叶柄具稀疏腺毛和柔毛；茎生叶窄披针形或条形，总状花序生于茎端；花瓣白色，匙形或条状矩圆形。短角果近圆形，扁平。花果期 4~7 月。分布于金昌市各乡镇荒滩、地埂、河滩等区域。

菥蓂属 *Thlaspi*　菥蓂 *Thlaspi arvense*

一年生草本，高 9~60 厘米；茎直立，不分枝或分枝，具棱。基生叶倒卵状长圆形，顶端圆钝或急尖，基部抱茎，两侧箭形，边缘具疏齿。总状花序顶生；花白色；花瓣长圆状倒卵形，顶端圆钝或微凹。短角果倒卵形或近圆形，扁平，有同心环状条纹。花果期 4~6 月。分布于金昌市各乡镇田边、沟谷、渠道等区域。

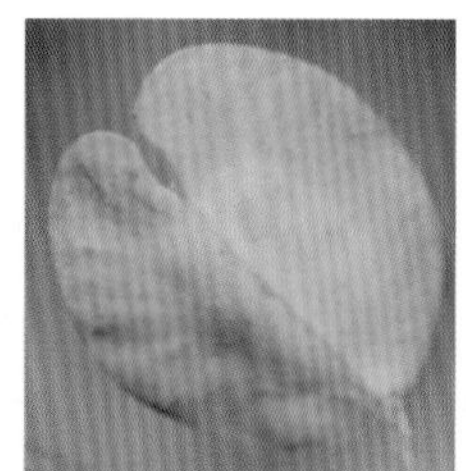

双果荠属 *Megadenia*　双果荠 *Megadenia pygmaea*

一年生草本，高 3~15 厘米，无毛。叶心状圆形，顶端圆钝，基部心形，全缘，有 3~7 棱角，具羽状脉。花期直立，果期外折；萼片宽卵形；花瓣白色，匙状倒卵形。短角果横卵形。种子球形，坚硬，褐色。花果期 6~7 月。分布于金昌市所辖祁连山林中空地及沟谷等域。

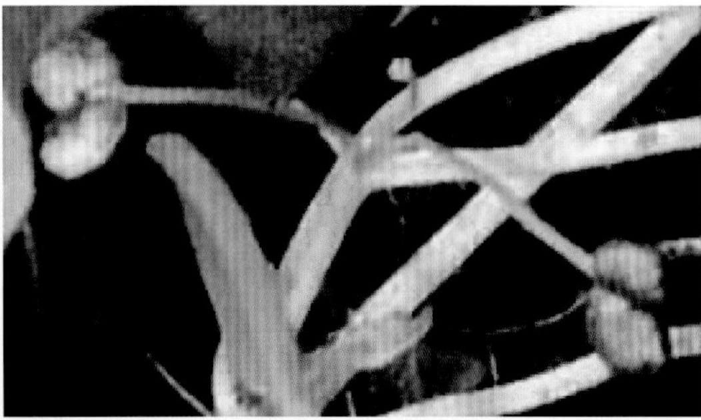

芹叶荠属 *Smelowskia*　藏芹叶荠 *Smelowskia tibetica*

多年生草本，全株有单毛及分叉毛；茎铺散，基部多分枝。叶线状长圆形，羽状全裂，裂片 4~6 对。总状花序下部花有 1 羽状分裂的叶状苞片，上部花的苞片小或全缺，花生在苞片腋部；花瓣白色，倒卵形。短角果长圆形，压扁。花果期 6~8 月。分布于永昌县所辖祁连山西大河林区泥石流滩等区域。

荠属 *Capsella* 荠 *Capsella bursa-pastoris*

一或二年生草本，高(7)10~50厘米；茎直立，单一或从下部分枝。基生叶丛生呈莲座状，大头羽状分裂；茎生叶窄披针形或披针形，基部箭形，抱茎，边缘有缺刻或锯齿。总状花序顶生或腋生；花瓣白色。短角果倒三角形或倒心状三角形，扁平。花果期4~6月。分布于金昌市各乡镇地埂、荒地等区域。

双脊荠属 *Dilophia* 无苞双脊荠 *Dilophia ebracteata*

二年生草本，全部绿色或红色。茎多数丛生或单一，肉质，圆柱形。基生叶线形，在开花时枯萎；茎生叶常聚生在茎顶端，线状匙形，全缘或每侧有1~3个疏齿。总状花序密生，无苞片；花瓣白色，倒卵形。短角果近圆形，果瓣具1脉，有数个鸡冠状突出物。花果期8~9月。分布于永昌县所辖祁连山西大河林区河道等区域。

沟子荠属 *Taphrospermum*　泉沟子荠 *Taphrospermum fontanum*

多年生草本。根肉质，纺锤形。茎多数，丛生，基部匍匐，后上升，分枝，有单毛。茎生叶宽卵形或长圆形。总状花序在茎端密生，下部花单生叶腋；花瓣白色或浅紫色。短角果宽卵形或宽倒三角形，压扁，果瓣舟形，有不整齐小刺或小瘤。花果期 6~8 月。分布于永昌县所辖祁连山西大河林区等区域。

亚麻荠属 *Camelina*　小果亚麻荠 *Camelina microcarpa*

一年生草本，高 20~80 厘米，具单毛。茎直立，分枝。基生叶长圆形或长圆状卵形，基部渐窄成柄，边缘有稀疏波状小齿；茎生叶无柄，叶披针形，基部箭形。花序伞房状；花瓣淡黄色，窄条形。短角果为梨形或圆形。花果期 4~5 月。分布于永昌县沿祁连山头坝河滩等区域。

葶苈属 *Draba*　喜山葶苈 *Draba oreades*

多年生草本，高 2~10 厘米。根茎分枝多，下部留有鳞片状枯叶，上部叶丛生成莲座状，有时呈互生，叶片长圆形至倒披针形。花茎无叶或偶有 1 叶，密生长单毛、叉状毛。总状花序密集成近于头状；花瓣黄色，倒卵形。短角果短宽卵形。花期 6~8 月。分布于永昌县所辖祁连山高山山坡等区域。

葶苈属 *Draba*　阿尔泰葶苈 *Draba altaica*

多年生丛生草本。根茎分枝多，密集。基生叶披针形或长圆形，全缘或两缘有 1~2 锯齿。茎生叶无柄，披针形，全缘或有 1~2 锯齿。总状花序有花 8~15 朵，密集成头状，下面 1~2 朵花有时有叶状苞片；花瓣白色，长倒卵状楔形，顶端微凹。短角果聚生近于伞房状，椭圆形、长椭圆形或卵形。花期 6~7 月。分布于永昌县所辖祁连山西大河林区河道等区域。

葶苈属 *Draba*　半抱茎葶苈 *Draba subamplexicaulis*

多年生或二年生丛生草本。茎直立，疏生 3~8 叶，被单毛、叉状毛及分枝毛。基生叶披针形或长圆状披针形；茎生叶长圆形或长卵圆形，基部宽或楔形，无柄，半抱茎，边缘有 1~2 小齿或近于全缘。总状花序有花 8~20 朵，聚生成伞房状，有时似头状；花瓣白色，倒卵状长圆形或长圆形。短角果长椭圆形或长卵形。花果期 6~7 月。分布于永昌县所辖祁连山林区山坡草地等区域。

葶苈属 *Draba*　蒙古葶苈 *Draba mongolica*

多年生丛生草本，高 5~20 厘米。茎直立，单一或分枝。莲座状茎生叶披针形，全缘或每缘有 1~2 锯齿；茎生叶长卵形；每缘常有 1~4 齿，密生单毛、分枝毛和星状毛。总状花序有花 10~20 朵，密集成伞房状；花瓣白色，长倒卵形。短角果卵形或狭披针形，扁平或扭转。花期 6~7 月。分布于永昌县所辖祁连山林区山坡等区域。

葶苈属 *Draba*　总苞葶苈 *Draba involucrata*

多年生丛生草本。根茎分枝密，下部覆盖条状披针形枯叶，禾草色，细长，上部密生莲座状叶。花茎无叶。莲座状叶倒卵形，叶全缘或两边有细齿及单长毛。总状花序有花 3~10 朵。密集成伞房状。花瓣金黄色。果实椭圆形或卵形。花期 6 月。分布于永昌县所辖大黄山林区高山山坡等区域。

葶苈属 *Draba*　矮喜山葶苈 *Draba oreades* var.*commutata*

喜山葶苈变种，主要区别为：植株矮小。莲座状叶倒卵状楔形，顶端圆。分布于永昌县所辖祁连山林区 3500 米以上高山泥石流坡等区域。

葶苈属 *Draba*　毛葶苈 *Draba eriopoda*

二年生草本，高 6~40 厘米。茎直立，密被单毛、叉状毛或星状毛。基生叶莲座状，披针形，全缘；茎生叶较多，下部的叶呈长卵形，上部的叶卵形，两缘各有 1~4 锯齿。总状花序有花 20~50 朵，密集成伞房状；花瓣金黄色。短角果卵形或长卵形。花果期 7~8 月。分布于永昌县祁连山林区山坡等区域。

单花荠属 *Pegaeophyton*　单花荠 *Pegaeophyton scapiflorum*

多年生草本，茎短缩。叶多数，旋叠状着生于基部，叶片线状披针形或长匙形，全缘或具稀疏浅齿。花大，单生，白色至淡蓝色；花瓣宽倒卵形，顶端全缘或微凹。短角果宽卵形，扁平，肉质，具狭翅状边缘。花果期 6~9 月。分布于永昌县所辖祁连山西大河林区等区域。

碎米荠属 *Cardamine*　紫花碎米荠 *Cardamine purpurascens*

多年生草本，高 15~50 厘米。茎单一，不分枝。基生叶有小叶 3~5 对，顶生小叶与侧生小叶的形态和大小相似，茎生叶通常只有 3 枚，小叶 3~5 对。总状花序有十几朵花；花瓣紫红色或淡紫色，倒卵状楔形。长角果线形，扁平果梗直立。花果期 5~8 月。分布于永昌县所辖祁连山林区沟谷、山坡等区域。

蔊菜属 *Rorippa*　沼生蔊菜 *Rorippa palustris*

一或二年生草本，高(10)20~50 厘米。茎直立；叶片羽状深裂或大头羽裂，长圆形至狭长圆形，裂片 3~7 对，边缘不规则浅裂或呈深波状，顶端裂片较大，基部耳状抱茎。总状花序顶生或腋生，花小，多数，黄色成淡黄色。短角果椭圆形或近圆柱形，有时稍弯曲。花期 4~7 月。分布于金昌市各乡镇湿地、水渠等区域。

离子芥属 *Chorispora*　离子芥 *Chorispora tenella*

一年生草本，高 5~30 厘米，植株具稀疏单毛和腺毛；根纤细，侧根很少。基生叶丛生，宽披针形，边缘具疏齿或羽状分裂；茎生叶披针形，较基生叶小，边缘具数对凹波状浅齿或近全缘。总状花序疏展，花淡紫色或淡蓝色；花瓣顶端钝圆，下部具细爪。长角果圆柱形，略向上弯曲，具横节。花果期 4~8 月。分布于金昌市喇叭泉林场荒地边等区域。

花旗杆属 *Dontostemon*　白毛花旗杆 *Dontostemon senilis*

多年生旱生草本，根木质化，粗壮。全体密被白色开展的长直毛(老时毛渐稀)。茎基部呈丛生状分枝，基部常残留黄色枯叶，茎下部黄白色。叶线形，全缘，密被白色长毛。总状花序顶生；花瓣紫色或带白色，长匙形至宽倒卵形。长角果圆柱形。花果期 5~9 月。分布于金昌市东水岸北部石质山坡等区域。

花旗杆属 *Dontostemon*　羽裂花旗杆 *Dontostemon pinnatifidus*

二年生直立草本。茎单一或上部分枝，植株具腺毛及单毛。叶互生，长椭圆形，近无柄，边缘具 2~4 对篦齿状缺刻，两面均被黄色腺毛及白色长单毛。总状花序顶生，结果时延长；花瓣白色或淡紫红色，顶端凹缺。长角果圆柱形，具腺毛。花果期 5~9 月。分布于永昌县所辖祁连山大黄山林区山坡等区域。

连蕊芥属 *Synstemon*　柔毛连蕊芥 *Synstemon petrovii*

与正种连蕊芥区别：茎与叶上具展开的毛；萼片密被波状毛；花丝联合程度小；长角果具稀疏而展开的毛。分布于金昌市河西堡平口峡山坡等区域。

涩荠属 *Malcolmia*　涩荠 *Malcolmia africana*

二年生草本，高 8~35 厘米，密生单毛或叉状硬毛。叶长圆形、倒披针形或近椭圆形，边缘有波状齿或全缘。总状花序有 10~30 朵花，疏松排列；花瓣紫色或粉红色。长角果(线细状)圆柱形或近圆柱形，密生短或长分叉毛。花果期 6~8 月。分布于金昌市沿祁连山的新城子等乡镇荒地等区域。

山嵛菜属 *Eutrema*　密序山嵛菜 *Eutrema heterophyllum*

多年生草本，高 6~18 厘米。根茎粗。茎单一或数个丛生，基部常带淡紫色。基生叶具长柄，叶片长卵状圆形至卵状三角形；下部茎生叶具宽柄，叶片长卵状圆形、窄卵状披针形或条形。总状花序密集；花瓣白色，长圆倒卵形。角果长圆状线形。花期 7~8 月。分布于永昌县所辖祁连山林区 3500 米以上泥石流滩等区域。

糖芥属 *Erysimum*　小花糖芥 *Erysimum cheiranthoides*

一或二年生草本，高15~50厘米；茎直立，分枝或不分枝，有棱角，具2叉毛。基生叶莲座状；茎生叶披针形或线形，顶端急尖，基部楔形，边缘具深波状疏齿或近全缘，两面具3叉毛。总状花序顶生；花瓣浅黄色，长圆形。长角果圆柱形。花期5~6月。分布于永昌县所辖祁连山林区山坡等区域。

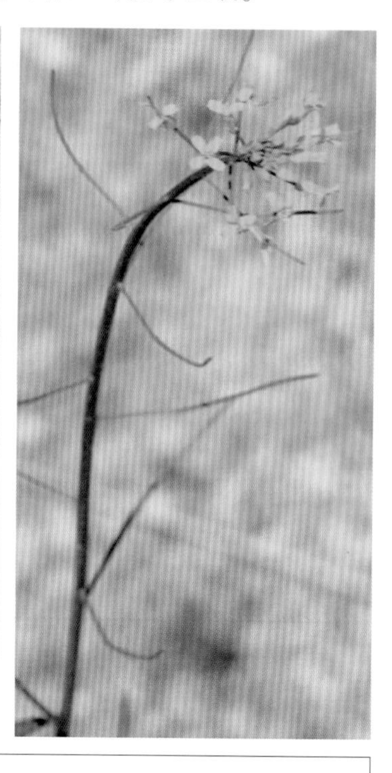

糖芥属 *Erysimum*　红紫糖芥 *Erysimum roseum*

多年生草本，高10~20厘米，全体有贴生2叉分叉毛；茎直立，不分枝。基生叶披针形或线形；茎生叶较小，具短柄，上部叶无柄。总状花序有多数疏生花；花粉红色或红紫色；花瓣倒披针形，有深紫色脉纹。长角果线形，有4棱，稍弯曲。花果期6~8月。分布于永昌县所辖祁连山3000米以上山坡等区域。

沟子荠属 *Taphrospermum*　沟子荠 *Taphrospermum altaicum*

多年生草本，高 4~25 厘米。根粗。茎自基部多分枝，直立，外倾或铺散；叶片长圆形或卵形，少数为宽圆形。花腋生，蕾期紧密成伞房状；花瓣白色，倒卵形。短角果圆筒状钻形，直或稍弯曲。花期 6~9 月。分布于永昌县所辖祁连山林区沙地山沟等区域。

小柱芥属 *Microstigma*　短果小柱芥 *Microstigma brachycarpum*

二年生草本，呈灰绿色，密被具短柄的分枝毛和腺毛；茎直立。叶质厚，披针形、倒披针形或矩圆状披针形。总状花序顶生，无苞片；花瓣条形或倒披针形，淡黄色。短角果两端渐狭，喙锥状；果瓣表面密被具长柄的淡黄色分枝毛。花果期 5~6 月。分布于金昌市平口峡等北山的干旱山坡等区域。

大蒜芥属 *Sisymbrium*　垂果大蒜芥 *Sisymbrium heteromallum*

一年生草本。基生叶和茎下部叶长圆形或长圆状披针形，大头羽裂或羽状分裂，侧裂片2~4对，长圆状披针形，近全缘或有微齿；茎上部叶较小。总状花序花期伞房状；花瓣淡黄色，长圆状狭倒卵形。长角果线形，稍呈弓形弯曲，下垂。花果期5~7月。分布于永昌县祁连山林区山坡等区域。

念珠芥属 *Neotorularia*　蚓果芥 *Neotorularia humilis*

多年生草本，高5~30厘米，被2叉毛，并杂有3叉毛；茎自基部分枝。基生叶窄卵形，早枯；下部的茎生叶变化较大，叶片宽匙形至窄长卵形，顶端钝圆，基部渐窄，近无柄，全缘，或具2~3对明显或不明显的钝齿；中、上部的条形；最上部数叶常入花序而成苞片。花序呈紧密伞房状，果期伸长；萼片长圆形；花瓣倒卵形或宽楔形，白色；子房有毛。长角果筒状，略呈念珠状。花期4~6月。分布于永昌县所辖祁连山山坡草地等区域。

念珠芥属 *Neotorularia*　甘新念珠芥 *Neotorularia korolkowii*

一或二年生草本，高 10~25(30)厘米，密被分枝毛，有时杂有单毛。茎于基部多分枝。基生叶大，有长柄，叶片长圆状披针形；茎生叶叶柄向上渐短或无，叶片长圆状卵形，其他同基生叶片。花序伞房状，果期伸长；萼片长圆形；花瓣白色；子房有毛。长角果圆柱形，略弧曲或于末端卷曲。花期 5~6 月。分布于金昌市各乡镇荒滩、河滩等区域。

播娘蒿属 *Descurainia*　播娘蒿 *Descurainia sophia*

一或二年生草本。全株呈灰白色。茎直立，上部分枝。叶轮廓为矩圆形或矩圆状披针形，二至三回羽状全裂或深裂，最终裂片条形或条状矩圆形。总状花序顶生，具多数花；花瓣 4，黄色，匙形，与萼片近等长；雄蕊比花瓣长。长角果狭条形。花期 6~9 月。分布于永昌县所辖祁连山林区山坡等区域。

景天科 Crassulaceae

瓦松属 *Orostachys*　瓦松 *Orostachys fimbriata*

二年生草本。一年生莲座丛的叶短；莲座叶线形，先端增大，为白色软骨质，半圆形，有齿。叶互生，疏生，有刺，线形至披针形。花序总状，萼片5，长圆形；花瓣5，红色；雄蕊10，与花瓣同长或稍短，花药紫色；鳞片5。蓇葖5。花果期8~10月。分布于金昌市北部荒漠区及祁连山石崖、山坡等区域。

红景天属 *Rhodiola*　小丛红景天 *Rhodiola dumulosa*

多年生草本。分枝，地上部分常被有残留的老枝。花茎聚生主轴顶端，不分枝。叶互生，线形至宽线形，先端稍急尖，基部无柄，全缘。花序聚伞状，有4~7花；萼片5，线状披针形，先端渐尖，基部宽；花瓣5，白或红色，披针状长圆形，直立，先端渐尖，有较长的短尖，边缘平直，或多少呈流苏状；雄蕊10，较花瓣短；鳞片5，先端微缺；心皮5，卵状长圆形，直立，基部合生；种子长圆形，有微乳头状突起，有狭翅。花果期5~8月。分布于永昌县所辖祁连山各林区海拔2500米以上的高山岩隙等区域。

红景天属 *Rhodiola* 对叶红景天 *Rhodiola subopposita*

多年生草本。植株淡绿色。花茎多数。叶开展，2~3叶近对生或互生，宽椭圆形至卵形，先端钝，边缘有不整齐的圆齿。雌雄异株，雄花多数；萼片5，长圆形；花瓣5，黄色，长圆形，雄蕊10；鳞片5；雄花的心皮5，不育，卵形，小，花柱短，细尖；蓇葖5。分布于永昌县所辖祁连山各林区海拔2500米以上的高山岩隙等区域。

红景天属 *Rhodiola* 狭叶红景天 *Rhodiola kirilowii*

多年生草本。根粗，直立。花茎少数，叶密生。叶互生，线形至线状披针形。花序伞房状，有多花，雌雄异株；萼片5或4；花瓣5或4，绿黄色；雄花中雄蕊10或8，与花瓣同长或稍超出，花丝花药黄色；鳞片5或4；心皮5或4，直立。蓇葖披针形，有短而外弯的喙。花果期6~8月。分布于永昌县所辖祁连山西大河林区碎石坡等区域。

红景天属 *Rhodiola*　唐古红景天 *Rhodiola tangutica*

多年生草本，高 4~24 厘米。茎丛生，不分枝，叶革质，线形，互生，雌雄异株；聚伞花序伞房状，具 7~22 花，雌花萼片 5，紫红色，舌形，花瓣 5，浅红色；无雄蕊，稀具 1~3 退化雄蕊；鳞片 5，与萼片互生，先端具波状齿；心皮 4~5；雄花，雄蕊 10，蓇葖果披针形。花果期 6~9 月。分布于永昌县所辖祁连山各林区高山岩隙等区域。

景天属 *Sedum*　阔叶景天 *Sedum roborowskii*

二年生草本，无毛。根纤维状。花茎近直立，高 3.5~15 厘米，由基部分枝。花序伞房状(近蝎尾状聚伞花序)，疏生多数花；苞片叶形。花为不等的五基数；萼片长圆形或长圆状倒卵形，不等长，有钝距，先端钝(有时有乳头状突起)；花瓣淡黄色；雄蕊 10，2 轮；心皮长圆形，种子卵状长圆形，有小乳头状突起。花果期 8~9 月。分布于永昌县所辖祁连山各林区及熊子山荒坡等区域。

费菜属 *Phedimus*　费菜 *Phedimus aizoon*

多年生草本。叶互生，狭披针形、椭圆状披针形至卵状倒披针形。聚伞花序有多花。花瓣 5，黄色，长圆形至椭圆状披针形；雄蕊 10，较花瓣短；鳞片 5，近正方形，心皮 5，卵状长圆形，基部合生，腹面凸出，花柱长钻形。蓇葖星芒状排列。花果期 6~9 月。分布于永昌县所辖祁连山各林区干旱山坡及北部荒漠区山坡岩隙等区域。

虎耳草科 Saxifragaceae

虎耳草属 *Saxifraga*　黑虎耳草 *Saxifraga atrata*

多年生草本。根状茎短。叶均基生，具柄，叶片卵形、菱状卵形、阔卵形、狭卵形至长圆形，先端急尖或稍钝，边缘具圆齿状锯齿和腺睫毛，或无毛，基部楔形，稀心形，两面疏生柔毛或无毛。聚伞花序伞房状，具 2~17 花；稀单花；萼片在花期开展或反曲，三角状卵形至狭卵形，先端钝或渐尖，无毛或疏生柔毛；花瓣白色，基部具 2 黄色斑点，或基部红色至紫红色，阔卵形、卵形至椭圆形。花果期 7~9 月。分布于永昌县所辖祁连山各林区高山岩隙、泥石流坡等区域。

虎耳草属 *Saxifraga*　光缘虎耳草 *Saxifraga nanella*

多年生草本，高1.2~4厘米，丛生。小主轴分枝；花茎被褐色腺毛。叶密集呈莲座状，稍肉质，近匙形至近长圆形，先端钝圆且无毛，两面无毛，边缘具腺睫毛。花单生于茎顶，或聚伞花序具2~5花；萼片在花期开展至反曲，肉质，阔卵形至卵形，先端钝，腹面和边缘无毛，背面被腺毛；花瓣黄色，中下部具橙色斑点，椭圆形至卵形，先端钝或急尖，基部侧脉旁具2痂体或无痂体。花果期7~8月。分布于永昌县所辖祁连山林区高山碎石隙等区域。

虎耳草属 *Saxifraga*　唐古特虎耳草 *Saxifraga tangutica*

多年生草本，高3.5~31厘米，丛生。茎被褐色卷曲长柔毛。基生叶具柄，叶片卵形、披针形至长圆形，先端钝或急尖，边缘具褐色卷曲长柔毛；茎生叶，叶片披针形、长圆形至狭长圆形。多歧聚伞花序，(2)8~24花；萼片在花期由直立变开展至反曲；花瓣黄色，或腹面黄色而背面紫红色，卵形、椭圆形至狭卵形。花果期6~10月。分布于永昌县大黄山及祁连山三岔林区等石隙区域。

虎耳草属 *Saxifraga*　零余虎耳草 *Saxifraga cernua*

多年生草本，高 6~25 厘米。茎被腺柔毛，分枝或不分枝，基生叶具长柄，叶片肾形，通常 5~7 浅裂。茎生叶亦具柄，中下部者肾形，单花生于茎顶或枝端，或聚伞花序具 2~5 花；苞腋具珠芽；萼片在花期直立；花瓣白色或淡黄色，倒卵形至狭倒卵形，先端微凹或钝，无痂体。花果期 6~9 月。分布于永昌县所辖祁连山各林区高山泥石流坡等区域。

虎耳草属 *Saxifraga*　爪瓣虎耳草 *Saxifraga unguiculata*

多年生草本，高 2.5~13.5 厘米，具莲座叶丛。莲座叶匙形至近狭倒卵形，先端具短尖头，通常两面无毛，边缘多少具刚毛状睫毛；茎生叶较疏，稍肉质，长圆形、披针形至剑形，先端具短尖头，通常两面无毛。花单生于茎顶，或聚伞花序具 2~8 花。花瓣黄色，中下部具橙色斑点，狭卵形、近椭圆形、长圆形至披针形，先端急尖或稍钝，具不明显之 2 痂体或无痂体。花果期 7~8 月。分布于永昌县所辖祁连山各林区高山岩隙、山坡草甸。

虎耳草属 *Saxifraga*　山地虎耳草 *Saxifraga sinomontana*

多年生草本，丛生，高 4.5~35 厘米。茎疏被褐色卷曲柔毛。基生叶发达，具柄，叶片椭圆形、长圆形至线状长圆形，先端钝或急尖；茎生叶披针形至线形，两面无毛或背面和边缘疏生褐色长柔毛。聚伞花序具 2~8 花，稀单花；萼片在花期直立；花瓣黄色，倒卵形、椭圆形、长圆形、提琴形至狭倒卵形。花果期 5~10 月。分布于永昌县所辖祁连山高山山地。

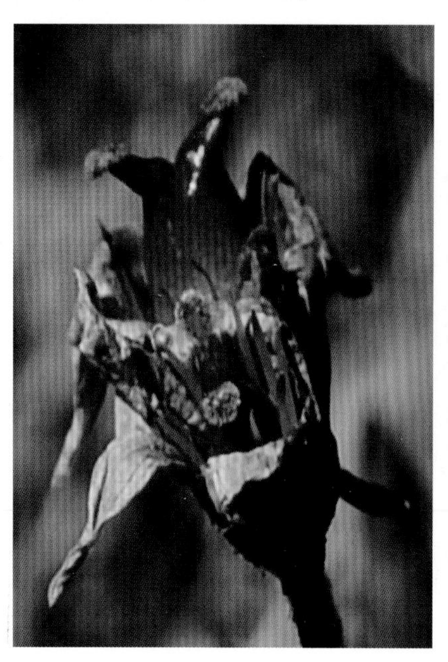

虎耳草属 *Saxifraga*　优越虎耳草 *Saxifraga egregia*

多年生草本，高 9~32 厘米。茎中下部疏生褐色卷曲柔毛（有时带腺头）。基生叶具长柄，叶片心形、心状卵形至狭卵形，边缘具卷曲长腺毛；茎生叶(3)7~13 枚，中下部者其叶片心状卵形至心形，最上部者其叶片披针形至长圆形。多歧聚伞花序伞房状，具 3~9 花；萼片在花期反曲，卵形至阔卵形；花瓣黄色，椭圆形至卵形，具(2)4~6(10)痂体。花果期 7~9 月。分布于永昌县所辖西大河林区山坡。

金腰属 *Chrysosplenium*　裸茎金腰 *Chrysosplenium nudicaule*

多年生草本。通常无叶，基生叶具长柄，叶片革质，肾形，边缘具(7)11~15浅齿，通常相互叠结，两面无毛。聚伞花序密集呈半球形；苞叶革质，阔卵形至扇形。萼片在花期直立，相互多少叠接，扁圆形，先端钝圆，弯缺处具褐色柔毛和乳头突起；雄蕊8；两心皮近等大。蒴果先端凹缺；种子黑褐色，有光泽。花果期6~8月。分布于永昌县所辖祁连山林区石隙等区域。

金腰属 *Chrysosplenium*　单花金腰 *Chrysosplenium uniflorum*

多年生草本，高(2)6.5~15厘米，地下具1鳞茎；鞭匐枝出自叶腋，丝状，无毛。茎无毛，其节间有时极度短缩。叶互生，下部者为鳞片状，全缘，中上部者具柄，叶片肾形，具7~11圆齿（齿先端微凹且具1疣点，齿间弯缺处具褐色乳头突起），基部多少心形，两面无毛。单花生于茎顶，或聚伞花序具2~3花；苞叶卵形至圆状心形，边缘具5~11圆齿，基部圆形至心形，两面无毛；萼片直立，阔卵形至近倒阔卵形，先端钝或微凹，无毛；雄蕊8；花盘不明显。蒴果先端微凹。花果期7~8月。分布于永昌县所辖祁连山林区石缝、沟谷等区域。

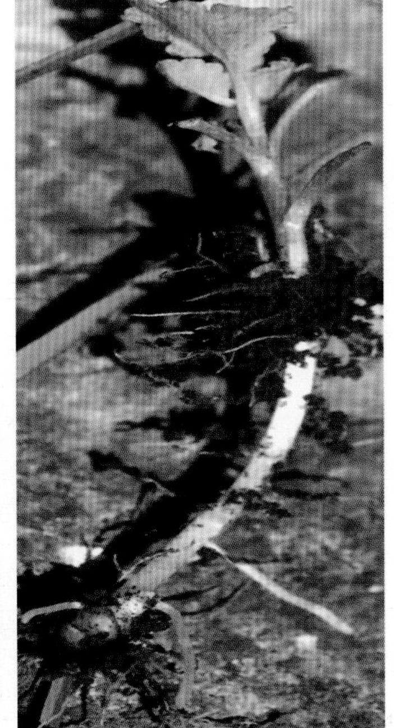

茶藨子科 Grossulariaceae

茶藨子属 *Ribes*　　东方茶藨子 *Ribes orientale*

落叶灌木，高 0.5~2 米，小枝灰色或灰褐色，嫩枝红褐色。叶近圆形或肾状圆形，基部截形至浅心脏形，掌状 3~5 浅裂，裂片先端圆钝，顶生裂片几与侧生裂片近等长，边缘具不整齐的粗钝单锯齿或重锯齿，被短柔毛和短腺毛，或具黏质腺体。花单性，雌雄异株，组成总状花序，花瓣近扇形或近匙形，先端近截形或圆钝；果实球形。花果期 4~8 月。分布于永昌县所辖祁连山西大河林区等区域。

茶藨子属 *Ribes*　　瘤糖茶藨子 *Ribes himalense* var. *verruculosum*

落叶小灌木。小枝黑紫色或暗紫色，皮长条状或长片状剥落，无刺。叶卵圆形或近圆形，掌状 3~5 裂，裂片卵状三角形；叶柄红色，近基部有少数褐色长腺毛。花两性，总状花序具花 8 至 20 余朵，花瓣近匙形或扇形，红色或绿色带浅紫红色。果实球形，红色或熟后转变成紫黑色，无毛。花果期 4~8 月。分布于永昌县所辖祁连山山坡等区域。

茶藨子属 *Ribes*　长果茶藨子 *Ribes stenocarpum*

落叶灌木，高 1~2(3)米。老枝灰色至灰褐色，剥裂，小枝灰黄色，具刺，常 3 个簇生。叶对生，叶柄疏生腺毛，叶片圆五角形或圆卵形，掌状 3 裂，基部心形或楔形，裂片先端锐尖，边缘具圆状齿，两面和边缘均有疏短柔毛。花蔷薇色，两性，1~3 朵簇生叶腋；花萼筒粗短，裂片 5，长圆形；花瓣 5，菱形；雄蕊 5，长于花瓣，与花瓣互生。浆果狭长，黄褐色。花果期 7~9 月。分布于永昌县所辖祁连山林区沟谷、山坡等区域。

茶藨子属 *Ribes*　美丽茶藨子 *Ribes pulchellum*

落叶灌木，高 1~2.5 米；小枝灰褐色，皮稍纵向条裂，在叶下部的节上常具 1 对小刺，节间无刺或小枝上散生少数细刺。叶宽卵圆形，基部近截形至浅心脏形，掌状 3 裂，有时 5 裂，边缘具粗锐或微钝单锯齿，或混生重锯齿。花单性，雌雄异株，形成总状花序；雄花序具 8~20 朵疏松排列的花；雌花序具 8 至 10 余朵密集排列的花；花瓣很小。果实球形，红色。花期 5~6 月，果期 8~9 月。分布于金昌市熊子山、车路沟等北山石缝等区域。

蔷薇科 Rosaceae

珍珠梅属 *Sorbaria*　华北珍珠梅 *Sorbaria kirilowii*

灌木，高达3米，枝条开展。羽状复叶，具有小叶片13~21；小叶片对生，披针形至长圆披针形，先端渐尖，稀尾尖，基部圆形至宽楔形，边缘有尖锐重锯齿。顶生大型密集的圆锥花序，分枝斜出或稍直立；花瓣倒卵形或宽卵形，白色；雄蕊20。蓇葖果长圆柱形；果梗直立。花果期6~10月。金昌市南坝乡有一株百年老树，各乡镇均有种植。

绣线菊属 *Spiraea*　蒙古绣线菊 *Spiraea mongolica*

灌木，高达3米；小枝细瘦，有棱角。叶片长圆形或椭圆形，先端圆钝或微尖，基部楔形，全缘。伞形总状花序具总梗，有花8~15朵；花瓣近圆形，先端钝，稀微凹，白色；雄蕊18~25。蓇葖果直立开张。花果期5~9月。分布于永昌县所辖祁连山及北山山沟等区域。

绣线菊属 *Spiraea*　高山绣线菊 *Spiraea alpina*

落叶灌木，高 50~120 厘米；小枝有明显棱角。叶片多数簇生，线状披针形至长圆倒卵形，先端急尖或圆钝，基部楔形，全缘。伞形总状花序具短总梗；花瓣倒卵形或近圆形，先端圆钝或微凹，白色。蓇葖果开张。花果期 6~9 月。分布于永昌县所辖祁连山各林区山坡、沟谷等区域。

绣线菊属 *Spiraea*　耧斗菜叶绣线菊 *Spiraea aquilegiifolia*

落叶灌木，高 0.5~1 米。花枝上的叶片通常为倒卵形，先端圆钝，基部楔形，全缘或先端 3 浅圆裂，不孕枝上的叶片通常为扇形，宽几与长相等，先端 3~5 浅圆裂。伞形花序无总梗，具花 3~6 朵；花瓣近圆形，先端钝，白色；雄蕊 20。蓇葖果上半部或沿腹缝线具短柔毛。花果期 5~8 月。分布于金昌市车路沟等北山山沟等区域。

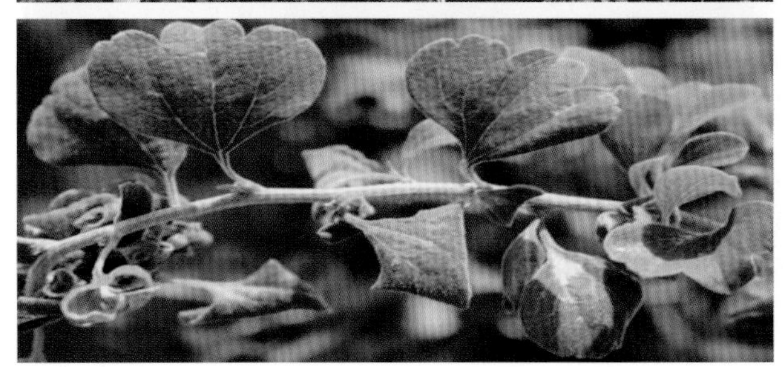

绣线菊属 *Spiraea*　金丝桃叶绣线菊 *Spiraea hypericifolia*

落叶灌木，高达 1.5 米。叶片长圆倒卵形或倒卵状披针形，先端急尖或圆钝，基部楔形，全缘或在不孕枝上叶片先端有 2~3 钝锯齿，基部具不显著的 3 脉或羽状脉。伞形花序无总梗，具花 5~11 朵；花瓣近圆形或倒卵形，宽几与长相等，白色。蓇葖果直立开张。花果期 5~9 月。分布于永昌县所辖祁连山林区及车路沟等北山山沟等区域。

鲜卑花属 *Sibiraea*　窄叶鲜卑花 *Sibiraea angustata*

落叶灌木，高达 2~2.5 米；小枝圆柱形，黑紫色；叶在当年生枝条上互生，在老枝上通常丛生，叶片窄披针形、倒披针形。顶生穗状圆锥花序；花瓣宽倒卵形，白色；雄花具雄蕊 20~25，雌花具退化雄蕊。蓇葖果直立。花果期 6~9 月。分布于永昌县所辖祁连山各林区山坡、沟谷等区域。

栒子属 *Cotoneaster* 毛叶水栒子 *Cotoneaster submultiflorus*

落叶灌木，高 2~4 米；小枝细，圆柱形。叶片卵形、菱状卵形至椭圆形，先端急尖或圆钝，基部宽楔形，全缘，上面无毛或幼时微具柔毛，下面具短柔毛。花多数，成聚伞花序；花瓣平展，卵形或近圆形，先端圆钝或稀微缺，白色。果实近球形，亮红色。花果期 5~9 月。分布于永昌县所辖祁连山及北部山区山沟等区域。

栒子属 *Cotoneaster* 灰栒子 *Cotoneaster acutifolius*

落叶灌木，高 2~4 米。叶片椭圆卵形至长圆卵形，先端急尖，稀渐尖，基部宽楔形，全缘，幼时两面均被长柔毛，下面较密。花 2~5 朵成聚伞花序；花瓣直立，宽倒卵形或长圆形，先端圆钝，白色外带红晕。果实椭圆形，稀倒卵形，黑色，内有小核 2~3 个。花期 5~6 月，果期 9~10 月。分布于金昌市祁连山及北部山区等区域。

山楂属 *Crataegus* 山楂 *Crataegus pinnatifida*

落叶乔木，高达 6 米，树皮粗糙，暗灰色或灰褐色。叶片宽卵形或三角状卵形，通常两侧各有 3~5 羽状深裂片。伞房花序具多花，花瓣倒卵形或近圆形，白色。果实近球形或梨形，深红色，有浅色斑点，小核 3~5，萼片脱落很迟，先端留一圆形深洼。花果期 5~10 月。永昌县园艺场等地种植，栽培品种主要有大金星山楂等。

花楸属 *Sorbus* 陕甘花楸 *Sorbus koehneana*

灌木或小乔木，高达 4 米；小枝圆柱形，暗灰色或黑灰色，具少数不明显皮孔。奇数羽状复叶，小叶片 8~12 对，边缘每侧有尖锐锯齿 10~14。复伞房花序多生在侧生短枝上，具多数花朵；花瓣宽卵形，先端圆钝，白色。果实球形，白色，先端具宿存闭合萼片。花果期 6~9 月。分布于永昌县所辖祁连山南坝林区石质山沟等区域。

花楸属 *Sorbus*　天山花楸 *Sorbus tianschanica*

小乔木，高达5米。奇数羽状复叶，小叶片(4)6~7对，顶端和基部的稍小，卵状披针形，先端渐尖，基部偏斜圆形或宽楔形，边缘大部分有锐锯齿。复伞房花序大形，有多数花朵；花瓣卵形或椭圆形，先端圆钝，白色。果实球形，鲜红色，先端具宿存闭合萼片。花果期5~10月。分布于永昌县所辖祁连山各林区山沟及云杉林缘等区域。

绵刺属 *Potaninia*　绵刺 *Potaninia mongolica*

落叶小灌木，高30~40厘米；茎多分枝，灰棕色。复叶具3或5小叶片，稀只有1小叶，先端急尖，基部渐狭，全缘，中脉及侧脉不显；叶柄坚硬，宿存成刺状。花单生于叶腋；花瓣卵形，白色或淡粉红色；雄蕊花丝比花瓣短。瘦果长圆形。花果期6~10月。分布于金昌市九坝滩及东水岸石质山坡等区域。

地蔷薇属 *Chamaerhodos* 地蔷薇 *Chamaerhodos erecta*

二或一年生草本，具长柔毛及腺毛；根木质；茎直立或弧曲上升，高 20~50 厘米，单一，少有多茎丛生，基部稍木质化，常在上部分枝。基生叶密生，莲座状，二回羽状 3 深裂。聚伞花序顶生，具多花，二歧分枝形成圆锥花序；花瓣倒卵形，白色或粉红色。瘦果卵形或长圆形。花果期 6~8 月。分布于金昌市南坝干旱山坡等区域。

无尾果属 *Coluria* 无尾果 *Coluria longifolia*

多年生草本。基生叶为间断羽状复叶，小叶片 9~20 对；上部小叶片宽卵形或近圆形，边缘有锐锯齿及黄色长缘毛，下部小叶片卵形或长圆形，全缘或有圆钝锯齿；茎生叶 1~4 个，宽条形，羽裂或 3 裂。花茎直立；聚伞花序有 2~4 花，稀具 1 花；花瓣倒卵形或倒心形，黄色，先端微凹。瘦果长圆形。花果期 6~10 月。分布于永昌县所辖祁连山泥石流山坡等区域。

梨属 *Pyrus*　杜梨 *Pyrus betulifolia*

落叶乔木，高达 10 米，树冠开展，枝常具刺。叶片菱状卵形至长圆卵形，先端渐尖，基部宽楔形，稀近圆形，边缘有粗锐锯齿。伞形总状花序，有花 10~15 朵，花瓣宽卵形，先端圆钝。白色；雄蕊 20，花药紫色，长约花瓣之半。果实近球形，有淡色斑点，萼片脱落。花果期 4~9 月。金昌市朱王堡、双湾、喇叭泉林场等区域种植。

梨属 *Pyrus*　白梨 *Pyrus bretschneideri*

乔木，高达 5~8 米，树冠开展；小枝粗壮，圆柱形，微屈曲。叶片卵形或椭圆卵形，先端渐尖，稀急尖，基部宽楔形，稀近圆形，边缘有尖锐锯齿。伞形总状花序，有花 7~10 朵；花瓣卵形，先端常呈啮齿状。果实卵形或近球形；种子倒卵形，微扁。花果期 4~9 月。金昌市各乡镇均有种植，主要栽培品种有苹果梨、冬果梨、皇冠梨等。

梨属 *Pyrus*　新疆梨 *Pyrus sinkiangensis*

乔木，高达 6~9 米，树冠半圆形；小枝圆柱形，微带棱条。叶片卵形、椭圆形至宽卵形，先端短渐尖头，基部圆形，稀宽楔形，边缘上半部有细锐锯齿。伞形总状花序，有花 4~7 朵；花瓣倒卵形，先端啮蚀状。果实卵形至倒卵形。花果期 4~10 月。金昌市各乡镇均有种植，主要栽培品种有长把梨等。

木瓜海棠属 *Chaenomeles*　皱皮木瓜 *Chaenomeles speciosa*

落叶灌木，高达 2 米，枝条直立开展，有刺。叶片卵形至椭圆形，稀长椭圆形，先端急尖，稀圆钝，基部楔形至宽楔形，边缘具有尖锐锯齿。花先叶开放，3~5 朵簇生于二年生老枝上；花瓣倒卵形或近圆形，基部延伸成短爪，猩红色，稀淡红色或白色。果实球形或卵球形，黄色或带黄绿色。花果期 5~10 月。金昌市市区及永昌县城街道种植。

苹果属 *Malus*　西府海棠 *Malus × micromalus*

小乔木，高达2.5~5米，叶片长椭圆形或椭圆形，先端急尖或渐尖，基部楔形，稀近圆形，边缘有尖锐锯齿。伞形总状花序，有花4~7朵，集生于小枝顶端；萼筒外面密被白色长绒毛；花瓣近圆形或长椭圆形，粉红色。果实近球形，红色。花期5~9月。金昌市市区及永昌县城街道种植，栽培品种较多。

苹果属 *Malus*　海棠花 *Malus spectabilis*

落叶乔木，高可达8米；小枝粗壮，圆柱形，幼时具短柔毛，逐渐脱落，老时红褐色或紫褐色，无毛。叶片椭圆形至长椭圆形，边缘有紧贴细锯齿，有时部分近于全缘。花序近伞形；花瓣卵形，基部有短爪，白色，在芽中呈粉红色。果实近球形，直径2厘米，黄色。果期8~9月。金昌市圣容寺有一株古树。

苹果属 *Malus*　　楸子 *Malus prunifolia*

小乔木，高达 3~8 米。叶片卵形或椭圆形，先端渐尖或急尖，基部宽楔形，边缘有细锐锯齿。花 4~10 朵，近似伞形花序；花瓣倒卵形或椭圆形，基部有短爪，白色，含苞未放时粉红色。果实卵形，红色。花果期 4~9 月。永昌县南坝等乡镇零星种植。

蔷薇属 *Rosa*　　玫瑰 *Rosa rugosa*

落叶灌木，高可达 2 米；茎粗壮，丛生；小枝密被绒毛，并有针刺和腺毛。小叶 5~9，连叶柄长 5~13 厘米；小叶片椭圆形或椭圆状倒卵形。果扁球形，直径 2~2.5 厘米，砖红色，肉质，平滑，萼片宿存。花期 5~6 月，果期 8~9 月。金昌市各乡镇均零星种植。栽培品种主要有四季玫瑰、苦水玫瑰等。

蔷薇属 *Rosa*　黄刺玫 *Rosa xanthina*

落叶灌木，高 2~3 米；枝粗壮，密集，披散；小枝无毛，有散生皮刺，无针刺。小叶 7~13；小叶片宽卵形或近圆形，稀椭圆形，先端圆钝，基部宽楔形或近圆形，边缘有圆钝锯齿。花单生于叶腋，重瓣或半重瓣；花瓣黄色，宽倒卵形，先端微凹，基部宽楔形。果近球形或倒卵圆形，紫褐色或黑褐色。花果期 4~8 月。金昌市各乡镇均种植。

蔷薇属 *Rosa*　月季花 *Rosa chinensis*

落叶灌木，高 1~2 米；小叶 3~5，稀 7，小叶片宽卵形至卵状长圆形，先端长渐尖或渐尖，基部近圆形或宽楔形，边缘有锐锯齿。花几朵集生；花瓣重瓣至半重瓣，红色、粉红色至白色，倒卵形，先端有凹缺。果卵球形或梨形。花果期 6~10 月。金昌市各乡镇种植，栽培品种较多。

蔷薇属 *Rosa* 小叶蔷薇 *Rosa willmottiae*

落叶灌木，高 1~3 米；有成对或散生、直细或稍弯皮刺。小叶 7~9，稀 11，小叶片椭圆形、倒卵形或近圆形，先端圆钝，基部近圆形，稀宽楔形，边缘有单锯齿，中部以上具重锯齿。花单生；花瓣粉红色，倒卵形，先端微凹。果长圆形或近球形，橘红色，有光泽。花果期 5~9 月。分布于永昌县所辖祁连山林区山坡、沟谷等区域。

草莓属 *Fragaria* 野草莓 *Fragaria vesca*

多年生草本。高 5~30 厘米。3 小叶，稀羽状 5 小叶；小叶片倒卵圆形，椭圆形或宽卵圆形，顶端圆钝，顶生小叶基部宽楔形，侧生小叶基部楔形，边缘具缺刻状锯齿，锯齿圆钝或急尖，花序聚伞状，有花 2~4(5)朵，花瓣白色，倒卵形。聚合果卵球形，红色；瘦果卵形。花果期 4~9 月。分布于永昌县所辖祁连山林区山坡等区域。

草莓属 *Fragaria*　东方草莓 *Fragaria orientalis*

多年生草本，高 5~30 厘米。茎被开展柔毛。三出复叶，小叶几无柄，倒卵形或菱状卵形，顶端圆钝或急尖。花序聚伞状，有花(1)2~5(6)朵，花两性，稀单性；花瓣白色。聚合果半圆形，成熟后紫红色；瘦果卵形。花果期 5~9 月。分布于永昌县所辖祁连山林区山坡等区域。

悬钩子属 *Rubus*　紫色悬钩子 *Rubus irritans*

矮小半灌木或近草本状，高 10~60 厘米；枝被紫红色针刺、柔毛和腺毛。小叶 3 枚，顶端急尖至短渐尖，基部宽楔形至近圆形。花下垂，常单生或 2~3 朵生于枝顶。花瓣宽椭圆形或匙形，白色，子房具灰白色绒毛。花果期 6~9 月。分布于永昌县所辖祁连山林区山坡林缘或灌丛中。

山莓草属 *Sibbaldia*　伏毛山莓草 *Sibbaldia adpressa*

多年生草本。高 1.5~12 厘米，基生叶为羽状复叶，有小叶 2 对，有时混生有 3 小叶；茎生叶 1~2，与基生叶相似。聚伞花序数朵，或单花顶生；花 5 数出；花瓣黄色或白色，倒卵长圆形。瘦果表面有显著皱纹。花果期 5~8 月。分布于永昌县所辖祁连山林区河滩、荒滩等区域。

山莓草属 *Sibbaldia*　四蕊山莓草 *Sibbaldia tetrandra*

多年生草本，低，丛生。根状茎粗壮，圆柱状。叶片具 3 小叶；小叶绿色的在两面，倒卵状长圆形。花瓣 4，浅黄，倒卵状长圆形。瘦果无毛。花果期 5~8 月。分布于永昌县所辖祁连山高山泥石流山坡等区域。

沼委陵菜属 *Comarum*　西北沼委陵菜 *Comarum salesovianum*

亚灌木，高 30~100 厘米；茎直立。奇数羽状复叶，小叶片 7~11，纸质，互生或近对生。上部叶具 3 小叶或成单叶。聚伞花序顶生或腋生，有数朵疏生花；苞片及小苞片线状披针形；萼筒倒圆锥形；花瓣倒卵形，约和萼片等长，白色或红色，先端圆钝。瘦果多数。花果期 6~10 月。分布于永昌县所辖祁连山水沟、河道边等区域。

委陵菜属 *Potentilla*　星毛委陵菜 *Potentilla acaulis*

多年生草本，高 2~15 厘米。花茎丛生，密被星状毛及开展微硬毛。基生叶掌状三出复叶，小叶片倒卵椭圆形或菱状倒卵形，顶端圆钝，基部楔形，每边有 4~6 个圆钝锯齿；顶生花 1~2 或 2~5 朵成聚伞花序，花瓣黄色、倒卵形。花果期 4~8 月。分布于永昌县所辖祁连山林区山坡及熊子山等山坡。

委陵菜属 *Potentilla*　匍匐委陵菜 *Potentilla reptans*

多年生草本。茎匍匐，节上生根。基生叶掌状，小叶 5~7 个；倒卵状披针形或长圆状倒卵形，基部楔形，边缘有钝锯齿；茎生叶与基生叶相似，小叶 3~5 个。单花自叶腋生，稀 2 个；花瓣黄色，倒卵形，顶端微凹。瘦果长圆状卵形。花果期 5~8 月。分布于永昌县所辖祁连山及武当山北山等区域。

委陵菜属 *Potentilla*　银露梅 *Potentilla glabra*

落叶灌木，高 0.3~2 米，稀达 3 米，树皮纵向剥落。叶为羽状复叶，有小叶 2 对，稀 3 小叶，上面 1 对小叶基部下延与轴汇合，叶柄被疏柔毛；小叶片椭圆形、倒卵椭圆形或卵状椭圆形；顶生单花或数朵，花梗细长；花瓣白色，倒卵形，顶端圆钝。瘦果表面被毛。花果期 6~11 月。分布于永昌县所辖祁连山各林区山坡、林缘等区域。

委陵菜属 *Potentilla* 小叶金露梅 *Potentilla parvifolia*

落叶灌木，高 0.3~1.5 米。叶为羽状复叶，有小叶 2 对，常混生有 3 对，基部 2 对小叶呈掌状或轮状排列；顶生单花或数朵；花瓣黄色，宽倒卵形，顶端微凹或圆钝。瘦果表面被毛。花果期 6~8 月。分布于永昌县所辖祁连山林区山坡、林缘等区域。

委陵菜属 *Potentilla* 二裂委陵菜 *Potentilla bifurca*

多年生草本或亚灌木。羽状复叶，有小叶 5~8 对，最上面 2~3 对小叶基部下延与叶轴汇合；叶柄密被疏柔毛或微硬毛，小叶片顶端常 2 裂，稀 3 裂，基部楔形或宽楔形；近伞房状聚伞花序，顶生，疏散；花瓣黄色，倒卵形，顶端圆钝。瘦果表面光滑。花果期 5~9 月。分布于金昌市各乡镇荒滩、石质山坡等区域。

委陵菜属 *Potentilla*　钉柱委陵菜 *Potentilla saundersiana*

多年生草本。高 10~20 厘米。基生叶 3~5，掌状复叶，被白色绒毛及疏柔毛，小叶无柄；小叶片长圆倒卵形，茎生叶 1~2，小叶 3~5。聚伞花序顶生，有花多朵；花瓣黄色，倒卵形，顶端下凹。瘦果光滑。花果期 6~8 月。分布于永昌县所辖祁连山林区山坡等区域。

委陵菜属 *Potentilla*　蕨麻 *Potentilla anserina*

多年生草本，根下部膨大成纺锤形或椭圆形块根。茎匍匐，在节处生根，常着地长出新植株，外被伏生或半开展疏柔毛或脱落近无毛。基生叶为间断羽状复叶。小叶 6~11 对，对生或互生，小叶片通常椭圆形。单花腋生；花瓣 5，黄色。瘦果卵形。花果期 5~9 月。分布于金昌市各乡镇荒滩、地埂等区域。

委陵菜属 *Potentilla*　长叶二裂委陵菜 *Potentilla bifurca* var. *major*

本变种与原变种不同在于：植株高大，叶柄、花茎下部伏生柔毛或脱落几无毛；小叶片带形或长椭圆形，顶端圆钝或2裂；花序聚伞状，花朵较大。花果期5~10月。分布于永昌县所辖祁连山山坡草地。

委陵菜属 *Potentilla*　朝天委陵菜 *Potentilla supina*

一或二年生草本。基生叶羽状复叶，有小叶2~5对，小叶互生或对生，无柄，小叶片长圆形或倒卵状长圆形。花茎上多叶，下部花自叶腋生，顶端呈伞房状聚伞花序；花瓣黄色，倒卵形，顶端微凹。瘦果长圆形。花果期4~10月。分布于永昌县所辖祁连山林区山坡、荒滩等区域。

委陵菜属 *Potentilla* 窄裂委陵菜 *Potentilla angustiloba*

多年生草本。根圆柱状形。5 出掌状复叶；小叶倒卵状椭圆形或长圆状椭圆形，伞房状聚伞花序，有花 3~12 朵。花瓣黄色，倒卵形，近等长或更长于萼片，先端微缺。花果期 6~9 月。分布于永昌县所辖祁连山林区山坡、沟谷等区域。

委陵菜属 *Potentilla* 大萼委陵菜 *Potentilla conferta*

多年生草本。根圆柱形，木质化。花茎直立或上升。基生叶为羽状复叶，有小叶 3~6 对；小叶片对生或互生；茎生叶与基生叶相似，唯小叶对数较少。聚伞花序多花至少花；花瓣黄色，倒卵形，顶端圆钝或微凹，比萼片稍长。瘦果卵形或半球形。花期 6~9 月。分布于永昌所辖祁连山林区山坡、荒滩等区域。

委陵菜属 *Potentilla* 羽毛委陵菜 *Potentilla plumosa*

多年生草本。基生叶羽状复叶，有小叶6~9对，叶对生或互生，无柄；伞房状聚伞花序，有花3~10朵，集生于顶端；萼片卵形或三角状卵形，顶端急尖或渐尖；花瓣黄色，倒卵形，顶端微凹，瘦果光滑，腹部膨胀，卵状椭圆形。花果期6~8月。分布于永昌县所辖祁连山林区高山石隙等区域。

委陵菜属 *Potentilla* 西山委陵菜 *Potentilla sischanensis*

多年生草本。基生叶为羽状复叶，有小叶3~5对，稀达8对，叶柄被白色绒毛及稀疏长柔毛；小叶对生，稀下部小叶互生，卵形、长椭圆形或披针形，边缘羽状深裂几达中脉，茎生叶无或极不发达，呈苞叶状，掌状或羽状3~5全裂。聚伞花序疏生；花瓣黄色，倒卵形，顶端圆钝或微凹。花果期4~8月。分布于永昌县所辖祁连山及各乡镇荒滩、山坡等区域。

李属 *Prunus*　欧李 *Prunus humilis*

落叶灌木，高 0.4~1.5 米。叶片倒卵状长椭圆形或倒卵状披针形，中部以上最宽，先端急尖或短渐尖，基部楔形，边有单锯齿或重锯齿。花单生或 2~3 花簇生，花叶同开；花瓣白色或粉红色，长圆形或倒卵形。花果期 4~10 月。金昌市喇叭泉林场大面积种植。

李属 *Prunus*　毛樱桃 *Prunus tomentosa*

落叶灌木，通常高 0.3~1 米。小枝紫褐色或灰褐色。叶片卵状椭圆形或倒卵状椭圆形，先端急尖或渐尖，基部楔形，边有急尖或粗锐锯齿。花单生或 2 朵簇生。花瓣白色或粉红色，倒卵形，先端圆钝；雄蕊 20~25 枚，短于花瓣。核果近球形，红色。花果期 4~9 月。永昌县水云山等地种植。

李属 ***Prunus***　山桃 ***Prunus davidiana***

落叶乔木，高可达 10 米；树冠开展，树皮暗紫色。叶片卵状披针形，先端渐尖，基部楔形，两面无毛，叶边具细锐锯齿。花单生，先于叶开放；花瓣倒卵形或近圆形，粉红色。果实近球形。花果期 3~8 月。金昌市武当山、水云山等区域种植。

李属 ***Prunus***　碧桃 ***Prunus persica*** **'Duplex'**

乔木，高 3~8 米；树皮暗红褐色。叶片长圆披针形，先端渐尖，基部宽楔形，叶边具细锯齿或粗锯齿，花单生，先于叶开放，花瓣长圆状椭圆形至宽倒卵形，粉红色，罕为白色；花药绯红色；花柱几与雄蕊等长或稍短；子房被短柔毛。果实形状和大小均有变异，卵形、宽椭圆形或扁圆形，花期 3~4 月。金昌市市区及永昌县城街道种植，栽培品种有红叶碧桃等。

李属 *Prunus*　蒙古扁桃 *Prunus mongolica*

落叶灌木，高 1~2 米，小枝顶端转变成枝刺；短枝上叶多簇生，长枝上叶常互生；叶片宽椭圆形、近圆形或倒卵形，先端圆钝，有时具小尖头，基部楔形，两面无毛，叶边有浅钝锯齿。花单生，稀数朵簇生于短枝上，花瓣倒卵形，粉红色；雄蕊多数。果实宽卵球形，顶端具急尖头；种仁扁宽卵圆形。花果期 5~8 月。分布于永昌县所辖祁连山浅山区及北山等区域。

李属 *Prunus*　榆叶梅 *Prunus triloba*

落叶灌木，稀小乔木，高 2~3 米。短枝上的叶常簇生，一年生枝上的叶互生；叶片宽椭圆形至倒卵形，先端短渐尖，常 3 裂，基部宽楔形，叶边具粗锯齿或重锯齿。花 1~2 朵，先于叶开放；花瓣近圆形或宽倒卵形，先端圆钝，有时微凹，粉红色；雄蕊 25~30，短于花瓣；子房密被短柔毛，花柱稍长于雄蕊。果实近球形，顶端具短小尖头，红色。花果期 5~7 月。金昌市各乡镇均零星种植。

李属 ***Prunus*** 山杏 ***Prunus sibirica***

落叶灌木或小乔木，高 2~5 米；树皮暗灰色；叶片卵形或近圆形，先端长渐尖至尾尖，基部圆形至近心形，叶边有细钝锯；花瓣近圆形或倒卵形，白色或粉红色；雄蕊几与花瓣近等长；子房被短柔毛。果实扁球形，黄色或橘红色，有时具红晕。花果期 3~7 月。金昌市各乡镇均有零星种植。

李属 ***Prunus*** 杏 ***Prunus armeniaca***

落叶乔木，高 5~8(12)米；叶片宽卵形或圆卵形，先端急尖至短渐尖，基部圆形至近心形，叶边有圆钝锯齿。花单生，先于叶开放，花瓣圆形至倒卵形，白色或带红色。果实球形，稀倒卵形，熟时白色、黄色至黄红色，常具红晕。花果期 5~7 月。金昌市各乡镇均有种植，栽培品种主要有兰州大接杏、曹杏等。

李属 *Prunus* 紫叶李 *Prunus cerasifera* f. *atropurpurea*

灌木或小乔木，叶片椭圆形、卵形或倒卵形，极稀椭圆状披针形，先端急尖，基部楔形或近圆形，边缘有圆钝锯齿，有时混有重锯齿；花瓣白色，长圆形或匙形。核果近球形或椭圆形，黄色、红色或黑色。花果期4~8月。金昌市各乡镇种植。

李属 *Prunus* 李 *Prunus salicina*

落叶乔木，高9~12米；叶片长圆倒卵形、长椭圆形，稀长圆卵形，先端渐尖、急尖或短尾尖，基部楔形，边缘有圆钝重锯齿，常混有单锯齿，幼时齿尖带腺。花通常3朵并生；花瓣白色，长圆倒卵形，先端啮蚀状。核果球形、卵球形或近圆锥形，黄色或红色，有时为绿色或紫色；核卵圆形或长圆形。花果期4~8月。金昌市喇叭泉林场及农户零星种植，栽培品种主要有牛心李、玉皇子等。

豆科 Fabaceae

槐属 *Styphnolobium* 槐 *Styphnolobium japonicum*

落叶乔木，小叶 4~7 对，对生或近互生，纸质，卵状披针形或卵状长圆形，圆锥花序顶生；花冠白色或淡黄色，旗瓣近圆形，长和宽约 11 毫米，具短柄，有紫色脉纹，先端微缺，基部浅心形，翼瓣卵状长圆形，长 10 毫米，宽 4 毫米，先端浑圆，基部斜戟形，无皱褶，龙骨瓣阔卵状长圆形，与翼瓣等长。荚果串珠状，种子间缢缩不明显，种子排列较紧密，具肉质果皮；种子卵球形。花果期 7~10 月。金昌市各乡镇均有种植。

槐属 *Styphnolobium* 龙爪槐 *Styphnolobium japonicum* 'Pendula'

落叶乔木，枝条下垂 ，冠球形，枝多叶密，花期较长，绿荫如盖。花两性，顶生，蝶形，黄白色，荚果肉质，串珠状，成熟后干涸不开裂。花果期 7~11 月。金昌市街道、各乡镇单位庭院种植。

苦参属 *Sophora* 苦豆子 *Sophora alopecuroides*

多年生草本。羽状复叶；小叶 7~13 对，对生或近互生，披针状长圆形或椭圆状长圆形。总状花序顶生；花多数；花冠白色或淡黄色。荚果串珠状。花果期 5~10 月。分布于金昌市于朱王堡、水源、双湾等乡镇地埂、荒滩等区域。

野决明属 *Thermopsis* 轮生叶野决明 *Thermopsis inflata*

多年生草本，高 10~20 厘米。小叶三出，但茎下常为 1~2 枚，与托叶呈轮生状。小叶倒卵形，两侧略不等大；总状花序顶生，花冠黄色；荚果阔卵形，膨胀，亮褐色，先端向下弯曲，先端钝圆，背缝线延伸至长尖喙，基部具果颈，颈长几与萼相等，被伸展长柔毛。有多数种子，种子肾形，黑色。花果期 6~8 月。分布于永昌县所辖祁连山林区山坡、林缘等区域。

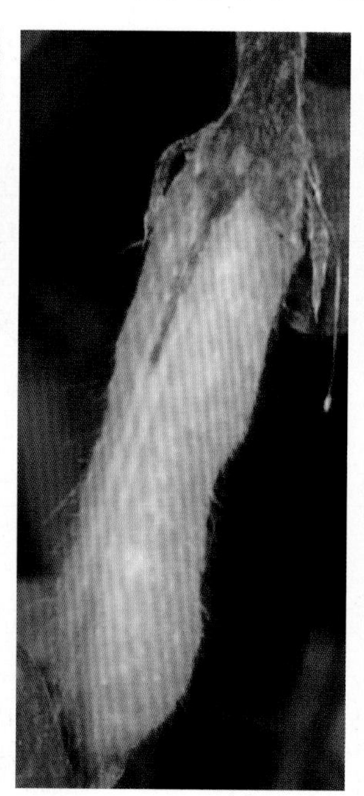

野决明属 *Thermopsis* 披针叶野决明 *Thermopsis lanceolata*

多年生草本。3 小叶；小叶狭长圆形、倒披针形。总状花序顶生，具花 2~6 轮，排列疏松；花冠黄色；子房密被柔毛。荚果线形，先端具尖喙。花果期 5~10 月。分布于金昌市各乡镇荒山、荒滩、地埂等区域。

野决明属 *Thermopsis* 高山野决明 *Thermopsis alpina*

多年生草本。三出复叶互生；小叶片长椭圆形或长椭圆状卵形，先端急尖或钝，基部楔形或近钝圆形。总状花序顶生；花 2~3 朵轮生，花冠黄色，旗瓣阔卵形或近肾形，翼瓣狭，龙骨瓣长圆形。荚果扁平，长椭圆形，常作镰形弯曲。花果期 5~9 月。分布于永昌县所辖祁连山林区山坡、林缘等区域。

草木樨属 *Melilotus*　白花草木樨 *Melilotus albus*

一、二年生草本。叶为羽状三出复叶；小叶长圆形或倒披针状长圆形，先端钝圆，基部楔形，边缘疏生浅锯齿。总状花序腋生，具花40~100朵，花冠白色。荚果椭圆形至长圆形。花果期5~9月。分布于金昌市各乡镇荒地、荒滩等区域。

草木樨属 *Melilotus*　草木樨 *Melilotus officinalis*

二年生草本，高40~100(250)厘米。茎直立，粗壮，多分枝，具纵棱。羽状三出复叶，小叶倒卵形、阔卵形、倒披针形至线形，先端钝圆或截形，基部阔楔形，边缘具不整齐疏浅齿。总状花序腋生，具花30~70朵；花冠黄色。荚果卵形，表面具凹凸不平的横向细网纹。花果期5~10月。分布于金昌市各乡镇荒地、荒滩等区域。

胡卢巴属 *Trigonella*　胡卢巴 *Trigonella foenum-graecum*

一年生草本。羽状三出复叶，小叶长倒卵形、卵形至长圆状披针形，近等大；花冠黄白色或淡黄色，基部稍呈堇青色，旗瓣长倒卵形，先端深凹，明显地比冀瓣和龙骨瓣长。荚果圆筒状，直或稍弯曲。花果期 4~9 月。金昌市各乡镇农户均有零星种植。

苜蓿属 *Medicago*　天蓝苜蓿 *Medicago lupulina*

一、二年生或多年生草本，高 15~60 厘米。羽状三出复叶；小叶倒卵形、阔倒卵形或倒心形，纸质，先端多少截平或微凹，具细尖，基部楔形，边缘在上半部具不明显尖齿，两面均被毛，花序小头状，具花 10~20 朵；花冠黄色。荚果肾形，表面具同心弧形脉纹。花果期 7~10 月。分布于金昌市各乡镇湿地、河边等区域。

苜蓿属 *Medicago*　青海苜蓿 *Medicago archiducis-nicolai*

多年生草本。羽状三出复叶；小叶阔卵形至圆形，纸质，先端截平或微凹，基部圆钝，边缘具不整齐尖齿，有时甚钝或不明显，花序伞形，具花4~5朵；萼钟形；花冠橙黄色，中央带紫红色晕纹，旗瓣倒卵状椭圆形，先端微凹，与翼瓣近等长，龙骨瓣长圆形，具长瓣柄，明显比旗瓣和翼瓣短。荚果长圆状半圆形，扁平；花果期6~9月。分布于永昌县所辖祁连山林区荒滩等区域。

苜蓿属 *Medicago*　花苜蓿 *Medicago ruthenica*

多年生草本。羽状三出复叶；小叶形状变化很大，长圆状倒披针形、楔形、线形以至卵状长圆形，先端截平，钝圆或微凹。花序伞形，具花(4)6~9(15)朵；花冠黄褐色，中央深红色至紫色条纹，旗瓣倒卵状长圆形、倒心形至匙形，先端凹头，翼瓣稍短，长圆形，龙骨瓣明显短，卵形，均具长瓣柄。荚果长圆形或卵状长圆形，扁平。花果期6~10月。分布于金昌市各乡镇荒滩、地埂、荒山等区域。

苜蓿属 *Medicago*　紫苜蓿 *Medicago sativa*

多年生草本。羽状三出复叶；小叶长卵形、倒长卵形至线状卵形，等大，纸质。花序总状或头状，花瓣均具长瓣柄，旗瓣长圆形，先端微凹，明显较翼瓣和龙骨瓣长，翼瓣较龙骨瓣稍长。荚果螺旋状紧卷 2~4(6)圈。花果期 5~8 月。金昌市各乡镇均大面积种植。

苜蓿属 *Medicago*　野苜蓿 *Medicago falcata*

多年生草本。羽状三出复叶，小叶倒卵形至线状倒披针形，先端近圆形，具刺尖，基部楔形。花序短总状，具花 6~20(25)朵，稠密，花期几不伸长；总花梗腋生，挺直，与叶等长或稍长；苞片针刺状；萼钟形，被贴伏毛，萼齿线状锥形，比萼筒长；花冠黄色，旗瓣长倒卵形，翼瓣和龙骨瓣等长，均比旗瓣短。荚果镰形；有种子 2~4 粒。花果期 6~9 月。分布于金昌市各乡镇荒滩、地埂等区域。

旱雀豆属 *Chesniella*　甘肃旱雀豆 *Chesniella ferganensis*

多年生草本。茎平卧，长 10~20 厘米。羽状复叶；小叶 7~11 片，先端圆、截形或微凹，具小尖头，基部圆形，两面密被白色、开展的短柔毛。花单生于叶腋；花冠粉红色。荚果小，狭长圆形，微膨胀，密被开展的长柔毛。花果期 7~8 月。分布于金昌市武当山、铧尖滩等北山干旱山坡等区域。

紫穗槐属 *Amorpha*　紫穗槐 *Amorpha fruticosa*

落叶灌木，高 1~4 米。奇数羽状复叶，小叶卵形或椭圆形，先端圆形，锐尖或微凹，有一短而弯曲的尖刺，基部宽楔形或圆形。穗状花序常 1 至数个顶生和枝端腋生，密被短柔毛；花有短梗；旗瓣心形，紫色，无翼瓣和龙骨瓣；雄蕊 10，下部合生成鞘，上部分裂，包于旗瓣之中，伸出花冠外。荚果下垂，棕褐色，表面有凸起的疣状腺点。花果期 5~10 月。金昌市喇叭泉林场等区域种植。

刺槐属 *Robinia* 香花槐 *Robinia pseudoacacia* 'idaho'

落叶乔木。株高10~12米。叶互生，有7~19片小叶组成羽状复叶，小叶椭圆形至长圆形，长4~8厘米，光滑，鲜绿色。总状花序腋生，作下垂状，花红色，芳香。花不育。花果期5~6月。金昌市市区双湾及朱王堡等区域种植。

刺槐属 *Robinia* 刺槐 *Robinia pseudoacacia*

落叶乔木，高10~25米，羽状复叶；小叶2~12对，常对生，椭圆形、长椭圆形或卵形，先端圆，微凹，具小尖头，基部圆至阔楔形，全缘；总状花序腋生，下垂，花多数；花冠白色。荚果褐色，或具红褐色斑纹，线状长圆形。花果期4~9月。金昌市喇叭泉林场等区域大面积种植。

刺槐属 *Robinia* 毛洋槐 *Robinia hispida*

乔木或灌木，有时植物株各部（花冠除外）具腺刚毛。奇数羽状复叶；小叶全缘；具小叶柄及小托叶。总状花序腋生，下垂；苞片膜质，早落；花萼钟状，5齿裂，上方2萼齿近合生；花冠白色、粉红色或玫瑰红色，花瓣具柄，旗瓣大，反折，翼瓣弯曲，龙骨瓣内弯，钝头；雄蕊二体，对旗瓣的1枚分离，其余9枚合生，花药同型。荚果扁平，沿腹缝浅具狭翅，果瓣薄。金昌市双湾、宁远、朱王堡、水源等乡镇、街道零星种植。

苦马豆属 *Sphaerophysa* 苦马豆 *Sphaerophysa salsula*

半灌木或多年生草本，茎直立或下部匍匐，稀达1.3米。小叶11~21片，倒卵形至倒卵状长圆形，先端微凹至圆，具短尖头，基部圆至宽楔形。总状花序常较叶长，生6~16花；花冠初呈鲜红色，后变紫红色。荚果椭圆形至卵圆形，膨胀，果瓣膜质，外面疏被白色柔毛。花果期5~9月。分布于金昌市各乡镇荒滩、地埂等区域。

锦鸡儿属 *Caragana*　鬼箭锦鸡儿 *Caragana jubata*

灌木，直立或伏地，高0.3~2米，羽状复叶有4~6对小叶；托叶先端刚毛状，小叶长圆形，先端圆或尖，具刺尖头，基部圆形。花梗单生，基部具关节，花冠玫瑰色、淡紫色、粉红色或近白色。荚果密被丝状长柔毛。花果期6~9月。分布于永昌县所辖祁连山林区林缘、山坡等区域。

锦鸡儿属 *Caragana*　甘蒙锦鸡儿 *Caragana opulens*

灌木，高40~60厘米。假掌状复叶有4片小叶，托叶在长枝者硬化成针刺，小叶倒卵状披针形；花冠黄色；荚果圆筒状，先端短渐尖，无毛。花果期5~7月。分布于永昌县所辖祁连山林区荒山、荒坡等区域。

锦鸡儿属 *Caragana*　柠条锦鸡儿 *Caragana korshinskii*

灌木，有时小乔木状，高 1~4 米；老枝金黄色，有光泽。羽状复叶有 6~8 对小叶；小叶披针形或狭长圆形，先端锐尖或稍钝，有刺尖，基部宽楔形，灰绿色，两面密被白色伏贴柔毛。花梗密被柔毛，关节在中上部；花萼管状钟形，密被伏贴短柔毛，萼齿三角形或披针状三角形；旗瓣宽卵形或近圆形，先端截平而稍凹，具短瓣柄，翼瓣瓣柄细窄，稍短于瓣片，耳短小，齿状，龙骨瓣具长瓣柄，耳极短；子房披针形。荚果扁，披针形，有时被疏柔毛。花果期 5~6 月。金昌市喇叭泉林场、双湾等北部沙化土地种植。

锦鸡儿属 *Caragana*　荒漠锦鸡儿 *Caragana roborovskyi*

灌木，高 0.3~1 米。羽状复叶有 3~6 对小叶；小叶宽倒卵形或长圆形，先端圆或锐尖，具刺尖，基部楔形，密被白色丝质柔毛。花梗单生，关节在中部到基部密被柔毛；花萼管状，密被白色长柔毛，萼齿披针形；花冠黄色。荚果圆筒状，被白色长柔毛。花期 5 月，果期 6~7 月。分布于金昌市各乡镇山坡、荒山等区域。

锦鸡儿属 *Caragana* 矮脚锦鸡儿 *Caragana brachypoda*

矮灌木，高 20~30 厘米。假掌状复叶有 4 片小叶；小叶倒披针形，先端锐尖，有短刺尖，基部渐狭，两面有短柔毛，灰绿色或绿色。花单生，花梗短粗，关节在中部以下或基部被短柔毛；花冠黄色。荚果披针形，扁，先端渐尖，无毛。花果期 4~6 月。分布于金昌市各乡镇山坡、荒滩等区域。

锦鸡儿属 *Caragana* 青甘锦鸡儿 *Caragana tangutica*

落叶灌木；高 1~4 米。小叶 6，羽状排列。花单生，花冠黄色，旗瓣的阔卵形，翼瓣的耳条形，龙骨瓣的耳较短；子房条形，密生短柔毛。夹果扁，疏生长柔毛。花果期 5~9 月。分布于永昌县所辖祁连山各林区高山坡等区域。

锦鸡儿属 *Caragana*　短叶锦鸡儿 *Caragana brevifolia*

落叶灌木，高 1~2 米，全株无毛。树皮深灰褐色，稍有光泽，老时龟裂；小枝有棱，有时弯曲。假掌状复叶有 4 片小叶。花梗单生于叶腋，关节在中部或下部；花萼管状钟形，带褐色，常被白粉，萼齿三角形，锐尖；花冠黄色。荚果圆筒状，成熟时黑褐色。花果期 6~9 月。分布于永昌县所辖祁连山林区沟谷等区域。

黄芪属 *Astragalus*　斜茎黄耆 *Astragalus laxmannii*

多年生草本，高 20~100 厘米。茎多数或数个丛生，直立或斜上，羽状复叶有 9~25 片小叶，小叶长圆形、近椭圆形或狭长圆形，长 10~25(35)毫米，宽 2~8 毫米，基部圆形或近圆形，有时稍尖。总状花序长圆柱状、穗状，稀近头状，生多数花，排列密集，有时较稀疏；总花梗生于茎的上部；花冠近蓝色或红紫色，荚果长圆形，两侧稍扁。花期 6~8 月，果期 8~10 月。分布于金昌市各乡镇荒滩、湿地、地埂等区域。

黄芪属 *Astragalus*　金翼黄耆 *Astragalus chrysopterus*

多年生草本，高 30~70 厘米。羽状复叶有 12~19 片小叶；小叶宽卵形或长圆形，顶端钝圆或微凹，具小凸尖，基部楔形，上面无毛，下面粉绿色，疏被白色伏贴柔毛。总状花序腋生，生 3~13 花；花冠黄色。荚果倒卵形，先端有尖喙。花果期 6~9 月。分布于永昌县所辖祁连山林区林中空地等区域。

黄芪属 *Astragalus*　一叶黄耆 *Astragalus monophyllus*

多年生草本。高 3~6 厘米，被白色伏贴长粗毛。茎极短缩。叶有 3 小叶，卵圆形，小叶近无柄，宽卵形或近圆形。总状花序生 1~2 花，花萼钟状管形，花冠淡黄色(干时)；子房长圆柱状，密被白色长毛。荚果长圆形，膨胀，两端尖，密被白色长柔毛，花果期 5~6 月。分布于金昌市九坝滩等戈壁、沙地等区域。

黄芪属 *Astragalus*　黑紫花黄耆 *Astragalus przewalskii*

多年生草本，高 30~100 厘米，羽状复叶有 9~17 片小叶；小叶线状披针形，先端渐尖，基部钝圆。总状花序稍密集，有 10 余朵花；总花梗与叶近等长或稍长；苞片披针形，背面被白色或黑色柔毛；花萼钟状，萼齿三角状披针形；花冠黑紫色。荚果膜质，膨大，梭形或披针形，成熟时两侧压扁。花期 7~8 月，果熟期 8~9 月。分布于永昌县所辖祁连山林区山坡等区域。

黄芪属 *Astragalus*　马衔山黄耆 *Astragalus mahoschanicus*

多年生草本。高 15~40 厘米。羽状复叶有 9~19 片小叶；小叶卵形至长圆状披针形，先端钝圆或短渐尖，基部近圆形，上面无毛，下面连同叶轴被白色伏贴柔毛。总状花序生 15~40 花，密集呈圆柱状；花冠黄色，子房球形，密被白毛或混生黑色长柔毛。荚果球状。花期 6~7 月，果期 7~8 月。分布于永昌县所辖祁连山林区山坡等区域。

黄芪属 *Astragalus*　胀萼黄耆 *Astragalus ellipsoideus*

多年生丛生草本，高 13~20 厘米。根多数，纤维状，木质化。茎极短缩。羽状复叶有 9~21 片小叶；小叶椭圆形或倒卵形，先端急尖或钝圆，两面被银白色伏贴毛。总状花序卵圆形，生 8~30 花；总花梗较叶短；苞片线状披针形；花萼管状，果期卵状膨大；花冠黄色。荚果卵状长圆形。花果期 5~6 月。分布于金昌市车路沟及九坝滩等北山石质山坡、荒滩等区域。

黄芪属 *Astragalus*　单叶黄耆 *Astragalus efoliolatus*

多年生矮小草本，高 5~10 厘米。叶有 1 片小叶。小叶线形，先端渐尖，两面疏被白色伏贴毛，全缘，下部边缘常内卷。总状花序生 2~5 花，较叶短，腋生；花冠淡紫色或粉红色。荚果卵状长圆形，扁平。花期 6~9 月。分布于永昌县所辖祁连山林缘山坡等区域。

黄芪属 *Astragalus* 雪地黄耆 *Astragalus nivalis*

多年生草本，高 8~25 厘米。羽状复叶有 9~17 片小叶，长 2~5 厘米；小叶椭圆形，腹面无毛或被疏毛。总状花序圆球形，生数花；花萼果期膨大，被金黄色短毛；花冠淡蓝紫色。荚果卵状椭圆形。花期 6~7 月，果期 7~8 月。分布于永昌县所辖大黄山林区山坡等区域。

黄芪属 *Astragalus* 多枝黄耆 *Astragalus polycladus*

多年生草本。根粗壮。茎多数，平卧或上升。奇数羽状复叶，具 11~23 片小叶，小叶披针形或近卵形。总状花序生多数花，密集呈头状；总花梗腋生，较叶长；花冠红色或青紫色。荚果长圆形，微弯曲，被白色或混有黑色伏贴柔毛，果颈较宿萼短。花果期 7~9 月。分布于永昌县所辖祁连山林区山沟、沙沟等区域。

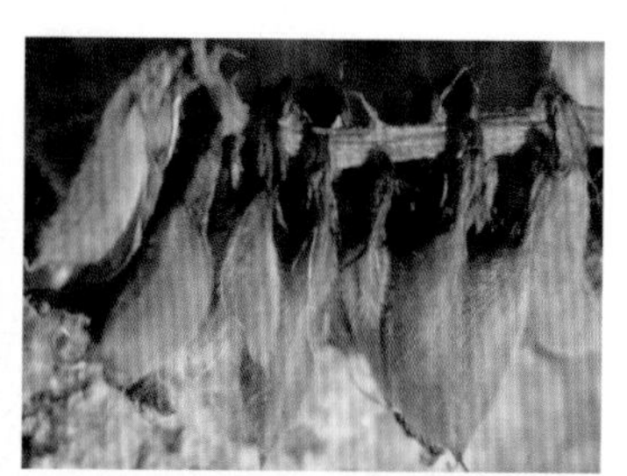

黄芪属 *Astragalus* 阿拉善黄耆 *Astragalus alaschanus*

多年生草本。茎多数，细弱，常匍匐，长 8~20 厘米，被白色短伏贴柔毛。羽状复叶有 11~15 片小叶，小叶卵形或倒卵形，稍肥厚，先端钝圆或微凹。总状花序生 10~15 花，呈头状；花萼钟状，被黑色伏贴柔毛；花冠近白色，旗瓣倒卵形，翼瓣与旗瓣近等长，龙骨瓣小，先端带青紫色。花果期 6 月。分布于金昌市双井子等北部山区。

黄芪属 *Astragalus* 乌拉特黄耆 *Astragalus hoantchy*

多年生草本，高可达 1 米，多分枝。奇数羽状复叶；小叶宽卵形、倒卵形或近圆形，先端圆形、微凹或截形，基部宽楔形或圆形，总状花序腋生，疏具多花；花冠紫色，旗瓣宽卵形，先端微凹，翼瓣矩圆形；龙骨瓣和翼瓣均短于旗瓣，子房无毛。荚果下垂，两侧扁平，顶端渐尖，有网纹。花期 5~6 月，果期 6~7 月。分布于永昌县所辖祁连山林区及车路沟等北山山沟等区域。

黄芪属 *Astragalus*　甘肃黄耆 *Astragalus licentianus*

多年生草本。羽状复叶丛生，呈假莲座状，有13~31片小叶；小叶宽卵形或长圆形，先端渐狭。总状花序生多数花，下垂，偏向一边；总花梗生基部叶腋；花冠红色至紫红色。荚果披针状卵形，两端尖，密被白色和棕色长柔毛。花期7月。分布于永昌县所辖祁连山林区高山湿地等区域。

黄芪属 *Astragalus*　玉门黄耆 *Astragalus yumenensis*

多年生草本，高15~25厘米。根粗壮，木质化，根颈有多数分枝。羽状复叶有5~7片小叶，小叶狭线形，两面疏被白色伏贴毛。总状花序生5~15花；花萼管状；花冠紫红色。荚果圆柱形，腹缝线稍龙骨状凸起，背缝线有沟槽。花果期5~8月。分布于金昌市武当山等北山干旱山坡等区域。

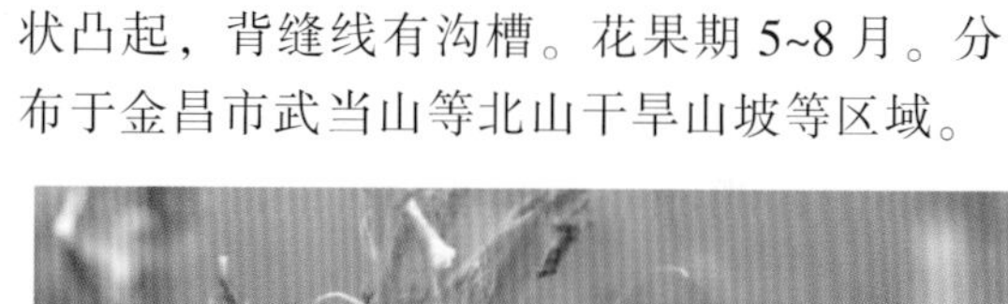

黄芪属 *Astragalus* 变异黄耆 *Astragalus variabilis*

多年生草本，高 10~20 厘米，羽状复叶有 11~19 片小叶；小叶狭长圆形、倒卵状长圆形或线状长圆形，先端钝圆或微凹，基部宽楔形或近圆。总状花序生 7~9 花；总花梗较叶柄稍粗；花冠淡紫红色或淡蓝紫色。子房有毛。荚果线状长圆形。花果期 5~8 月。分布于金昌市各乡镇荒滩、沙滩等区域。

黄芪属 *Astragalus* 莲山黄耆 *Astragalus leansanicus*

多年生草本。高 20~40 厘米。茎丛生，多分枝，有条棱，疏被白色毛。羽状复叶有 9~17 片小叶，小叶狭椭圆形或狭披针。总状花序生 6~15 花，排列紧密；花冠淡红色或蓝紫色。荚果细圆柱形。花果期 5~9 月。分布于金昌市武当山等北部荒滩等区域。

黄芪属 *Astragalus* 橙黄花黄耆 *Astragalus aurantiacus*

多年生草本。根粗壮，灰白色。茎基部多分枝，直立或上升，高 20~40 厘米，散生白色短柔毛。羽状复叶有 11~19 片小叶，小叶长圆形或线状长圆形，先端钝圆或微凹，基部圆形。总状花序生多数花，稀疏；花萼钟状；花冠淡黄色或近白色。荚果椭圆形，先端具细弯长喙，淡栗褐色，有隆起的横纹。花果期 5~7 月。分布于永昌县沿祁连山林缘荒滩山坡等地。

黄芪属 *Astragalus* 云南黄耆 *Astragalus yunnanensis*

多年生草本。根粗壮。地上茎短缩。羽状复叶基生，近莲座状，有 11~27 片小叶，小叶卵形或近圆形，先端钝圆，有时有短尖头，基部圆形。总状花序生 5~12 花，稍密集，下垂，偏向一边；花萼狭钟状；花冠黄色；子房被长柔毛，有柄。荚果膜质，狭卵形，花期 7 月。分布于永昌县大黄山林区海拔 3800 米以上砾石山坡等区域。

黄芪属 *Astragalus* 荒漠黄耆 *Astragalus grubovii*

多年生草本。高 10~20 厘米。羽状复叶有 11~27 片小叶；小叶宽椭圆形，倒卵形或近圆形，两面被开展的白色毛。总状花序短缩，生多花；花冠粉红色或紫红色。荚果卵形或卵状长圆形，微膨胀，先端渐尖成喙。花果期 5~8 月。分布于金昌市东水岸沙滩等区域。

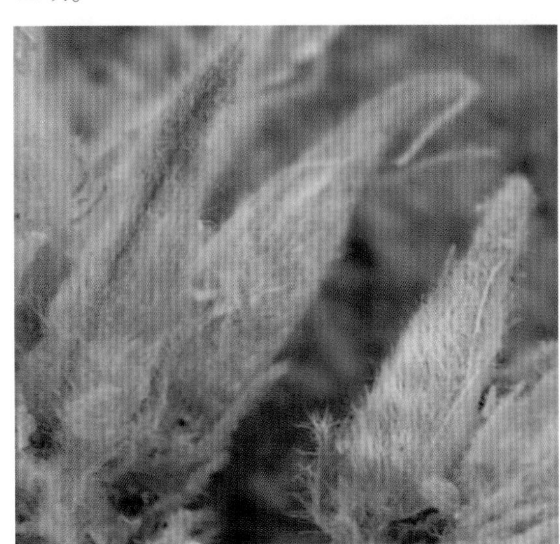

黄芪属 *Astragalus* 祁连山黄耆 *Astragalus chilienshanensis*

多年生草本。根粗壮。茎直立，高 30~70 厘米。羽状复叶有 9~13 片小叶；托叶离生，卵形或卵状长圆形，具缘毛；小叶卵形或长圆状卵形，先端钝或微凹，基部近圆形。总状花序腋生，生 10~20 花；花冠黄色，旗瓣匙形，先端微凹，翼瓣、龙骨瓣与旗瓣近等长。荚果披针形，表面密被黑色柔毛，果颈较萼筒长。花果期 7~9 月。分布于永昌县所辖祁连山西大河林区海拔 3500 米以上山坡等区域。

黄芪属 *Astragalus*　草木樨状黄耆 *Astragalus melilotoides*

多年生草本。高 30~50 厘米，多分枝，具条棱。羽状复叶有 5~7 片小叶，小叶长圆状楔形或线状长圆形。总状花序生多数花，稀疏，总花梗远较叶长；花冠白色或带粉红色。荚果宽倒卵状球形或椭圆形，先端微凹，具短喙。花果期 7~9 月。分布于金昌市红山窑乡、青山堡农场地埂。

黄芪属 *Astragalus*　糙叶黄耆 *Astragalus scaberrimus*

多年生草本。根状茎短缩。羽状复叶有 7~15 片小叶，小叶椭圆形或近圆形，有时披针形，先端锐尖、渐尖，有时稍钝，基部宽楔形或近圆形，两面密被伏贴毛。总状花序生 3~5 花，排列紧密或稍稀疏；花冠淡黄色或白色。荚果披针状长圆形，微弯，具短喙，背缝线凹入，密被白色伏贴毛。花果期 4~9 月。分布于金昌市各乡镇山坡、荒滩等区域。

蔓黄芪属 *Phyllolobiunm*　蔓黄耆 *Phyllolobium chinense*

多年生草本。茎平卧。羽状复叶具 9~25 片小叶，小叶椭圆形或倒卵状长圆形，先端钝或微缺。总状花序生 3~7 花；花冠乳白色或带紫红色，子房有柄，密被白色粗伏毛。荚果略膨胀，狭长圆形，两端尖，背腹压扁，微被褐色短粗伏毛，有网纹，果颈不露出宿萼外；种子淡棕色，肾形。花果期 7~10 月。分布于永昌县所辖祁连山林区山坡、林缘等区域。

甘草属 *Glycyrrhiza*　甘草 *Glycyrrhiza uralensis*

多年生草本；根与根状茎粗壮，直径 1~3 厘米，外皮褐色，里面淡黄色，具甜味。茎直立，多分枝，高 30~120 厘米；小叶 5~17 枚，卵形、长卵形或近圆形，顶端钝，具短尖，基部圆，边缘全缘或微呈波状，多少反卷。总状花序腋生，具多数花，总花梗短于叶；花冠紫色、白色或黄色。荚果弯曲呈镰刀状或呈环状，密集成球，密生瘤状突起和刺毛状腺体。花果期 6~10 月。分布于金昌市各乡镇地埂及荒滩等区域。

米口袋属 *Gueldenstaedtia* 少花米口袋 *Gueldenstaedtia verna*

多年生草本，小叶 9~15 片，椭圆形或长圆形，先端圆到微缺。伞形花序具 2~3 朵花，总花梗纤细，可长于叶 1 倍；花冠紫红色。荚果狭长卵形，或圆棒状。花果期 5~6 月。分布于永昌县九坝滩、南坝等乡镇荒滩等区域。

棘豆属 *Oxytropis* 黑萼棘豆 *Oxytropis melanocalyx*

多年生草本，高 10~15 厘米，较幼的茎儿成缩短茎，高 75~100 毫米；小叶 9~25，卵形至卵状披针形，先端急尖，基部圆形，两面疏被黄色长柔毛。3~10 花组成腋生几伞形总状花序，花冠蓝色。荚果宽长椭圆形，膨胀，下垂，具紫堇色彩纹，密被黑色杂生的短柔毛，沿两侧缝线成扁的龙骨状突起。花果期 7~9 月。分布于永昌县祁连山西大河林区海拔 3500 米以上河滩草地等区域。

棘豆属 *Oxytropis*　小花棘豆 *Oxytropis glabra*

多年生草本，高 20(35)~80 厘米。羽状复叶长；小叶 11~19(27)，披针形或卵状披针形，先端尖或钝，基部宽楔形或圆形，上面无毛，下面微被贴伏柔毛。多花组成稀疏总状花序；花冠淡紫色或蓝紫色。荚果膜质，长圆形，膨胀，下垂，腹缝具深沟，背部圆形，疏被贴伏白色短柔毛或混生黑、白柔毛。花果期 6~9 月。分布于金昌市各乡镇盐碱滩、湿地、地埂等区域。

棘豆属 *Oxytropis*　胶黄耆状棘豆 *Oxytropis tragacanthoides*

球形垫状矮灌木，高 5~20(30)厘米。奇数羽状复叶长 3~7 厘米；小叶 7~11(13)，椭圆形、长圆形、卵形或线形，先端钝或突尖，无小刺尖，基部圆形或狭，两面密被贴伏绢状毛。2~5 花组成短总状花序；总花梗较叶短；花冠紫色或紫红色。荚果球状卵形。花果期 6~8 月。分布于永昌县所辖祁连山林区沙沟、砾石山坡等区域。

棘豆属 *Oxytropis* 猫头刺 *Oxytropis aciphylla*

垫状矮小半灌木，高 8~20 厘米。全体呈球状植丛，小叶 4~6 对生，线形或长圆状线形，先端渐尖，具刺尖，基部楔形，边缘常内卷，两面密被贴伏白色绢状柔毛和不等臂的丁字毛。1~2 花组成腋生总状花序；花冠红紫色、蓝紫色以至白色。荚果硬革质，长圆形，腹缝线深陷，密被白色贴伏柔毛。花果期 5~7 月。分布于金昌市荒漠区内各乡镇荒滩、荒坡等区域。

棘豆属 *Oxytropis* 细叶棘豆 *Oxytropis glabra* var. *tenuis*

多年生草本，与小花棘豆区别：枝细弱；小叶较多，19~23，叶片较小，长 4~10 毫米，宽 2~3 毫米。花果期 6~9 月。分布金昌市北海子、老人头水库等湿地、河滩等区域。

棘豆属 *Oxytropis*　祁连山棘豆 *Oxytropis qilianshanica*

多年生草本，高 2~12 厘米。羽状复叶，小叶(25)31~51，下部者向下弯曲，卵状长圆形、卵形或长圆状披针形，先端急尖。多花组成穗形总状花序，花排列较密；花冠淡蓝紫色。荚果膜质，下垂，被贴伏黑色和白色短柔毛。花果期 6~7 月。分布于永昌县所辖祁连山山沟、山坡等区域。

棘豆属 *Oxytropis*　多叶棘豆 *Oxytropis myriophylla*

多年生草本，高 5~20 厘米，植株各部密被开展白色绢状长柔毛，淡灰色。茎缩短，簇生。轮生羽状复叶，小叶 7~17 轮(对)，对生或 4 片轮生，线形、披针形，先端急尖，基部圆形，边缘常反卷，10~15 (23)花组成或疏或密的总状花序；花冠黄色。荚果卵状长圆形，膨胀，先端具长喙，腹、背缝均有沟槽。花果期 4~9 月。分布于永昌县祁连山南坝林区沙质山坡。

棘豆属 *Oxytropis*　甘肃棘豆 *Oxytropis kansuensis*

多年生草本，高(8)10~20 厘米。羽状复叶，小叶 17~23(29)，卵状长圆形、披针形，先端急尖，基部圆形，两面疏被贴伏白色短柔毛，幼时毛较密。多花组成头形总状花序，花冠黄色。荚果纸质，长圆形或长圆状卵形，膨胀，密被贴伏黑色短柔毛。花果期 6~10 月。分布于永昌县所辖祁连山林区山坡、沟谷等区域。

棘豆属 *Oxytropis*　镰荚棘豆 *Oxytropis falcata*

多年生草本，高 1~35 厘米，羽状复叶；小叶 25~45，对生或互生，线状披针形、线形，先端钝尖，基部圆形，上面疏被白色长柔毛，下面密被淡褐色腺点。6~10 花组成头形总状花序；花冠蓝紫色或紫红色。荚果革质，宽线形，微蓝紫色，稍膨胀，略成镰刀状弯曲。花果期 5~9 月。分布于永昌县所辖祁连山林区砾石山坡等区域。

棘豆属 *Oxytropis*　黄毛棘豆 *Oxytropis ochrantha*

多年生草本。轮生羽状复叶；小叶 13~19，对生或 4 片轮生，卵形、长椭圆形、披针形或线形，先端渐尖或急尖，基部圆形，幼小叶密被丝状贴伏长柔毛，下面被长柔毛。多花组成密集圆筒形总状花序；花冠白色或淡黄色。荚果膜质，卵形。花果期 6~8 月。分布于永昌县祁连山南坝林区山坡草地等区域。

棘豆属 *Oxytropis*　黄花棘豆 *Oxytropis ochrocephala*

多年生草本。茎粗壮，直立。羽状复叶，小叶 17~29(31)，卵状披针形，先端急尖，基部圆形，幼时两面密被贴伏绢状毛，以后变绿，两面疏被贴伏黄色和白色短柔毛。多花组成密总状花序；总花梗直立，较坚实，具沟纹；花冠黄色。荚果革质，长圆形，膨胀，先端具弯曲的喙，密被黑色短柔毛。花期 6~8 月，果期 7~9 月。广布种，分布于永昌县所辖祁连山林区山坡、山沟等区域。

棘豆属 *Oxytropis* 密花棘豆 *Oxytropis imbricata*

多年生草本，高 10~15 厘米，丛生，呈球状。根粗壮。茎缩短，叶柄上面有沟；小叶 13~21，长椭圆形或卵状披针形，先端急尖或钝，基部圆，两面被贴伏疏柔毛，呈绢状灰色或白色。多花组成紧密总状花序，但结果的花序延伸而稀疏，通常偏向一侧；花冠红紫色。荚果宽卵形或近圆形，喙短，钩状。花果期 5~8 月。分布于金昌市祁连山及熊子山等北部山区山坡石缝、河滩等区域。

棘豆属 *Oxytropis* 宽苞棘豆 *Oxytropis latibracteata*

多年生草本，高 10~25 厘米。羽状复叶，小叶(13)15~23，对生或有时互生，椭圆形、长卵形、披针形，先端渐尖，基部圆形，两面密被贴伏绢毛。5~9 花组成头形或长总状花序；总花梗较叶长或与之等长；花冠紫色、蓝色、蓝紫色或淡蓝色，荚果卵状长圆形，膨胀。花果期 7~8 月。分布于永昌县所辖祁连山林区山坡、砾石滩等区域。

胡枝子属 *Lespedeza*　兴安胡枝子 *Lespedeza davurica*

小灌木，高达 1 米。茎通常稍斜升，羽状复叶具 3 小叶，小叶长圆形或狭长圆形，先端圆形或微凹，有小刺尖，基部圆形，上面无毛，下面被贴伏的短柔毛；顶生小叶较大。总状花序腋生，较叶短或与叶等长；花冠白色或黄白色。荚果小，倒卵形或长倒卵形，先端有刺尖。花果期 7~10 月。分布于金昌市东水岸、九坝滩等荒漠化区域。

羊柴属 *Corethrodendron*　细枝山竹子 *Corethrodendron scoparium*

半灌木，高 80~300 厘米。茎下部叶具小叶 7~11，上部的叶通常具小叶 3~5，最上部的叶轴完全无小叶或仅具 1 枚顶生小叶，小叶片灰绿色，线状长圆形或狭披针形，无柄或近无柄，先端锐尖，具短尖头，基部楔形，表面被短柔毛或无毛，背面被较密的长柔毛。总状花序腋生；花冠紫红色。荚果 2~4 节，节荚宽卵形。花期 6~10 月。金昌市喇叭泉林场等荒漠化区域种植。

羊柴属 *Corethrodendron* 红花山竹子 *Corethrodendron multijugum*

半灌木或仅基部木质化而呈草本状，高40~80厘米；小叶通常15~29；小叶片阔卵形、卵圆形，顶端钝圆或微凹，基部圆形或圆楔形，上面无毛，下面被贴伏短柔毛。总状花序腋生，花9~25朵，外展或平展，疏散排列，果期下垂；花冠紫红色或玫瑰状红色。荚果通常2~3节，节荚椭圆形或半圆形，被短柔毛，两侧稍凸起，具细网纹，网结通常具不多的刺，边缘具较多的刺。花果期6~9月。分布于金昌市各乡镇荒滩、地埂等区域。

岩黄芪属 *Hedysarum* 短翼岩黄芪 *Hedysarum brachypterum*

多年生草本，高20~30厘米。根为直根，强烈木质化。茎仰卧地面，被向上贴伏的短柔毛，基部木质化。小叶通常11~19；小叶片卵形、椭圆形或狭长圆形。总状花序腋生；花序卵球形，具12~18朵花。花冠紫红色。荚果2~4节，节荚圆形或椭圆形，两侧稍膨起，具针刺和密柔毛，边缘无明显的边。花果期5~8月。分布于永昌县所辖祁连山南坝林区山坡等区域。

豌豆属 *Pisum* 豌豆 *Pisum sativum*

一或二年生攀缘草本，高 80~180 厘米，全株绿色，光滑无毛，被粉霜。叶具小叶 4~6 片，小叶卵圆形，全缘；托叶叶状，卵形，基部耳状包围叶柄。花白色或紫红色，单生或 1~3 朵排列成总状腋生，花柱内侧有须毛，闭花授粉，花瓣蝴蝶形。荚果长椭圆形或扁形。种子 2~10 颗，圆形。花果期 6~9 月。金昌市各乡镇均有种植。

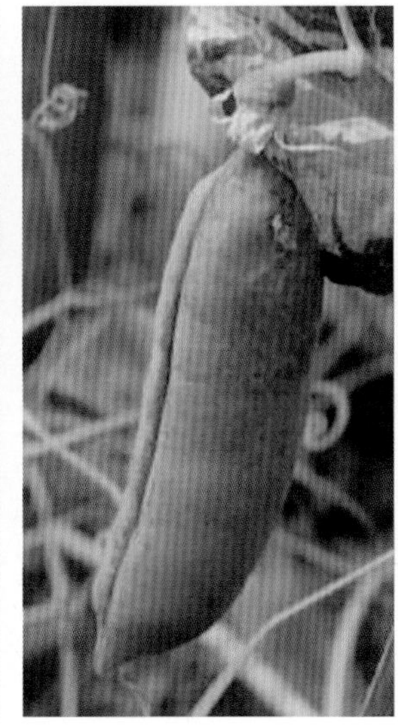

野豌豆属 *Vicia* 窄叶野豌豆 *Vicia sativa* subsp. *nigra*

一或二年生草本。茎斜升、蔓生或攀缘，多分枝。偶数羽状复叶，叶轴顶端卷须发达；小叶 4~6 对，线形或线状长圆形，先端平截或微凹，具短尖头，基部近楔形。花 1~2(3~4)腋生；花冠红色或紫红色。荚果长线形，微弯。花果期 5~9 月。金昌市分布于各乡镇地埂、荒地区域。

野豌豆属 *Vicia*　救荒野豌豆 *Vicia sativa*

一或二年生草本，高15~90(105)厘米。茎斜升或攀缘，单一或多分枝，具棱，被微柔毛。偶数羽状复叶，叶轴顶端卷须有2~3分支；小叶2~7对，长椭圆形或近心形，先端圆或平截有凹，具短尖头，基部楔形。花1~2(4)腋生；萼钟形；花冠紫红色或红色。荚果线长圆形，成熟时背腹开裂。花果期4~9月。分布于金昌市各乡镇荒地、地埂等区域。

野豌豆属 *Vicia*　蚕豆 *Vicia faba*

一年生草本，高30~100(120)厘米。偶数羽状复叶，叶轴顶端卷须短缩为短尖头；小叶通常1~3对，互生，上部小叶可达4~5对，基部较少，小叶椭圆形，长圆形或倒卵形，稀圆形，先端圆钝，具短尖头，基部楔形，全缘。花冠白色，具紫色脉纹及黑色斑晕。荚果肥厚，表皮绿色被绒毛，内有白色海绵状，横隔膜，成熟后表皮变为黑色。花果期5~6月。金昌市各乡镇均有种植。

野豌豆属 *Vicia*　广布野豌豆 *Vicia cracca*

多年生草本，高 40~150 厘米。根细长，多分支。茎攀缘或蔓生，有棱。偶数羽状复叶，叶轴顶端卷须有 2~3 分支；小叶 5~12 对互生，线形、长圆形或披针状线形。总状花序与叶轴近等长，花多数，10~40 密集一面向着生于总花序轴上部；花冠紫色、蓝紫色或紫红色。荚果长圆形或长圆菱形。种子 3~6，扁圆球形。花果期 5~9 月。分布于金昌市各乡镇荒地及农地埂等区域。

大豆属 *Glycine*　大豆 *Glycine max*

一年生草本，高 30~90 厘米。茎粗壮，直立，或上部近缠绕状，上部多少具棱，密被褐色长硬毛。叶通常具 3 小叶，小叶纸质，宽卵形、近圆形或椭圆状披针形，顶生 1 枚较大。总状花序短的少花，长的多花，花紫色、淡紫色或白色。荚果肥大，长圆形，稍弯，下垂，黄绿色。花果期 6~9 月。金昌市双湾、朱王堡、水源等乡镇有种植。

兵豆属 *Lens*　兵豆 *Lens culinaris*

一年生草本；高10~50厘米。茎方形，基部分枝。叶具小叶4~12对；托叶斜披针形，被白色长柔毛；叶轴被柔毛，顶端小叶变为卷须或刺毛，小叶倒卵形、倒卵状长圆形至倒卵状披针形，全缘。总状花序腋生，有花1~3朵；花冠白色或蓝紫色。荚果长圆形，膨胀，黄色。金昌市各乡镇农户零星种植。

熏倒牛科 Biebersteiniaceae

熏倒牛属 *Biebersteinia*　熏倒牛 *Biebersteinia heterostemon*

一年生草本，具浓烈腥臭味，全株被深褐色腺毛和白色糙毛。茎单一，直立，上部分枝。叶为三回羽状全裂。花序为圆锥聚伞花序，长于叶，由3花构成的多数聚伞花序组成；苞片披针形，每花具1枚钻状小苞片；萼片宽卵形；花瓣黄色，倒卵形，稍短于萼片，边缘具波状浅裂。蒴果肾形，不开裂。花果期7~9月。分布于永昌县所辖祁连山夹道山坡。

牻牛儿苗科 Geraniaceae

牻牛儿苗属 *Erodium* 牻牛儿苗 *Erodium stephanianum*

多年生草本，高通常15~50厘米。叶对生；基生叶和茎下部叶具长柄，被开展的长柔毛和倒向短柔毛；叶片轮廓卵形或三角状卵形，基部心形，二回羽状深裂，小裂片卵状条形。伞形花序腋生，明显长于叶，总花梗被开展长柔毛和倒向短柔毛，每梗具2~5花；苞片狭披针形，花瓣紫红色，倒卵形，蒴果密被短糙毛。花果期6~9月。分布于金昌市各乡镇荒滩、地埂等区域。

牻牛儿苗属 *Erodium* 芹叶牻牛儿苗 *Erodium cicutarium*

一或二年生草本，高10~20厘米。根为直根系。茎多数，直立；基生叶二回羽状深裂，裂片7~11对，具短柄或几无柄，小裂片短小，全缘或具1~2齿。伞形花序腋生，每梗通常具2~10花；花瓣紫红色，倒卵形。蒴果长被短伏毛。种子卵状矩圆形。花果期6~10月。分布于金昌市各乡镇草地等区域。

牻牛儿苗属 *Erodium*　西藏牻牛儿苗 *Erodium tibetanum*

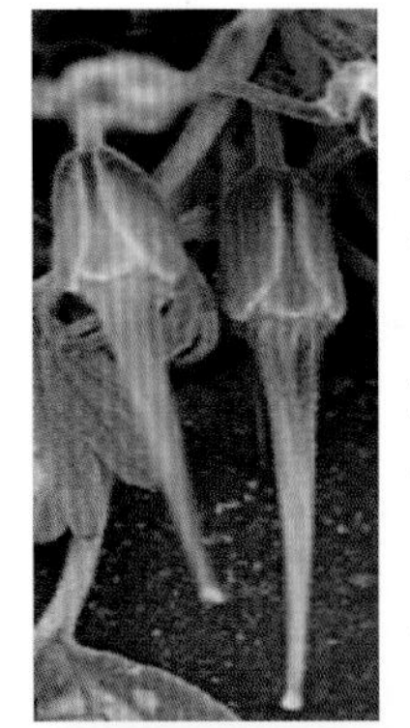

一或二年生草本。高 2~6 厘米。茎短缩不明显或无茎。叶多数，叶片卵形或宽卵形，先端钝圆，基部常心形，羽状深裂，裂片边缘具不规则钝齿，有时下部裂片二回齿裂，表面被短柔毛，背面被毛较密。总花梗多数，基生，每梗具 1~3 花或通常为 2 花；花瓣紫红色，倒卵形，长为萼片的 2 倍。蒴果被短糙毛，内面基部被红棕色刚毛。花果期 7~9 月。分布于金昌市九坝滩等北部沙区等区域。

老鹳草属 *Geranium*　甘青老鹳草 *Geranium pylzowianum*

多年生草本，高达 20 厘米。具念珠状块根。茎直立。叶对生，肾圆形，掌状 5~7 深裂至基部，裂片倒卵形，1~2 次羽状深裂，小裂片宽条形。花序长于叶，每梗具 2 或 4 花，花呈二歧聚伞状，花序梗密被倒向柔毛；花瓣紫红色，倒卵圆形。蒴果疏被柔毛。花果期 7~10 月。分布于永昌县所辖祁连山西大河林区山坡草地等区域。

老鹳草属 *Geranium*　鼠掌老鹳草 *Geranium sibiricum*

一或多年生草本，高 30~70 厘米。叶对生；下部叶片肾状五角形，基部宽心形，掌状 5 深裂，中部以上齿状羽裂或齿状深缺刻；上部叶片具短柄，3~5 裂。总花梗丝状，单生于叶腋，具 1 花或偶具 2 花；花瓣倒卵形，淡紫色或白色。蒴果被疏柔毛，果梗下垂。种子肾状椭圆形。花果期 6~9 月。分布于金昌市各乡镇山坡、荒滩等区域。

老鹳草属 *Geranium*　草地老鹳草 *Geranium pratense*

多年生草本，高 30~50 厘米。假二叉状分枝，叶基生和茎上对生；叶片肾圆形或上部叶五角状肾圆形，基部宽心形，掌状 7~9 深裂近茎部。总花梗腋生或于茎顶集为聚伞花序，长于叶，每梗具 2 花。蒴果被短柔毛和腺毛。花果期 6~9 月。分布于永昌县所辖祁连山各林区山坡、林缘等区域。

亚麻科
Linaceae

亚麻属 *Linum* 宿根亚麻 *Linum perenne*

多年生草本，高 20~90 厘米。茎多数，直立或仰卧，中部以上多分枝，基部木质化，具密集狭条形叶的不育枝。叶互生；叶片狭条形或条状披针形。花多数，组成聚伞花序，蓝色、蓝紫色、淡蓝色；花瓣 5，倒卵形。蒴果近球形，草黄色，开裂。种子椭圆形，褐色。花果期 6~9 月。分布于永昌县所辖祁连山林区山坡及北部山区、山坡等区域。

亚麻属 *Linum* 垂果亚麻 *Linum nutans*

多年生草本，高 20~40 厘米。直根系，根颈木质化。茎多数丛生，直立，中部以上叉状分枝，基部木质化，具鳞片状叶；不育枝通常不发育。茎生叶互生或散生，狭条形或条状披针形。聚伞花序，花蓝色或紫蓝色；花瓣 5，倒卵形。蒴果近球形，草黄色，开裂。种子长圆形，褐色。花果期 6~8 月。分布于永昌县所辖祁连山林区山坡草地等区域。

亚麻属 *Linum*　亚麻 *Linum usitatissimum*

一年生草本。茎直立，高 30~120 厘米，多在上部分枝，有时自茎基部亦有分枝，但密植则不分枝，基部木质化，无毛，韧皮部纤维强韧弹性，构造如棉。叶互生；叶片线形，线状披针形或披针形，内卷，有三(五)出脉。花单生于枝顶或枝的上部叶腋，组成疏散的聚伞花序；萼片5；花瓣 5，倒卵形，蓝色或紫蓝色，稀白色或红色，先端啮蚀状。蒴果球形。花果期 6~10 月。金昌市各乡镇种植。

白刺科
Nitrariaceae

白刺属 *Nitraria*　小果白刺 *Nitraria sibirica*

落叶灌木，高 0.5~1.5 米，弯。小枝灰白色，不孕枝先端刺针状。叶近无柄，在嫩枝上 4~6 片簇生，倒披针形，先端锐尖或钝，基部渐窄成楔形，无毛或幼时被柔毛。聚伞花序长 1~3 厘米，花瓣黄绿色或近白色，矩圆形。果椭圆形或近球形，两端钝圆，熟时暗红色；果汁暗蓝色，带紫色，味甜而微咸；果核卵形，先端尖。花果期 5~8 月。分布于金昌市各乡镇盐碱地及北部山区等区域。

白刺属 ***Nitraria*** 大白刺 ***Nitraria roborowskii***

落叶灌木，高 1~2 米。多分枝，弯、平卧或开展。叶在嫩枝上 2~3(4)片簇生，宽倒披针形，先端圆钝，基部渐窄成楔形，全缘，稀先端齿裂。花排列较密集。核果卵形，有时椭圆形，熟时深红色，果汁玫瑰色。果核狭卵形，先端短渐尖。花果期 5~8 月。分布于金昌市于郑家堡等固定沙丘、沙地等区域。

白刺属 ***Nitraria*** 泡泡刺 ***Nitraria sphaerocarpa***

灌木，枝平卧，长 25~50 厘米，弯，不孕枝先端刺针状，嫩枝白色。叶近无柄，2~3 片簇生，条形或倒披针状条形，全缘，先端稍锐尖或钝。花序被短柔毛，黄灰色；萼片 5，绿色，被柔毛；花瓣白色。果未熟时披针形，先端渐尖，密被黄褐色柔毛，成熟时外果皮干膜质，膨胀成球形；果核狭纺锤形，表面具蜂窝状小孔。花果期 5~7 月。分布于金昌市东水岸北部沙区等区域。

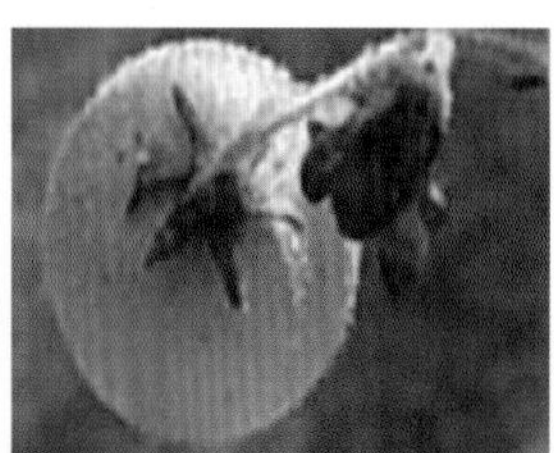

骆驼蓬属 *Peganum* 多裂骆驼蓬 *Peganum multisectum*

多年生草本，嫩时被毛。茎平卧，长30~80厘米。叶二至三回深裂，基部裂片与叶轴近垂直。花瓣淡黄色，倒卵状矩圆形；雄蕊15，短于花瓣，基部宽展。蒴果近球形，顶部稍平扁。种子多数，略成三角形，稍弯，黑褐色，表面有小瘤状突起。花果期5~9月。分布于金昌市各乡镇荒滩、地埂等区域。

骆驼蓬属 *Peganum* 骆驼蓬 *Peganum harmala*

多年生草本，高30~70厘米，无毛。叶互生，卵形，全裂为3~5条形或披针状条形裂片。花单生枝端，与叶对生；花瓣黄白色，倒卵状矩圆形。蒴果近球形。花果期5~9月。分布于金昌市各乡镇荒滩等区域。

蒺藜科 Zygophyllaceae

蒺藜属 *Tribulus*　蒺藜 *Tribulus terrestris*

一年生草本。茎平卧，无毛，被长柔毛或长硬毛，偶数羽状复叶；小叶对生，3~8 对，矩圆形或斜短圆形，先端锐尖或钝，基部稍偏科，被柔毛，全缘。花腋生，花梗短于叶，花黄色；花瓣 5。果有分果瓣 5，中部边缘有锐刺 2 枚，下部常有小锐刺 2 枚，其余部位常有小瘤体。花果期 5~9 月。分布于金昌市各乡镇沙滩、荒地、荒山等区域。

驼蹄瓣属 *Zygophyllum*　霸王 *Zygophyllum xanthoxylon*

灌木，高 50~100 厘米。枝弯曲，皮淡灰色，木质部黄色，先端具刺尖，坚硬。叶在老枝上簇生，幼枝上对生；小叶 1 对，长匙形，狭矩圆形或条形，先端圆钝，基部渐狭，肉质，花生于老枝叶腋；萼片 4，倒卵形，绿色。蒴果近球形。花果期 4~8 月。分布于金昌市车路沟等北山山坡、沟谷等区域。

驼蹄瓣属 *Zygophyllum*　戈壁驼蹄瓣 *Zygophyllum gobicum*

多年生草本，有时全株灰绿色，茎有时带橘红色，由基部多分枝，铺散；小叶 1 对，斜倒卵形，茎基部叶最大，向上渐小。花便 2 个并生于叶腋；萼片 5，绿色或橘红色，椭圆形或矩圆形；花瓣 5，淡绿色或橘红色，椭圆形，比萼片短小；雄蕊长于花瓣。浆果状蒴果下垂，椭圆形。花果期 6~8 月。分布于金昌市东水岸等北部沙区等区域。

驼蹄瓣属 *Zygophyllum*　粗茎驼蹄瓣 *Zygophyllum loczyi*

一或二年生草本，高 5~25 厘米。茎开展或直立，由基部多分枝。茎上部的小叶常 1 对，中下部的 2~3 对，椭圆形或斜倒卵形，先端圆钝。花 1~2 腋生；萼片 5，椭圆形，绿色，具白色膜质缘；花瓣近卵形，橘红色，边缘白色，短于萼片或近等长；雄蕊短于花瓣蒴果圆柱形，先端锐尖或钝，果皮膜质。种子多数，卵形，先端尖，表面密被凹点。花果期 4~8 月。分布于金昌市铧尖滩等区域。

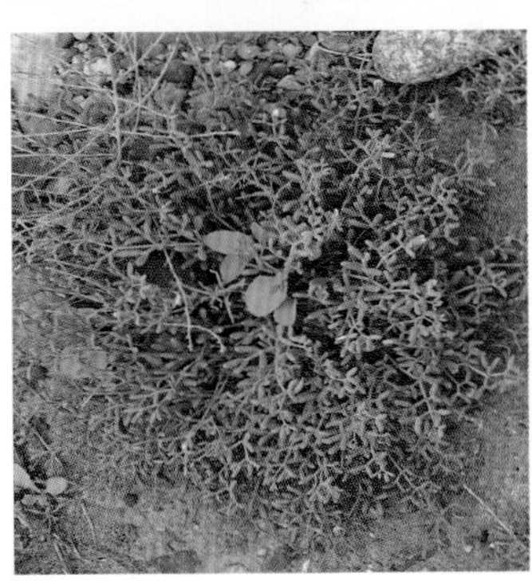

驼蹄瓣属 *Zygophyllum*　蝎虎驼蹄瓣 *Zygophyllum mucronatum*

多年生草本，高 15~25 厘米。茎平卧或开展，具沟棱和粗糙皮刺。叶柄及叶轴具翼，翼扁平，有时与小叶等宽；小叶 2~3 对，条形或条状矩圆形，长约 1 厘米，顶端具刺尖，基部稍钝。花 1~2 朵腋生，花瓣 5，倒卵形，稍长于萼片。蒴果披针形、圆柱形，稍具 5 棱，先端渐尖或锐尖，下垂。花果期 6~9 月。分布于金昌市各乡镇荒滩、荒山等区域。

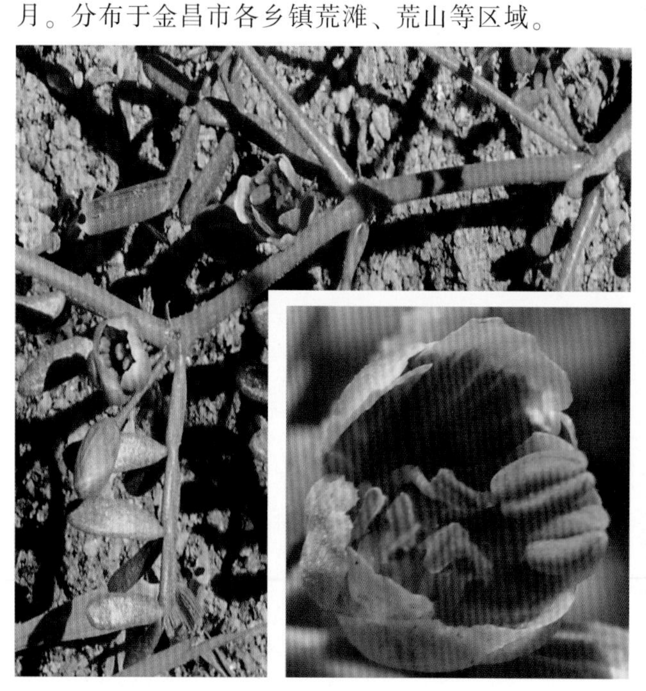

驼蹄瓣属 *Zygophyllum*　甘肃驼蹄瓣 *Zygophyllum kansuense*

多年生草本。高 7~15 厘米。根木质。茎由基部分枝，嫩枝具乳头状突起和钝短刺毛。小叶 1 对，倒卵形或矩圆形，先端钝圆。花 1~2 孕生于叶腋；花梗具乳头状突起，后期脱落；萼片绿色，倒卵状椭圆形，边缘白色；花瓣与萼片近等长，白色，稍带橘红色；雄蕊短于花瓣，中下部具鳞片。蒴果披针形，先端渐尖，稍具棱。花果期 5~8 月。分布于永昌县西大河、大黄山河滩等区域。

芸香科 Rutaceae

花椒属 *Zanthoxylum* 花椒 *Zanthoxylum bungeanum*

落叶小乔木；茎干上的刺常早落，枝有短刺，小枝上的刺基部宽而扁且劲直的长三角形，当年生枝被短柔毛。叶有小叶5~13片；小叶对生，无柄，卵形、椭圆形，稀披针形，位于叶轴顶部的较大，近基部的有时圆形，叶缘有细裂齿，齿缝有油点。花序顶生或生于侧枝之顶；花被片6~8片，黄绿色。果紫红色，单个分果瓣径4~5毫米。花期4~5月，果期8~9月或10月。金昌市区及各乡镇居民庭院零星种植。

苦木科 Simaroubaceae

臭椿属 *Ailanthus* 臭椿 *Ailanthus altissima*

落叶乔木，高可达20余米，树皮平滑而有直纹；嫩枝有髓，幼时被黄色或黄褐色柔毛，后脱落。叶为奇数羽状复叶，有小叶13~27；小叶对生或近对生，纸质，卵状披针形。圆锥花序；花淡绿色。翅果长椭圆形。花果期4~10月。金昌市朱王堡等北部乡镇零星种植。

远志科
Polygalaceae

远志属 *Polygala* 远志 *Polygala tenuifolia*

多年生草本，高 15~50 厘米；主根粗壮。茎多数丛生，直立或倾斜，具纵棱槽，被短柔毛。单叶互生，叶片纸质，线形至线状披针形，先端渐尖，基部楔形，全缘反卷，无毛或极疏被微柔毛，总状花序呈扁侧状生于小枝顶端，通常略俯垂，少花，稀疏。蒴果圆形，顶端微凹，具狭翅。花果期 4~8 月。分布于金昌市武当山等北山山坡区域。

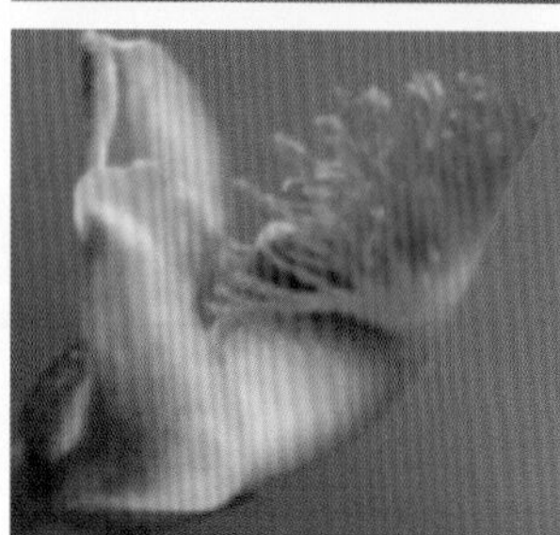

远志属 *Polygala* 西伯利亚远志 *Polygala sibirica*

多年生草本，高 10~30 厘米。叶互生，叶片纸质至亚革质，下部叶小卵形，先端钝，上部者大，披针形或椭圆状披针形，先端钝，具骨质短尖头，基部楔形，全缘。总状花序腋外生或假顶生，通常高出茎顶，被短柔毛，具少数花；花瓣 3，蓝紫色。蒴果近倒心形。花果期 4~8 月。分布于永昌县所辖祁连山及各乡镇荒滩等区域。

大戟科 Euphorbiaceae

大戟属 *Euphorbia* 泽漆 *Euphorbia helioscopia*

一年生草本。根纤细，长7~10厘米，下部分枝。茎直立，单一或自基部多分枝，分枝斜展向上，光滑无毛。叶互生，倒卵形或匙形。花序单生。蒴果三棱状阔圆形，光滑，无毛；具明显的三纵沟。花果期4~10月。分布于金昌市各乡镇农地边等区域。

大戟属 *Euphorbia* 地锦草 *Euphorbia humifusa*

一年生草本。根纤细，长10~18厘米，常不分枝。茎匍匐，自基部以上多分枝。叶对生，矩圆形或椭圆形，先端钝圆，基部偏斜，略渐狭，边缘常于中部以上具细锯齿。花序单生于叶腋。蒴果三棱状卵球形。花果期5~10月。分布于金昌市各乡镇山坡、沙滩等区域。

漆树科 Anacardiaceae

盐麸木属 *Rhus*　火炬树 *Rhus typhina*

落叶小乔木。高达12m。小枝密生灰色茸毛。奇数羽状复叶，小叶19~23，长椭圆状至披针形，缘有锯齿，先端长渐尖，基部圆形或宽楔形，上面深绿色，下面苍白色。圆锥花序顶生，密生茸毛，花淡绿色，雌花花柱有红色刺毛。核果深红色，密生绒毛，密集成火炬形。花果期6~9月。金昌市各乡镇街道荒山荒滩种植。

卫矛科 Celastraceae

卫矛属 *Euonymus*　白杜 *Euonymus maackii*

小乔木，高达6米。叶卵状椭圆形、卵圆形或窄椭圆形，先端长渐尖，基部阔楔形或近圆形，边缘具细锯齿，有时极深而锐利；叶柄通常细长，常为叶片的1/4~1/3，但有时较短。聚伞花序3至多花，花序梗略扁。蒴果倒圆心状，成熟后果皮粉红色。花果期5~9月。金昌市市区及各乡镇有种植。

梅花草属 *Parnassia*　黄花梅花草 *Parnassia lutea*

多年生草本，高 13~20 厘米。根状茎粗短，常呈块状。基生叶 2~4，具长柄；叶片卵形或长圆状卵形，先端圆，基部下延或微近心形，叶脉微下陷，有 3(5)条脉，明显突起。花葶 1~3(7)条，直立；花单生于茎顶，花瓣上面深黄色，下面色淡，倒卵形，先端圆，并有浅 2 裂，花瓣比萼片长 1.5~2 倍。蒴果卵球形。花期 7~8 月，果期 8 月开始。分布于永昌县所辖祁连山林区山坡草地。

梅花草属 *Parnassia*　细叉梅花草 *Parnassia oreophila*

多年生小草本，高 17~30 厘米。基生叶 2~8；叶片卵状长圆形或三角状卵形，先端圆，全缘，上面深绿色，下面色淡，有 3~5 条明显突起之脉；叶柄扁平，茎(1)2~9 条或更多，在中部或中部以下具 1 叶(苞叶)。花单生于茎顶；萼筒钟状；花瓣白色，雄蕊 5，花药长圆形；子房半下位，长卵球形，花柱短，柱头 3 裂，裂片长圆形，花后开展。蒴果长卵球形。花果期 7~9 月。分布于永昌县所辖祁连山林区山坡。

无患子科 Sapindaceae

槭属 *Acer*　梣叶槭 *Acer negundo*

落叶乔木，高达 20 米。羽状复叶，有 3~7(9)枚小叶；小叶纸质，卵形或椭圆状披针形。雄花的花序聚伞状，雌花的花序总状，花小，黄绿色，开于叶前。小坚果凸起，近于长圆形或长圆卵形，无毛；翅稍向内弯，张开成锐角或近于直角。花果期 4~9 月。金昌市白烟墩苗圃有种植。

栾属 *Koelreuteria*　栾树 *Koelreuteria paniculata*

落叶乔木。一回、不完全二回或偶为二回羽状复叶；小叶(7)11~18 片，对生或互生，纸质，卵形、阔卵形至卵状披针形，顶端短尖或短渐尖，基部钝至近截形，边缘有不规则的钝锯齿。聚伞圆锥花序长，在末次分枝上的聚伞花序具花 3~6 朵，密集呈头状；花淡黄色。蒴果圆锥形，具 3 棱，顶端渐尖。花果期 6~10 月。金昌市街道及朱王堡零星种植。

凤仙花科 Balsaminaceae

凤仙花属 *Impatiens*　凤仙花 *Impatiens balsamina*

一年生草本，高 60~100 厘米。茎粗壮，肉质，直立。叶互生，最下部叶有时对生；叶片披针形、狭椭圆形或倒披针形，先端尖或渐尖，基部楔形，边缘有锐锯齿。花单生或 2~3 朵簇生于叶腋，无总花梗，白色、粉红色或紫色，单瓣或重瓣。蒴果宽纺锤形，长 10 厘米，两端尖，密被柔毛。花期 7~10 月。金昌市各乡镇农户庭院零星种植。

鼠李科 Rhamnaceae

鼠李属 *Rhamnus*　小叶鼠李 *Rhamnus parvifolia*

落叶灌木，高 1.5~2 米；小枝对生或近对生，叶对生或近对生，稀兼互生，或在短枝上簇生，菱状倒卵形或菱状椭圆形，稀倒卵状圆形或近圆形。花单性，雌雄异株，黄绿色，4 基数，有花瓣，通常数个簇生于短枝上；核果倒卵状球形，成熟时黑色，具 2 分核。花果期 4~9 月。分布于金昌市车路沟石质山沟等区域。

枣属 *Ziziphus* 枣 *Ziziphus jujuba*

落叶小乔木，高达 10 余米；树皮褐色或灰褐色；有长枝，短枝和无芽小枝，呈之字形曲折，具 2 个托叶刺；当年生小枝绿色，下垂，单生或 2~7 个簇生于短枝上。叶纸质，卵形、卵状椭圆形，或卵状矩圆形。花黄绿色，单生或 2~8 个密集成腋生聚伞花序。核果矩圆形或长卵圆形。花果期 5~9 月。金昌市双湾朱王堡等北部乡镇均有种植，园艺品种较多，主要有临泽小枣、敦煌大枣、瓶壶枣等。

葡萄科 Vitaceae

葡萄属 *Vitis* 葡萄 *Vitis vinifera*

木质藤本。小枝圆柱形，有纵棱纹，无毛或被稀疏柔毛。卷须 2 叉分枝，每隔 2 节间断与叶对生。叶卵圆形，显著 3~5 浅裂或中裂。圆锥花序密集或疏散，多花，与叶对生；花瓣 5，呈帽状黏合脱落。果实球形或椭圆形；种子倒卵椭圆形，顶短近圆形，基部有短喙。花果期 4~9 月。金昌市双湾朱王堡镇等北部乡镇种植，园艺品种较多，主要有红地球、无核白等。

锦葵科 Malvaceae

木槿属 *Hibiscus*　野西瓜苗 *Hibiscus trionum*

一年生直立或平卧草本，高 25~70 厘米，茎柔软。叶二型，下部的叶圆形，不分裂，上部的叶掌状 3~5 深裂，中裂片较长，两侧裂片较短，裂片倒卵形至长圆形，通常羽状全裂。花单生于叶腋；花淡黄色，内面基部紫色，花瓣 5，倒卵形。蒴果长圆状球形。花期 7~10 月。分布于金昌市朱王堡镇北部乡镇农地边。

锦葵属 *Malva*　锦葵 *Malva cathayensis*

二或多年生直立草本，高 50~90 厘米，分枝多。叶圆心形或肾形，具 5~7 圆齿状钝裂片，基部近心形至圆形，边缘具圆锯齿，两面均无毛或仅脉上疏被短糙伏毛。花 3~11 朵簇生；花紫红色或白色。果扁圆形，分果爿 9~11，肾形。花期 5~10 月。金昌市街道及各乡镇农户零星种植。

锦葵属 *Malva*　野葵 *Malva verticillata*

二年生草本，高 50~100 厘米。叶肾形或圆形，通常为掌状 5~7 裂，裂片三角形，具钝尖头，边缘具钝齿，两面被极疏糙伏毛或近无毛。花 3 至多朵簇生于叶腋，具极短柄至近无柄；花冠长稍微超过萼片，淡白色至淡红色，花瓣 5。果扁球形。花期 3~11 月。分布于金昌市各乡镇荒地、农田等区域。

蜀葵属 *Alcea*　蜀葵 *Alcea rosea*

二年生直立草本，高达 2 米，茎枝密被刺毛。叶近圆心形，掌状 5~7 浅裂或波状棱角，裂片三角形或圆形，上面疏被星状柔毛，粗糙，花腋生、单生或近簇生，排列成总状花序式；花大，有红、紫、白、粉红、黄和黑紫等色，单瓣或重瓣，花瓣倒卵状三角形。果盘状，被短柔毛，分果爿近圆形，多数，具纵槽。花期 6~8 月。金昌市街道及各乡镇均有种植。

柽柳科 Tamaricaceae

琵琶柴属 *Reaumuria* 红砂 *Reaumuria soongarica*

落叶小灌木，仰卧，高 10~30(70)厘米。叶肉质，短圆柱形，鳞片状，上部稍粗，常微弯，先端钝，浅灰蓝绿色，具点状的泌盐腺体，常 4~6 枚簇生在叶腋缩短的枝上，花期有时叶变紫红色。小枝常呈淡红色。花单生叶腋，或在幼枝上端集为少花的总状花序状。蒴果长椭圆形或纺锤形，或作三棱锥形。花果期 7~9 月。分布于金昌市各乡镇荒滩、荒山等区域。

柽柳属 *Tamarix* 短穗柽柳 *Tamarix laxa*

落叶灌木，高 1.5(3)米，树皮灰色，幼枝灰色、淡红灰色或棕褐色，小枝短而直伸，脆而易折断。叶黄绿色，披针形，卵状长圆形至菱形。总状花序侧生在去年生的老枝上；花瓣 4，粉红色，稀淡白粉红色。蒴果狭。花期 4~5 月上旬。分布于金昌市桦尖滩及喇叭泉林场连沙窝等区域。

柽柳属 *Tamarix*　多枝柽柳 *Tamarix ramosissima*

落叶灌木或小乔木状，高 1~3(6)米。木质化生长枝上的叶披针形，基部短，半抱茎，微下延。总状花序生在当年生枝顶，集成顶生圆锥花序；花瓣粉红色或紫色，倒卵形至阔椭圆状倒卵形，顶端微缺(弯)，形成闭合的酒杯状花冠。蒴果三棱圆锥瓶状形。花期 5~9 月。金昌市各乡镇均有种植。

水柏枝属 *Myricaria*　宽苞水柏枝 *Myricaria bracteata*

落叶灌木，高 0.5~3 米，多分枝；老枝灰褐色或紫褐色，多年生枝红棕色或黄绿色，有光泽和条纹。叶密生于当年生绿色小枝上，卵形、卵状披针形、线状披针形或狭长圆形。总状花序顶生于当年生枝条上，密集呈穗状；花瓣粉红色、淡红色或淡紫色，果时宿存。蒴果狭圆锥形。花期 6~9 月。分布于金昌市金川河流域河滩等区域。

水柏枝属 *Myricaria*　具鳞水柏枝 *Myricaria squamosa*

落叶直立灌木，高 1~5 米；茎直立。叶披针形、卵状披针形、长圆形或狭卵形。总状花序侧生于老枝上，单生或数个花序簇生于枝腋；花序在开花前较密集，以后伸长，较疏松；花瓣倒卵形或长椭圆形，先端圆钝，基部狭缩，常内曲，紫红色或粉红色。蒴果狭圆锥形，果期 5~8 月。分布于永昌县所辖祁连山西大河林区河道等区域。

堇菜科 Violaceae

堇菜属 *Viola*　双花堇菜 *Viola biflora*

多年生草本。高 10~25 厘米。基生叶 2 至数枚，叶片肾形、宽卵形或近圆形，先端钝圆，基部深心形或心形，边缘具钝齿；茎生叶具短柄，叶柄无毛至被短毛，叶片较小，卵形或卵状披针形，全缘或疏生细齿。花黄色或淡黄色；花瓣长圆状倒卵形，具紫色脉纹，侧方花瓣里面无须毛。蒴果长圆状卵形。花果期 5~9 月。分布于永昌县所辖祁连山各林区石缝、林缘、山坡等区域。

堇菜属 *Viola*　鳞茎堇菜 *Viola bulbosa*

多年生低矮草本，具短的地上茎，高 2.5~4.5 厘米。叶簇集茎端；叶片长圆状卵形或近圆形，先端圆或有时急尖，基部楔形或浅心形，边缘具明显的波状圆齿，无毛或下面特别是幼叶有白色柔毛；叶柄具狭翅，通常较叶片短或近等长，被柔毛；花瓣倒卵形，有紫堇色条纹，先端有微缺。花期 5~6 月。分布于永昌县所辖祁连山各林区林缘、山坡等区域。

堇菜属 *Viola*　裂叶堇菜 *Viola dissecta*

多年生草本。根状茎垂直，缩短。基生叶叶片轮廓呈圆形、肾形或宽卵形，通常 3，稀 5 全裂。花较大，淡紫色至紫堇色；花梗通常与叶等长或稍超出于叶。蒴果长圆形或椭圆形。花期较长，花果期 6~10 月。分布于永昌县所辖祁连山各林区林缘、山坡等区域。

堇菜属 *Viola* 圆叶小堇菜 *Viola biflora* var. *rockiana*

多年生小草本，高 5~8 厘米。根状茎近垂直，具结节，上部有较宽的褐色鳞片。茎细弱，通常 2(3) 枚。基生叶叶片较厚，圆形或近肾形；茎生叶少数，有时仅 2 枚，叶片圆形或卵圆形。花黄色，有紫色条纹。蒴果卵圆形。花果期 6~8 月。分布于永昌县所辖西大河林区河道沙滩等区域。

堇菜属 *Viola* 早开堇菜 *Viola prionantha*

多年生草本，无地上茎，花期高 3~10 厘米。叶多数，均基生；叶片在花期呈长圆状卵形、卵状披针形或狭卵形，先端稍尖或钝，基部微心形、截形或宽楔形，稍下延，幼叶两侧通常向内卷折，边缘密生细圆齿，两面无毛，或被细毛。花大，紫堇色或淡紫色，喉部色淡并有紫色条纹。蒴果长椭圆形。花果期 4~9 月。分布于金昌市各乡镇林缘、荒滩等区域。

堇菜属 *Viola*　西藏堇菜 *Viola kunawarensis*

多年生矮小草本，无地上茎，高 2.5~6 厘米。根状茎缩短，较粗壮，通常不分枝。叶均基生，莲座状；叶片厚纸质，卵形、圆形或长圆形。花深蓝紫色；花瓣长圆状倒卵形，先端钝圆，基部稍狭。蒴果卵圆形。花期 6~8 月。分布于永昌县所辖祁连山林区、大黄山林区山坡草地。

瑞香科 Thymelaeaceae

瑞香属 *Daphne*　唐古特瑞香 *Daphne tangutica*

常绿灌木，高达 2 米。枝粗壮，一年生枝无毛或微被柔毛。叶互生，革质或近革质，披针形、长圆状披针形或倒披针形。头状花序顶生；花外面紫或紫红色，内面白色。果卵形或近球形，成熟时红色。花果期 4~7 月。分布于永昌县所辖祁连山西大河林区山坡等区域。

狼毒属 *Stellera* 狼毒 *Stellera chamaejasme*

多年生草本，高 20~50 厘米；根茎木质，粗壮，圆柱形。叶散生，稀对生或近轮生，薄纸质，披针形或长圆状披针形，花白色、黄色至带紫色，芳香，多花的头状花序，顶生，圆球形；具绿色叶状总苞片。果实圆锥形。花果期 4~9 月。分布于永昌县所辖祁连山林区山坡及沿祁连山各乡镇荒滩、山坡等区域。

胡颓子科 Elaeagnaceae

胡颓子属 *Elaeagnus* 沙枣 *Elaeagnus angustifolia*

落叶乔木或小乔木，高 5~10 米。叶薄纸质，矩圆状披针形至线状披针形，上面幼时具银白色圆形鳞片，成熟后部分脱落，带绿色，下面灰白色，密被白色鳞片，有光泽。花银白色，直立或近直立，密被银白色鳞片，芳香，常 1~3 花簇生新枝基部最初 5~6 片叶的叶腋。果实椭圆形，粉红色，花果期 5~9 月。金昌市各乡镇均有种植。

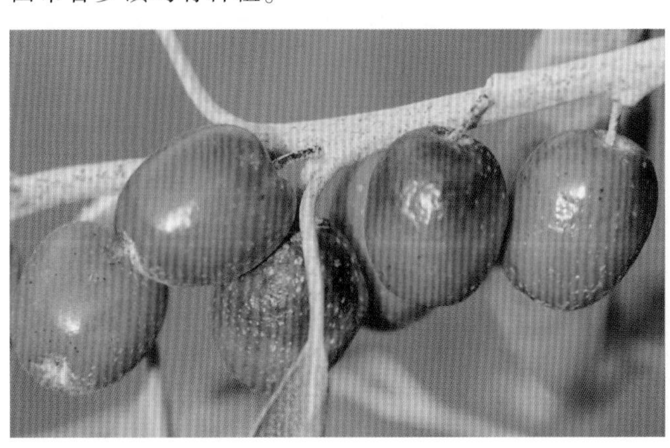

沙棘属 *Hippophae*　中国沙棘 *Hippophae rhamnoides* subsp. *sinensis*

落叶灌木或乔木，高 1~5 米，高山沟谷可达 18 米。单叶通常近对生，与枝条着生相似，纸质，狭披针形或矩圆状披针形，两端钝形或基部近圆形，基部最宽，上面绿色，初被白色盾形毛或星状柔毛，下面银白色或淡白色，被鳞片，无星状毛。果实圆球形，橙黄色或橘红色。花期 4~10 月。分布于永昌县所辖祁连山西大河林区，各乡镇种植。

沙棘属 *Hippophae*　肋果沙棘 *Hippophae neurocarpa*

落叶灌木或小乔木，高 0.6~5 米。叶互生，线形至线状披针形，上面幼时密被银白色鳞片或灰绿色星状柔毛，后星状毛多脱落。花序生于幼枝基部，簇生成短总状，花小，黄绿色，雌雄异株，先叶开放；雄花黄绿色。果实为宿存的萼管所包围，圆柱形，弯曲，具 5~7 纵肋（通常 6 纵肋），成熟时褐色。花果期 4~9 月。分布于永昌县所辖祁连山西大河林区河道等区域。

沙棘属 *Hippophae*　西藏沙棘 *Hippophae tibetana*

矮小灌木，高 4~60 厘米，稀达 1 米；叶腋通常无棘刺。单叶，3 叶轮生或对生，稀互生，线形或矩圆状线形，下面灰白色，密被银白色和散生少数褐色细小鳞片。雌雄异株；雄花黄绿色，花萼 2 裂，雄蕊 4，2 枚与花萼裂片对生，2 枚与花萼裂片互生；雌花淡绿色。果实成熟时黄褐色，多汁，阔椭圆形或近圆形，顶端具 6 条放射状黑色条纹。花果期 5~9 月。分布于永昌县所辖西大河林区河道边。

柳叶菜科 Onagraceae

柳兰属 *Chamerion*　柳兰 *Chamerion angustifolium*

多年生粗壮草本，直立，丛生；茎高 20~130 厘米。叶螺旋状互生，上面绿色或淡绿，两面无毛，边缘近全缘或稀疏浅小齿，稍微反卷，侧脉常不明显，每侧 10~25 条，近平展或稍上斜出至近边缘处网结。花序总状，直立，无毛；花在芽时下垂，到开放时直立展开；花蕾倒卵状。花果期 6~10 月。分布于永昌县所辖祁连山林区山坡等区域。

柳叶菜属 *Epilobium*　沼生柳叶菜 *Epilobium palustre*

多年生直立草本，茎高(5)15~70 厘米。叶对生，花序上的互生，近线形至狭披针形，先端锐尖或渐尖，有时稍钝，基部近圆形或楔形，边缘全缘或每边有 5~9 枚不明显浅齿。花序花前直立或稍下垂，密被曲柔毛，有时混生腺毛。花近直立；花瓣白色至粉红色或玫瑰紫色，倒心形。蒴果被曲柔毛。花果期 6~9 月。分布于永昌县祁连山河道及阴湿山坡等区域。

柳叶菜属 *Epilobium*　小花柳叶菜 *Epilobium parviflorum*

多年生粗壮草本，直立，秋季自茎基部生出地上生的越冬的莲座状叶芽。茎 18~100(160)厘米，在上部常分枝。叶对生，茎上部的互生，狭披针形或长圆状披针形，先端近锐尖，基部圆形，边缘每侧具 15~60 枚不等距的细牙齿，两面被长柔毛，侧脉每侧 4~8 条。总状花序直立，常分枝；苞片叶状。花直立，花蕾长圆状倒卵球形；花瓣粉红色至鲜玫瑰紫红色，稀白色，宽倒卵形。蒴果长被毛。种子倒卵球状。花果期 6~10 月。分布于永昌县金川河流域湿地等区域。

小二仙草科 Haloragaceae

狐尾藻属 *Myriophyllum* 穗状狐尾藻 *Myriophyllum spicatum*

多年生沉水草本。根状茎发达，在水底泥中蔓延，节部生根。茎圆柱形，分枝极多。叶常5片轮生（或4~6片轮生，或3~4片轮生），丝状全细裂，叶的裂片约13对，细线形。花两性，单性或杂性，雌雄同株，单生于苞片状叶腋内，常4朵轮生，由多数花排成近裸颓的顶生或腋生的穗状花序，生于水面上；雄花：萼筒广钟状，顶端4深裂；花瓣4。分果广卵形或卵状椭圆形。花期从春到秋陆续开放，4~9月陆续结果。分布于金昌市北海子湿地、金川峡水库等区域的水域中。

锁阳科 Cynomoriaceae

锁阳属 *Cynomorium* 锁阳 *Cynomorium songaricum*

多年生肉质寄生草本，无叶绿素，全株红棕色，高15~100厘米，大部分埋于沙中。寄生根根上着生大小不等的锁阳芽体。茎上着生螺旋状排列脱落性鳞片叶，中部或基部较密集，向上渐疏；鳞片叶卵状三角形。肉穗花序生于茎顶，伸出地面，棒状，其上着生非常密集的小花，雄花、雌花和两性相伴杂生，有香气，花序中散生鳞片状叶。果为小坚果状。花果期5~7月。分布于金昌市北部沙区。

伞形科
Apiaceae

独活属 *Heracleum*　裂叶独活 *Heracleum millefolium*

多年生草本。茎直立，分枝，叶片轮廓为披针形，三至四回羽状分裂，末回裂片线形或披针形，先端尖；茎生叶逐渐短缩。复伞形花序顶生和侧生；总苞片4~5，披针形；伞辐7~8，不等长；小总苞片线形，有毛；花白色。果实椭圆形，背部极扁。花期6~10月。分布于永昌县所辖祁连山林区石质山坡等区域。

棱子芹属 *Pleurospermum*　青藏棱子芹 *Pleurospermum pulszkyi*

多年生草本，高8~40厘米，常带紫红色。叶一至二回羽状分裂。顶生复伞形花序；总苞片5~8，圆形或披针形，顶端钝尖或呈羽状分裂，边缘宽白色膜质，常带淡紫红色；伞辐通常5~10；小总苞片10~15，卵圆形或披针形，比花或果为长；花白色，花瓣倒卵形。果实长圆形，果棱有狭翅。花果期7~9月。分布于永昌县所辖祁连山大黄山林区的石缝等区域。

棱子芹属 *Pleurospermum* 西藏棱子芹 *Pleurospermum hookeri* var. *thomsonii*

多年生草本。根较粗壮，暗褐色。茎直立，单一或数茎丛生，圆柱形，有条棱。基生叶多数；叶片轮廓三角形，二至三回羽状分裂，羽片 7~9 对。复伞形花序顶生；总苞片 5~7，披针形或线状披针形，顶端尾状分裂，边缘淡褐色透明膜质；伞辐 6~12；小总苞片 7~9，与总苞片同形；花多数；花白色，花瓣近圆形，顶端有内折的小舌片。果实卵圆形，果棱有狭翅。花果期 8~10 月。分布于永昌县所辖祁连山西大河林区山坡草地等区域。

棱子芹属 *Pleurospermum* 粗茎棱子芹 *Pleurospermum wilsonii*

多年生草本。根粗壮，下部有分枝，颈部发育，围以残留叶鞘。茎直立，不分枝或上部有分枝，圆柱状，淡紫色，有细条棱。叶片轮廓长圆形或长圆状披针形，通常近二回羽状分裂。顶生复伞形花序；总苞片 5~8，叶状；小总苞片 5~8，有宽的白色膜质边缘，顶端常羽状分裂；花多数；花瓣白色或淡黄绿色，有时带紫红色。果实长圆形，果棱呈较宽的波状褶皱。花期 9~10 月。分布于永昌县所辖祁连山林区山坡等区域。

藁本属 *Ligusticum*　长茎藁本 *Ligusticum thomsonii*

多年生草本，高 20~90 厘米。叶片轮廓狭长圆形，羽状全裂，羽片 5~9 对，卵形至长圆形，边缘具不规则锯齿至深裂，背面网状脉纹明显，脉上具毛；茎生叶较少，仅 1~3，无柄，向上渐简化。复伞形花序顶生或侧生；总苞片 5~6，线形，具白色膜质边缘；伞辐 12~20；小总苞片 10~15；花瓣白色，卵形。花果期 7~9 月。分布于永昌县所辖祁连山林区山坡、沟谷等区域。

藁本属 *Ligusticum*　尖叶藁本 *Ligusticum acuminatum*

多年生草本，高可达 2 米。根茎较发达，常为棕褐色。茎圆柱形，中空，具条纹，略带紫色。叶片纸质，轮廓宽三角状卵形，三回羽状全裂。复伞形花序具长梗；总苞片 6，线形；伞辐 12~23；小总苞片 6~10，线形。分生果背腹扁压，卵形，背棱突起或呈翅状，侧棱扩大成翅。花果期 7~10 月。分布于金昌市北海子湿地、地埂等区域生长。

迷果芹属 *Sphallerocarpus* 迷果芹 *Sphallerocarpus gracilis*

多年生草本，高 50~120 厘米。根块状或圆锥形。茎圆形，多分枝。基生叶早落或凋存；茎生叶二至三回羽状分裂，二回羽片卵形或卵状披针形。复伞形花序顶生和侧生；伞辐 6~13，不等长，小总苞片通常 5；小伞形花序有花 15~25；花柄不等长，花瓣倒卵形，顶端有内折的小舌片。果实椭圆状长圆形，背部有 5 条突起的棱。花果期 7~10 月。分布于永昌县所辖祁连山林区山坡及沿祁连山乡镇地埂等区域。

柴胡属 *Bupleurum* 黑柴胡 *Bupleurum smithii*

多年生草本，高 25~60 厘米，根黑褐色。数茎直立或斜升，有显著的纵槽纹。叶多，质较厚，基部叶丛生，狭长圆形或长圆状披针形或倒披针形，顶端钝或急尖，有小突尖；总苞片 1~2 或无；伞辐 4~9，挺直，不等长，有明显的棱；小总苞片 6~9，卵形至阔卵形，很少披针形，顶端有小短尖头，黄绿色，长过小伞形花序半 0.5~1 倍；小伞花序；花瓣黄色。果棕色，卵形。花果期 7~9 月。分布于永昌县所辖祁连山林区山坡等区域。

芫荽属 *Coriandrum* 芫荽 *Coriandrum sativum*

一或二年生有强烈气味的草本，高 20~100 厘米。叶片一或二回羽状全裂，羽片广卵形或扇形半裂，边缘有钝锯齿、缺刻或深裂，上部的茎生叶三回以至多回羽状分裂，末回裂片狭线形，顶端钝，全缘。伞形花序顶生或与叶对生；小总苞片 2~5，线形，全缘；小伞形花序有孕花 3~9，花白色或带淡紫色；花瓣倒卵形。果实圆球形。花果期 6~9 月。金昌市农户种植。

羌活属 *Notopterygium* 宽叶羌活 *Notopterygium franchetii*

多年生草本，高 80~180 厘米。叶大，三出式二至三回羽状复叶，茎上部叶少数，叶片简化，仅有 3 小叶。总苞片 1~3，线状披针形。小伞形花序有多数花；小总苞片 4~5，花瓣淡黄色，倒卵形，顶端渐尖或钝，内折。分生果近圆形。花果期 7~9 月。分布于永昌县所辖祁连山林区灌丛及山坡等区域。

羌活属 *Notopterygium* 羌活 *Notopterygium incisum*

多年生草本，高60~120厘米。叶为三出式三回羽状复叶，末回裂片长圆状卵形至披针形，边缘缺刻状浅裂至羽状深裂。复伞形花序总苞片3~6，线形，早落；伞辐7~18(39)；小总苞片6~10，线形；花多数；花瓣白色，卵形至长圆状卵形，长1~2.5毫米，顶端钝，内折。分生果长圆状。花果期7~9月。分布于永昌县所辖祁连山林区灌丛及山坡等区域。

蛇床属 *Cnidium* 碱蛇床 *Cnidium salinum*

多年生草本，高25~50厘米。叶片轮廓长圆状卵形，一至二回羽状全裂，基部羽片具短柄，上部者无柄，羽片轮廓圆卵形，末回裂片长圆状卵形，先端具短尖。复伞形花序具长梗；总苞片线形；伞辐10~15；小总苞片4~6；花瓣白色或带粉红色，宽卵形，先端具内折小舌片。分生果长圆状卵形。花果期7~9月。分布于金昌市北海子盐碱地等区域。

阿魏属 *Ferula* 河西阿魏 *Ferula hexiensis*

多年生草本，高约 50 厘米。下部枝互生，上部枝轮生。叶三出三至四回羽状全裂，再深裂为具角状齿的小裂片，齿端尖锐，叶肥厚。茎生叶向上简化，至上部无叶片，仅存叶鞘，叶鞘披针形，草质，基部抱茎。复伞形花序生于茎枝顶端，伞辐 10~18；小伞形花序有花 10~15；花瓣淡黄色。分生果广椭圆形或倒卵形，背腹扁压。花果期 6~7 月。分布于永昌县所辖祁连山林区山坡及沿祁连山新城子等乡镇地埂等区域。

水芹属 *Oenanthe* 水芹 *Oenanthe javanica*

多年生草本，高 15~80 厘米。叶一至二回羽状分裂，末回裂片卵形至菱状披针形，边缘有牙齿或圆齿状锯齿；茎上部叶无柄，裂片和基生叶的裂片相似，较小。复伞形花序顶生；无总苞；伞辐 6~16，不等长，小伞形花序有花 20 余朵；花瓣白色，倒卵形，分生果横剖面近于五边状的半圆形。花果期 6~9 月。分布于金昌市金川峡河道、北海子的河道、湿地等区域。

绒果芹属 *Eriocycla*　绒果芹 *Eriocycla albescens*

多年生草本，高 30~70 厘米。全株带淡灰绿色，多少被短柔毛。茎直立，有细沟纹。基生叶和茎下部叶的叶片一回羽状全裂，有 4~7 对羽叶。复伞形花序，总苞片 1 或无；伞辐 4~6，不等长；小伞形花序有花 10~20；花瓣倒卵形，白色；花柱基短圆锥状，花期淡黄色，果期呈紫色。分生果卵状长圆形，密生白色长毛。花果期 8~10 月。分布于永昌县所辖祁连山区及武当山石质山坡等区域。

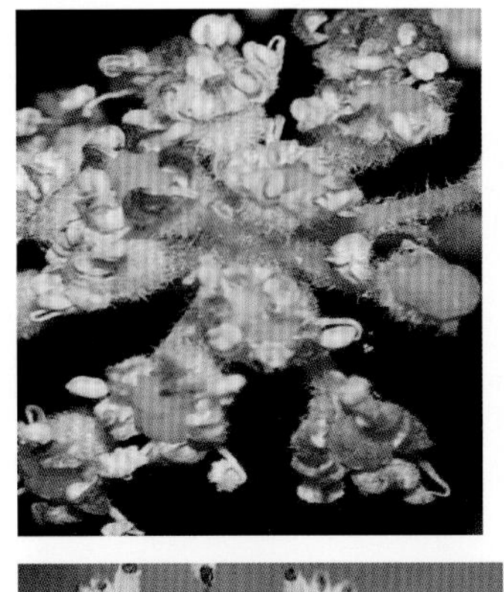
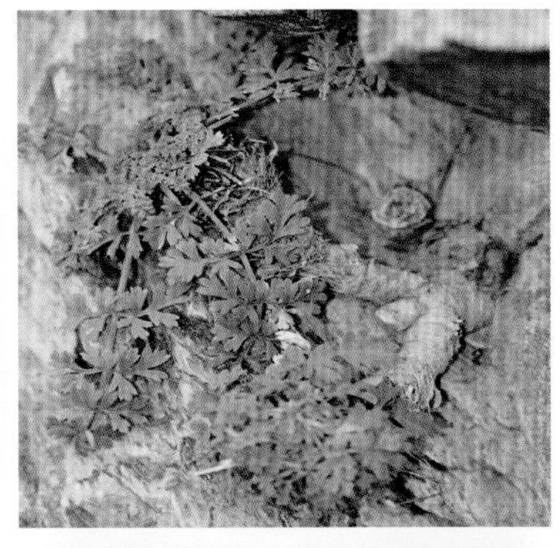

葛缕子属 *Carum*　田葛缕子 *Carum buriaticum*

多年生草本，高 50~80 厘米。根圆柱形。茎通常单生，稀 2~5。基生叶及茎下部叶有柄，叶片轮廓长圆状卵形或披针形，三至四回羽状分裂，末回裂片线形；茎上部叶通常二回羽状分裂，末回裂片细线形。总苞片 2~4；伞辐 10~15；小总苞片 5~8，披针形；小伞形花序有花 10~30，无萼齿；花瓣白色。果实长卵形。花果期 5~10 月。分布于金昌市各乡镇地埂、河滩等区域。

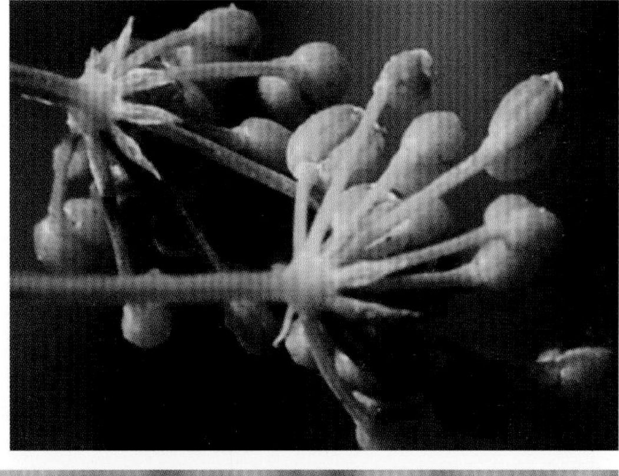

葛缕子属 *Carum* 葛缕子 *Carum carvi*

多年生草本，高 30~70 厘米。茎通常单生，叶片轮廓长圆状披针形，二至三回羽状分裂，末回裂片线形或线状披针形。无总苞片，稀 1~3，线形；伞辐 5~10；小伞形花序有花 5~15，花瓣白色，或带淡红色。果实长卵形。花果期 5~8 月。分布于金昌市各乡镇水沟、湿地、地埂等区域。

胡萝卜属 *Daucus* 胡萝卜 *Daucus carota* var. *sativa*

本变种与原变种野胡萝卜区别在于：根肉质，长圆锥形，粗肥，呈红色或黄色。金昌市各乡镇种植。

山茱萸科 Cornaceae

山茱萸属 *Cornus*　红瑞木 *Cornus alba*

落叶灌木，高达 3 米；树皮紫红色；幼枝有淡白色短柔毛，后即秃净而被蜡状白粉；老枝红白色，散生灰白色圆形皮孔及略为突起的环形叶痕。叶对生，纸质，椭圆形，稀卵圆形，先端突尖，基部楔形或阔楔形，边缘全缘或波状反卷。伞房状聚伞花序顶生，较密；花小，白色或淡黄白色，花瓣 4，卵状椭圆形。核果长圆形，成熟时乳白色或蓝白色。花果期 6~10 月。金昌市各乡镇均有种植。

杜鹃花科 Ericaceae

鹿蹄草属 *Pyrola*　鹿蹄草 *Pyrola calliantha*

常绿草本状小半灌木，高(10)15~30 厘米。叶 4~7，基生，革质；椭圆形或圆卵形，稀近圆形，先端钝头或圆钝头，基部阔楔形或近圆形，边缘近全缘或有疏齿。花葶有 1~2(4)枚鳞片状叶，卵状披针形或披针形。总状花序有 9~13 花，密生，花倾斜，稍下垂，花冠广开，较大，白色，有时稍带淡红色。蒴果扁球形。花果期 6~8 月。分布于永昌县所辖祁连山林区山坡等区域。

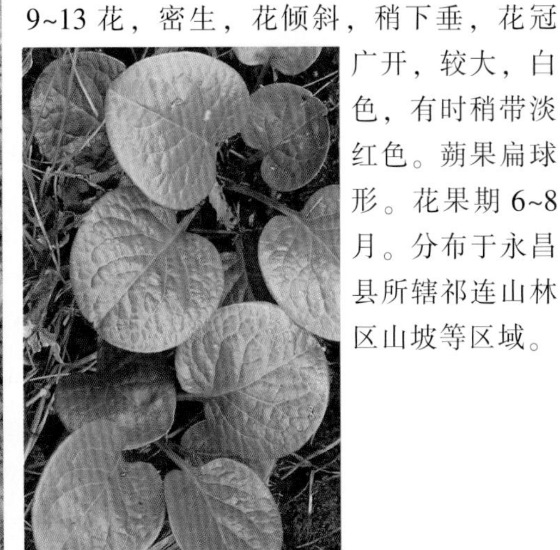

杜鹃花属 *Rhododendron*　头花杜鹃 *Rhododendron capitatum*

常绿小灌木，高 0.5~1.5 米，分枝多。叶近革质，椭圆形或长圆状椭圆形，顶端圆钝，基部宽楔形，上面灰绿或暗绿色，被灰白色或淡黄色鳞片，下面淡褐色，具二色鳞片。花序顶生，伞形，有花 2~5(8) 朵；花萼带黄色，裂片 5；花冠宽漏斗状，淡紫或深紫、紫蓝色；雄蕊 10。蒴果卵圆形。花果期 4~9 月。分布于永昌县所辖西大河林区海拔 3500 米以上区域。

杜鹃花属 *Rhododendron*　烈香杜鹃 *Rhododendron anthopogonoides*

常绿灌木，高 1~1.5(2)米，直立。叶芳香，革质，卵状椭圆形、宽椭圆形至卵形，顶端圆钝具小突尖头，基部圆或稍截形。花序头状顶生，有花 10~20 朵，花密集；花冠狭筒状漏斗形，淡黄绿或绿白色，罕粉色，有浓烈的芳香，外面无鳞片，或稍有微毛。蒴果卵形具鳞片。花果期 6~9 月。分布于永昌县所辖西大河林区海拔 3000 米以上区域。

杜鹃花属 *Rhododendron* 陇蜀杜鹃 *Rhododendron przewalskii*

常绿灌木，高达 3 米。叶革质，卵状椭圆形或椭圆形，先端钝，具小尖头，基部圆或微心形。伞房花序有 10~15 花，花萼有 5 个半圆形齿裂，无毛；花冠钟状，白或粉红色，有紫红色斑点，裂片 5，圆形；雄蕊 10，花丝无毛或下部被微柔毛；子房无毛，花柱无毛，绿色。蒴果圆柱状。花果期 6~9 月。分布于永昌县所辖西大河林区。

北极果属 *Arctous* 北极果 *Arctous alpinus*

落叶、垫状、稍铺散小灌木，高 20~40 厘米；地下茎扭曲，皮层剥落。叶互生，倒卵形或倒披针形，厚纸质，通常有疏长睫毛，具细锯齿，网脉明晰。花少数，组成短总状花序，生于去年生枝的顶端；苞片叶状，先端具尖头；花萼小，5 裂，裂片宽而短；花冠坛形，绿白色，口部齿状 5 浅裂；雄蕊 8 枚，花药深红色，具芒状附属物。浆果球形，初时红色，后变为黑紫色。花果期 7~8 月。分布于永昌县所辖祁连山林区林下及林缘等区域。

报春花科 Primulaceae

海乳草属 *Glaux*　海乳草 *Glaux maritima*

多年生草本。茎高 3~25 厘米，直立或下部匍匐，节间短，通常有分枝。叶近于无柄，交互对生或有时互生，近茎基部的 3~4 对鳞片状，膜质，上部叶肉质，线形、线状长圆形或近匙形，先端钝或稍锐尖，基部楔形，全缘。花单生于茎中上部叶腋，白色或粉红色，花冠状，裂片倒卵状长圆形。蒴果卵状球形。花果期 7~8 月。分布于金昌市金川河流域湿地河滩。

羽叶点地梅属 *Pomatosace*　羽叶点地梅 *Pomatosace filicula*

一或二年生草本。株高 3~9 厘米，具粗长的主根和少数须根。叶多数，叶片轮廓线状矩圆形，两面沿中肋被白色疏长柔毛，羽状深裂至近羽状全裂，裂片线形或窄三角状线形，先端钝或稍锐尖，全缘或具 1~2 牙齿。花葶通常多枚自叶丛中抽出，伞形花序(3)6~12 花；花冠白色。蒴果近球形。花果期 5~8 月。分布于永昌县所辖祁连山林区高山泥石流坡等区域。

点地梅属 *Androsace* 西藏点地梅 *Androsace mariae*

多年生草本。主根木质，叶丛叠生其上。叶两型，外层叶舌形或匙形，先端锐尖，两面无毛至被疏柔毛，边缘具白色缘毛；内层叶匙形至倒卵状椭圆形，先端锐尖或近圆形而具骤尖头，基部渐狭，两面无毛至密被白色多细胞柔毛，具无柄腺体，边缘软骨质，具缘毛。花葶单一，伞形花序2~7 (10)花；花冠粉红色。蒴果稍长于宿存花萼。花果期6~7月。分布于永昌县所辖祁连山林区山坡及枸子山山坡等区域。

点地梅属 *Androsace* 大苞点地梅 *Androsace maxima*

一年生草本。莲座状叶丛单生；叶片狭倒卵形、椭圆形或倒披针形，先端锐尖或稍钝，基部渐狭，无明显叶柄，中上部边缘有小牙齿。花葶2~4自叶丛中抽出；伞形花序多花；苞片大，椭圆形或倒卵状长圆形，先端钝或微尖；花梗直立；花萼杯状，果时增大；花冠白色或淡粉红色。蒴果近球形。花果期5~8月。分布于永昌县所辖祁连山及枸子山等区域。

点地梅属 *Androsace*　北点地梅 *Androsace septentrionalis*

一年生草本。莲座状叶丛单生；叶倒披针形或长圆状披针形，先端钝或稍锐尖，下部渐狭，中部以上边缘具稀疏牙齿，上面被极短的毛，下面近于无毛。花葶 1 至数枚，直立，下部略带紫红色，具分叉的短毛；伞形花序多花；花冠白色，筒部短于花萼，裂片通常长圆形。蒴果近球形，稍长于花萼。花果期 5~7 月。分布于永昌县所辖祁连山林区沙沟等区域。

点地梅属 *Androsace*　小点地梅 *Androsace gmelinii*

一年生小草本。叶基生，叶片近圆形或圆肾形，基部心形或深心形，边缘具 7~9 圆齿，两面疏被贴伏的柔毛。花葶柔弱，伞形花序 2~3(5)花；苞片小；花萼钟状或阔钟状；花冠白色。蒴果近球形。花果期 5~6 月。分布于永昌县所辖祁连山林中空地及山坡等区域。

点地梅属 *Androsace*　直立点地梅 *Androsace erecta*

一或二年生草本。茎通常单生，直立，叶在茎基部多少簇生，通常早枯；茎叶互生，椭圆形至卵状椭圆形，先端锐尖或稍钝，具软骨质骤尖头，基部短渐狭，边缘增厚，软骨质，两面均被柔毛；叶柄极短，长约 1 毫米或近于无，被长柔毛。花多朵组成伞形花序生于无叶的枝端，亦偶有单生于茎上部叶腋的；花冠白色或粉红色。蒴果长圆形。花果期 6~8 月。分布于永昌县所辖祁连山林区山坡等区域。

点地梅属 *Androsace*　垫状点地梅 *Androsace tapete*

多年生草本。株形为半球形的坚实垫状体，由多数根出短枝紧密排列而成。当年生莲座状叶丛叠生于老叶丛上，通常无节间，叶两型，外层叶卵状披针形或卵状三角形，较肥厚，先端钝，背部隆起，微具脊；内层叶线形或狭倒披针形，中上部绿色，顶端具密集的白色画笔状毛，花葶近于无或极短；花单生，花冠粉红色。花果期 6~7 月。分布于永昌县所辖大黄山林区高山泥石流坡等区域。

报春花属 *Primula* 圆瓣黄花报春 *Primula orbicularis*

多年生草本。叶丛生，外轮少数叶片椭圆形，向内渐变成矩圆状披针形或披针形，先端钝或锐尖，基部渐狭窄，边缘常极窄外卷，近全缘或具细齿。花葶高10~30(50)厘米，近顶端被乳黄色粉；伞形花序1轮，极少有2轮，具4至多花；花冠鲜黄色，稀乳黄色或白色，喉部具环状附属物，裂片近圆形至矩圆形，全缘。蒴果筒状。花果期6~8月。分布于永昌县所辖祁连山及大黄山林区高山石缝等区域。

报春花属 *Primula* 甘青报春 *Primula tangutica*

多年生草本，全株无粉。叶丛基部无鳞片；叶椭圆形、椭圆状倒披针形至倒披针形，连柄长4~15(20)厘米，先端钝圆或稍锐尖，基部渐狭窄，边缘具小牙齿，稀近全缘。花葶稍粗壮，通常高20~60厘米；伞形花序1~3轮，每轮5~9花，开花时稍下弯；花冠朱红色，裂片线形。蒴果筒状。花果期6~8月。分布于永昌县所辖祁连山林区山坡等区域。

报春花属 *Primula*　天山报春 *Primula nutans*

多年生草本，全株无粉。根状茎短小，具多数须根。叶丛基部通常无芽鳞及残存枯叶；叶片卵形、矩圆形或近圆形，先端钝圆，基部圆形至楔形，全缘或微具浅齿。伞形花序2~6(10)花。花冠淡紫红色，冠筒口周围黄色，喉部具环状附属物。蒴果筒状，长7~8毫米，顶端5浅裂。花果期6~8月。分布于永昌县所辖祁连山林区高山湿地、河道边及北海子等湿地区域。

报春花属 *Primula*　狭萼报春 *Primula stenocalyx*

多年生草本，根状茎粗短，具多数须根。叶丛紧密或疏松，基部无鳞片；叶片倒卵形，倒披针形或匙形，两面无粉，仅具小腺体或下面被白粉或黄粉，中肋明显。花葶直立，顶端具小腺体或有时被粉；伞形花序4~16花；苞片狭披针形；花萼筒状；花冠紫红色或蓝紫色。蒴果长圆形。花果期7~9月。分布于永昌县所辖祁连山林区山坡草地等区域。

白花丹科 Plumbaginaceae

补血草属 *Limonium*　黄花补血草 *Limonium aureum*

多年生草本，高 4~35 厘米。叶基生，通常长圆状匙形至倒披针形。花序圆锥状，由下部作数回叉状分枝，往往呈之字形曲折，下部的多数分枝成为不育枝，末级的不育枝短而常略弯；穗状花序位于上部分枝顶端，由 3~5(7)个小穗组成；小穗含 2~3 花，宽卵形，先端钝或急尖，漏斗状；花冠橙黄色。花果期 6~8 月。分布于金昌市各乡镇山坡、荒坡等区域。

鸡娃草属 *Plumbagella*　鸡娃草 *Plumbagella micrantha*

一年生草本。茎直立，通常有 6~9 节，基节以上均可分枝，具条棱，沿棱有稀疏细小皮刺。叶匙形至倒卵状披针形，边缘常有细小皮刺。花序通常含 4~12 个小穗；小穗含 2~3 花；苞片下部者较萼长；萼绿色，筒部具 5 棱角；花冠淡蓝紫色；雄蕊几与花冠筒部等长或略短，花药淡黄色。蒴果暗红褐色，有 5 条淡色条纹。花果期 7~9 月。分布于永昌县所辖西大河林区山坡等区域。

木樨科 Oleaceae

连翘属 *Forsythia*　连翘 *Forsythia suspensa*

落叶灌木。小枝土黄色或灰褐色，略呈四棱形，疏生皮孔，节间中空，节部具实心髓。叶通常为单叶或3裂至三出复叶，叶片卵形、宽卵形或椭圆状卵形至椭圆形，先端锐尖，基部圆形、宽楔形至楔形。花通常单生或2至数朵着生于叶腋；花冠黄色，裂片倒卵状长圆形或长圆形。果卵球形、卵状椭圆形或长椭圆形，先端喙状渐尖。花果期5~9月。金昌市各乡镇均有种植。

丁香属 *Syringa*　紫丁香 *Syringa oblata*

落叶灌木或小乔木，高可达5米。叶片革质或厚纸质，卵圆形至肾形，宽常大于长，先端短凸尖至长渐尖或锐尖，基部心形、截形至近圆形，或宽楔形。圆锥花序直立，由侧芽抽生，近球形或长圆形；花冠紫色，裂片呈直角开展，卵圆形。果倒卵状椭圆形、卵形至长椭圆形。花果期4~10月。金昌市各乡镇均有种植，永昌县南坝何家湾村生长一株百年大树。

丁香属 *Syringa* 暴马丁香 *Syringa reticulata* subsp. *amurensis*

落叶灌木，高可达 3 米。枝棕褐色或红棕色，直立，小枝绿色或黄绿色，呈四棱形，皮孔明显，具片状髓。叶片长椭圆形至披针形，或倒卵状长椭圆形，先端锐尖，基部楔形，通常上半部具不规则锐锯齿或粗锯齿。花 1~3(4)朵着生于叶腋；花冠深黄色，裂片狭长圆形至长圆形。果卵形或宽卵形。花果期 6~9 月。金昌市各乡镇均有种植。

梣属 *Fraxinus* 白蜡树 *Fraxinus chinensis*

落叶乔木，高 10~20 米；树皮灰色，粗糙，皱裂。羽状复叶，基部几不膨大；小叶 7~9 枚，薄革质，长圆状披针形、狭卵形或椭圆形，顶生小叶与侧生小叶几等大，先端渐尖或急尖，基部阔楔形，叶缘具不明显钝锯齿或近全缘。圆锥花序生于去年生枝上；花密集，雄花与两性花异株，与叶同时开放。翅果狭倒披针形。花果期 4~10 月。金昌市各乡镇均有种植。

女贞属 *Ligustrum*　小叶女贞 *Ligustrum quihoui*

落叶多分枝灌木。小枝被微柔毛或柔毛。叶长椭圆形或倒卵状长椭圆形，基部楔形，两面无毛。花序轴、花梗、花萼均被柔毛；花冠白色，雄蕊长达花冠裂片中部。果近球形或宽椭圆形，成熟时紫黑色。花果期 5~10 月。金昌市各乡镇种植。

龙胆科 Gentianaceae

百金花属 *Centaurium*　百金花 *Centaurium pulchellum* var. *altaicum*

一年生草本，高 4~10(15)厘米，全株无毛。茎直立，浅绿色，几四棱形，多分枝。叶无柄，基部分离，边缘平滑，叶脉 1~3 条；中下部叶椭圆形或卵状椭圆形，先端钝；上部叶椭圆状披针形。先端急尖，有小尖头。花多数，排列成疏散的二歧式或总状复聚伞花序；花冠白色，漏斗形。种子黑褐色，球形。花果期 5~7 月。分布于金昌市金川河流域北海子湿地等区域。

龙胆属 *Gentiana*　管花秦艽 *Gentiana siphonantha*

多年生草本，高 10~25 厘米。须根数条，向左扭结成一个较粗的圆柱形的根。枝少数丛生，直立。莲座丛叶线形，稀宽线形，先端渐尖，基部渐狭，边缘粗糙，叶脉 3~5 条。花多数，簇生枝顶及上部叶腋中呈头状；花冠深蓝色。蒴果椭圆状披针形。花果期 7~9 月。分布于永昌县所辖祁连山林区海拔 3000 米以上山坡等区域。

龙胆属 *Gentiana*　麻花艽 *Gentiana straminea*

多年生草本，高 10~35 厘米。须根多数，扭结成一个粗大、圆锥形的根。枝多数丛生，斜升，黄绿色，稀带紫红色，近圆形。莲座丛叶宽披针形或卵状椭圆形，两端渐狭；茎生叶小，线状披针形至线形，两端渐狭。聚伞花序顶生及腋生，排列成疏松的花序；花冠黄绿色，喉部具多数绿色斑点。花果期 7~10 月。分布于永昌县所辖祁连山林区及沿祁连山各乡镇山坡、地埂等区域。

龙胆属 *Gentiana*　偏翅龙胆 *Gentiana pudica*

一年生草本，高 3~12 厘米。茎黄绿色，在基部多分枝，枝铺散。叶圆匙形或椭圆形，愈向茎上部叶愈大。花多数，单生于小枝顶端；花梗黄绿色，光滑；花萼外面常带蓝紫色，筒状漏斗形，先端钝，边缘膜质；花冠上部深蓝色或蓝紫色，下部黄绿色，宽筒形或漏斗形，裂片卵形或卵状椭圆形，先端钝或渐尖，褶宽矩圆形，先端截形或钝，具不整齐细齿。蒴果内藏或先端外露，狭矩圆形。花果期 6~9 月。分布于永昌县所辖祁连山林区高山山顶等区域。

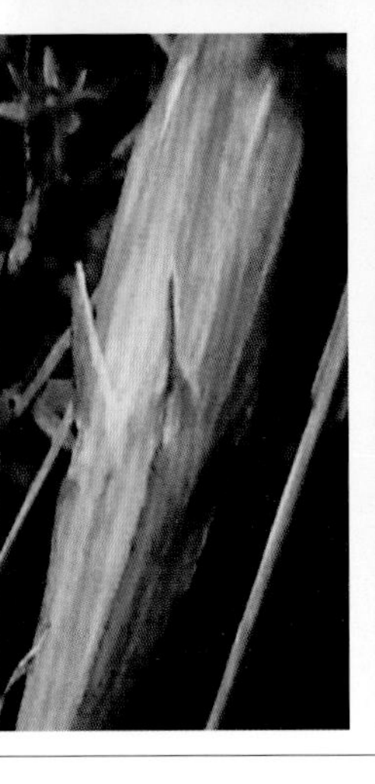

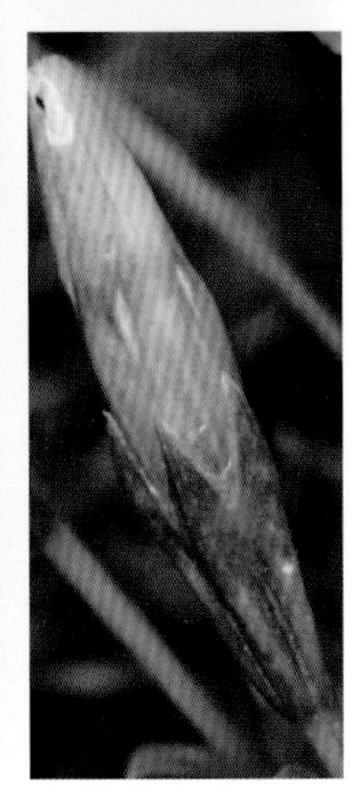

龙胆属 *Gentiana*　达乌里秦艽 *Gentiana dahurica*

多年生草本，高 10~25 厘米。枝多数丛生，斜升，黄绿色或紫红色，近圆形，光滑。莲座丛叶披针形或线状椭圆形，先端渐尖，基部渐狭，边缘粗糙，叶脉 3~5 条；茎生叶少数，线状披针形至线形。聚伞花序顶生及腋生，排列成疏松的花序；花冠深蓝色，有时喉部具多数黄色斑点。蒴果内藏。花果期 7~9 月。分布于永昌县所辖祁连山林区山坡、荒滩等区域。

龙胆属 *Gentiana*　鳞叶龙胆 *Gentiana squarrosa*

一年生草本，高 2~8 厘米。茎黄绿色或紫红色，密被黄绿色有时夹杂有紫色乳突，自基部起多分枝，枝铺散，斜升。叶先端钝圆或急尖，具短小尖头，基部渐狭；基生叶大；茎生叶小，外反，密集或疏离。花多数，单生于小枝顶端；花冠蓝色，筒状漏斗形，裂片卵状三角形。蒴果外露，倒卵状矩圆形。花果期 4~9 月。分布于永昌县所辖祁连山林区及沿祁连山林区乡镇山坡、荒滩等区域。

龙胆属 *Gentiana*　蓝白龙胆 *Gentiana leucomelaena*

一年生草本，高 1.5~5 厘米。茎黄绿色，光滑，在基部多分枝，枝铺散，斜升。基生叶稍大，卵圆形或卵状椭圆形，先端钝圆，边缘有不明显的膜质，平滑，两面光滑，叶脉不明显，或具 1~3 条细脉；茎生叶小，疏离；花冠白色或淡蓝色，稀蓝色，外面具蓝灰色宽条纹，喉部具蓝色斑点。蒴果外露或仅先端外露，倒卵圆形。花果期 5~10 月。分布于金昌市金川河流域北海子湿地等区域。

龙胆属 *Gentiana*　刺芒龙胆 *Gentiana aristata*

一年生小草本，高达 10 厘米。茎基部多分枝，枝铺散，斜上升。基生叶卵形或卵状椭圆形，边缘膜质，花期枯萎，宿存；茎生叶对折，疏离，线状披针形。花单生枝顶。花冠下部黄绿色，上部蓝、深蓝或紫红色，喉部具蓝灰色宽条纹。蒴果长圆形或倒卵状长圆形。花果期 6~9 月。分布于永昌县所辖祁连山西大河等林区山坡。

龙胆属 *Gentiana*　线叶龙胆 *Gentiana lawrencei* var. *farreri*

多年生草本，高 5~10 厘米。根略肉质，须状。花枝多数丛生，铺散，斜升，黄绿色，光滑。叶先端急尖，边缘平滑或粗糙，叶脉在两面均不明显或仅中脉在下面明显，叶柄背面具乳突，叶极不发达，披针形；茎生叶多对，愈向茎上部叶愈密、愈长，下部叶狭矩圆形，中、上部叶线形；花冠上部亮蓝色，下部黄绿色，具蓝色条纹，无斑点。蒴果内藏。花果期 8~10 月。分布于永昌县所辖祁连山林区山坡、林缘等区域。

龙胆属 *Gentiana*　云雾龙胆 *Gentiana nubigena*

多年生草本。茎 2~5 丛生。叶多基生，线状披针形，窄椭圆形或匙形；茎生叶 1~3 对，窄椭圆形或椭圆状披针形。花 1~2(3) 顶生，花冠上部蓝色，下部黄白色，具深蓝色细长或短条纹，漏斗形或窄倒锥形。蒴果椭圆状披针形。花果期 7~9 月。分布于永昌县所辖祁连山西大河林区生于海拔 3000~5300 米沼泽草甸、流石滩等区域。

龙胆属 *Gentiana*　黄斑龙胆 *Gentiana aperta* var. *aureopunctata*

一年生草本。茎基部多分枝，斜生。基生叶卵状椭圆形至长圆状披针形，茎生叶卵形、卵状椭圆形至披针形。花多数，单生于小枝顶端，花冠上部淡黄色，基部淡紫色，喉部黄色斑点。蒴果外露，倒卵形或卵形。花果期 8~10 月。分布于永昌县所辖祁连山山坡草地等区域。

花锚属 *Halenia* 椭圆叶花锚 *Halenia elliptica*

一年生草本，高 15~60 厘米。根具分枝，黄褐色。茎直立，无毛、四棱形，上部具分枝。基生叶椭圆形，有时略呈圆形，先端圆形或急尖呈钝头，基部渐狭呈宽楔形，全缘；茎生叶卵形、椭圆形、长椭圆形或卵状披针形，聚伞花序腋生和顶生；花 4 数；花冠蓝色或紫色，裂片卵圆形或椭圆形，先端具小尖头。蒴果宽卵形。花果期 7~9 月。分布于永昌县所辖祁连山林区山坡、河滩等区域。

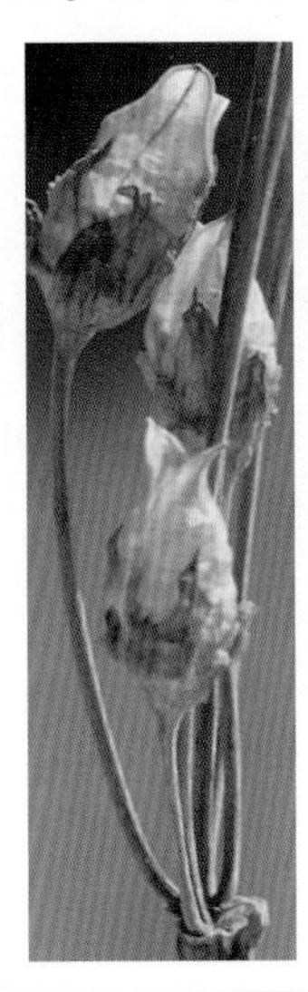

假龙胆属 *Gentianella* 黑边假龙胆 *Gentianella azurea*

一年生草本，高 5~10 厘米。根略肉质，须状。花枝多数丛生，铺散，斜升，黄绿色，光滑。叶先端急尖，边缘平滑或粗糙，叶脉在两面均不明显或仅中脉在下面明显，叶柄背面具乳突，叶极不发达，披针形。花单生于枝顶；花冠上部亮蓝色，下部黄绿色，具蓝色条纹，无斑点，倒锥状筒形。蒴果内藏，椭圆形。花果期 8~10 月。分布于永昌县所辖祁连山林区林缘等区域 。

扁蕾属 *Gentianopsis*　扁蕾 *Gentianopsis barbata*

二年生草本，高 70 厘米。茎单生，直立或斜升，四棱形，在基部分枝或上部分枝。基生多对，匙形，先端圆形，边缘具乳突，微粗糙，基部狭缩成柄，叶脉 1~3。花 4 数，单生茎及分枝顶端；花冠蓝色，或下部黄白色，上部蓝色，宽筒形，裂片宽矩圆形。蒴果具长柄，椭圆形。花果期 7~10 月。分布于永昌县所辖祁连山林区。

喉毛花属 *Comastoma*　皱边喉毛花 *Comastoma polycladum*

一年生草本，高 4~25 厘米。茎从基部分枝，分枝斜升，四棱形，常带紫色。叶大部分基生，叶片矩圆状匙形或矩圆形。花 5 数；聚伞花序或单生；花萼裂片边缘黑紫色。花冠蓝色。裂近中部，先端圆形，基部具两束白色副冠。蒴果与花冠等长。花果期 8~9 月。分布于永昌县所辖祁连山林区高山草甸等区域。

喉毛花属 *Comastoma*　镰萼喉毛花 *Comastoma falcatum*

一年生草本，高达 25 厘米。茎基部分枝。叶大部基生，长圆状匙形或长圆形，先端钝或圆；茎生叶长圆形，稀卵形或长圆状卵形。花 5 数，单生枝顶；花萼绿色或带蓝紫色，长为花冠 1/2；花冠蓝、深蓝或蓝紫色，具深色脉纹，高脚杯状，冠筒筒状，喉部骤膨大，裂至中部，裂片长圆形或长圆状匙形，喉部具一圈白色副冠，副冠 10 束。花果期 7~9 月。分布于永昌县所辖祁连山林区山坡草地等区域。

肋柱花属 *Lomatogonium*　辐状肋柱花 *Lomatogonium rotatum*

一年生草本，高 15~40 厘米。茎不分枝或自基部有少数分枝，近四棱形，直立，绿色或常带紫色。叶无柄，狭长披针形、披针形至线形，枝及上部叶较小，先端急尖，基部钝，半抱茎，中脉在两面明显。花 5 数，顶生和腋生，花冠淡蓝色，具深色脉纹，裂片椭圆状披针形。花果期 8~9 月，分布于永昌县所辖祁连山林区高山草甸等区域。

肋柱花属 *Lomatogonium*　肋柱花 *Lomatogonium carinthiacum*

一年生草本，高 3~30 厘米。茎带紫色，自下部多分枝，枝细弱，斜升，几四棱形。基生叶早落，具短柄，莲座状，叶片匙形，基部狭缩成柄；茎生叶无柄，披针形、椭圆形至卵状椭圆形。聚伞花序或花生分枝顶端；花梗斜上升；花冠蓝色，裂片椭圆形或卵状椭圆形。蒴果无柄。花果期 8~10 月。分布于永昌县所辖祁连山林区山坡草甸。

肋柱花属 *Lomatogonium*　合萼肋柱花 *Lomatogonium gamosepalum*

一年生草本，高 3~20 厘米。茎从基部多分枝，常带紫红色，节间较叶长，近四棱形。叶无柄，倒卵形或椭圆形，枝及茎上部叶小，先端钝或圆形，基部钝，中脉仅在下面明显。聚伞花序或单花生分枝顶端；花梗不等长；花 5 数，花萼长为花冠的 1/3~1/2，狭卵形或卵状矩圆形，先端钝或圆形，互相覆盖，花冠蓝色。花果期 8~10 月。分布于永昌县大黄山林区山坡草地。

獐牙菜属 *Swertia*　祁连獐牙菜 *Swertia przewalskii*

多年生草本，高 8~25 厘米，具短根茎。茎直立，黄绿色，中空，近圆形，具细条棱，不分枝，被黑褐色枯老叶柄。基生叶 1~2 对，具长柄；叶片椭圆形、卵状椭圆形至匙形，简单或复聚伞花序狭窄。花 5 数。蒴果无柄，卵状椭圆形。花果期 7~9 月。分布于永昌县所辖祁连山林区高山草甸等区域。

獐牙菜属 *Swertia*　歧伞獐牙菜 *Swertia dichotoma*

一年生草本，高 5~30 厘米。主根粗，黄褐色。茎直立，四棱形；基部分枝。基生叶（在花期枯萎）与茎下部叶具长柄，叶片矩圆形或椭圆形。圆锥状复聚伞花序或聚伞花序多花，稀单花顶生；花 4 数，花冠黄绿色，有时带蓝紫色，常闭合。蒴果宽卵形或近圆形。花果期 7~9 月。分布于永昌县所辖祁连山林区沙沟等区域。

獐牙菜属 *Swertia* 四数獐牙菜 *Swertia tetraptera*

一年生草本，高 5~30 厘米。茎直立，四棱形。基生叶(在花期枯萎)与茎下部叶具长柄，叶片矩圆形或椭圆形；茎中上部叶无柄，卵状披针形，先端急尖，基部近圆形。圆锥状复聚伞花序或聚伞花序多花，稀单花顶生；花 4 数，呈明显的大小两种类型；大花的花萼绿色，叶状，裂片披针形或卵状披针形，花时平展，花冠黄绿色，异花授粉，裂片卵形，先端钝，啮蚀状，下部具 2 个腺窝，腺窝长圆形，邻近，沟状，仅内侧边缘具短裂片状流苏；花柱明显，柱头裂片半圆形；小花的花萼裂片宽卵形，先端钝，具小尖头；花冠黄绿色，常闭合，闭花授粉，裂片卵形。花果期 7~9 月。分布于永昌县所辖祁连山林区山坡、林缘等区域。

夹竹桃科 Apocynaceae

罗布麻属 *Apocynum* 白麻 *Apocynum pictum*

直立半灌木，高 0.5~2 米，基部木质化；茎黄绿色，叶坚纸质，互生，线形至线状披针形，边缘具细牙齿。圆锥状的聚伞花序一至多歧，顶生；花萼 5；花冠骨盆状，粉红色；花盘肉质环状。蓇葖 2 枚，平行或略为叉生，倒垂。花果期 7~10 月。分布于金昌市喇叭泉林场地埂等区域。

鹅绒藤属 *Cynanchum*　戟叶鹅绒藤 *Cynanchum acutum* subsp. *sibiricum*

多年生缠绕藤本；根粗壮，圆柱状，土灰色。叶对生，纸质，戟形或戟状心形，向端部长渐尖，基部具 2 个长圆状平行或略为叉开的叶耳，两面均被柔毛，脉上与叶缘被毛略密。伞房状聚伞花序腋生，花序梗长 3~5 厘米；花萼外面被柔毛，内部腺体极小；花冠外面白色，内面紫色，裂片长圆形；副花冠双轮，外轮筒状，其顶端具有 5 条不同长短的丝状舌片，内轮 5 条裂较短；花粉块长圆状。蓇葖单生，狭披针形。花果期 5~10 月。分布于金昌市北部沙化土地等区域。

鹅绒藤属 *Cynanchum*　鹅绒藤 *Cynanchum chinense*

多年生缠绕草本，全株被短柔毛。叶对生，薄纸质，宽三角状心形，顶端锐尖，基部心形，叶面深绿色，叶背苍白色，两面均被短柔毛，侧脉约 10 对，在叶背略为隆起。伞形聚伞花序腋生，两歧，着花约 20 朵；花萼外面被柔毛；花冠白色，裂片长圆状披针形；副花冠二形，杯状，上端裂成 10 个丝状体，分为两轮，外轮约与花冠裂片等长，内轮略短。蓇葖双生或仅有 1 个发育，细圆柱状。花期 6~10 月。分布于金昌市各乡镇荒地及金川峡水库沙滩等区域。

鹅绒藤属 *Cynanchum*　地梢瓜 *Cynanchum thesioides*

多年生半灌木；地下茎单轴横生；茎自基部多分枝。叶对生或近对生，线形，叶背中脉隆起。伞形聚伞花序腋生；花萼外面被柔毛；花冠绿白色；副花冠杯状，裂片三角状披针形，渐尖，高过药隔的膜片。蓇葖纺锤形，先端渐尖，中部膨大；种子扁平，暗褐色。花期5~10月。分布于金昌市北部山区沙沟、沟谷等区域。

鹅绒藤属 *Cynanchum*　雀瓢 *Cynanchum thesioides* var. *australe*

地稍瓜变种。茎柔弱，分枝较少，茎端通常伸长而缠绕。叶线形或线状长圆形；花较小、较多。花果期3~8月。分布于金昌市北部山区沙沟、沟谷等区域。

旋花科 Convolvulaceae

菟丝子属 *Cuscuta* 菟丝子 *Cuscuta chinensis*

一年生寄生草本。茎缠绕，黄色，纤细，无叶。花序侧生，少花或多花簇生成小伞形或小团伞花序，近于无总花序梗；苞片及小苞片小，鳞片状；花梗稍粗壮；花萼杯状，中部以下连合，裂片三角状，顶端钝；花冠白色，壶形，裂片三角状卵形，顶端锐尖或钝，向外反折，宿存；雄蕊着生花冠裂片弯缺微下处；鳞片长圆形，边缘长流苏状；子房近球形，花柱 2，等长或不等长，柱头球形。蒴果球形。分布于金昌市各乡镇农地等区域。

旋花属 *Convolvulus* 鹰爪柴 *Convolvulus gortschakovii*

亚灌木或近于垫状小灌木，具或多或少成直角开展而密集的分枝，小枝具短而坚硬的刺。叶倒披针形、披针形，或线状披针形，先端锐尖或钝，基部渐狭。花单生于短的侧枝上，常在末端具两个小刺，花梗短；花冠漏斗状，玫瑰色；雄蕊 5。蒴果阔椭圆形，顶端具不密集的毛。花果期 5~6 月。分布于金昌市北部沙化土地等区域。

旋花属 *Convolvulus* 银灰旋花 *Convolvulus ammannii*

多年生草本，根状茎短，木质化，茎少数或多数，高 2~10(15)厘米，平卧或上升，枝和叶密被贴生稀半贴生银灰色绢毛。叶互生，线形或狭披针形，先端锐尖，基部狭，无柄。花单生枝端，具细花梗；花冠小，漏斗状，淡玫瑰色或白色带紫色条纹，有毛，5 浅裂；雄蕊 5。蒴果球形。花果期 6~9 月。分布于金昌市北部山区山坡、沟谷等区域。

旋花属 *Convolvulus* 田旋花 *Convolvulus arvensis*

多年生草本，根状茎横走，茎平卧或缠绕，有条纹及棱角。叶卵状长圆形至披针形，先端钝或具小短尖头，基部大多戟形，或箭形及心形，全缘或 3 裂，侧裂片展开，微尖，中裂片卵状椭圆形，狭三角形或披针状长圆形，微尖或近圆；叶脉羽状，基部掌状。花序腋生；花冠宽漏斗形，白色或粉红色，或白色具粉红或红色的瓣中带，或粉红色具红色或白色的瓣中带。蒴果卵状球形，或圆锥形。花果期 5~9 月。分布于金昌市各乡镇农地、河滩等区域。

旋花属 *Convolvulus*　刺旋花 *Convolvulus tragacanthoides*

匍匐有刺亚灌木，全体被银灰色绢毛，高 4~10(15)厘米，茎密集分枝，形成披散垫状；小枝坚硬，具刺。叶狭线形，或稀倒披针形，先端圆形，基部渐狭，无柄，均密被银灰色绢毛。花 2~5(6)朵密集于枝端，稀单花，花枝有时伸长，无刺；花冠漏斗形，粉红色，具 5 条密生毛的瓣中带。蒴果球形，有毛。花果期 5~7 月。分布于金昌市北部山区石质山坡区域。

虎掌藤属 *Ipomoea*　圆叶牵牛 *Ipomoea purpurea*

一年生缠绕草本，茎上被倒向的短柔毛杂有倒向或开展的长硬毛。叶圆心形或宽卵状心形，基部圆，心形，顶端锐尖、骤尖或渐尖，通常全缘，偶有 3 裂，两面疏或密被刚伏毛，毛被与茎同。花腋生，单一或 2~5 朵着生于花序梗顶端成伞形聚伞花序，花序梗比叶柄短或近等长；花冠漏斗状，紫红色、红色或白色。蒴果近球形，3 瓣裂。花果期 5~11 月。金昌市城镇及各乡镇农户零星种植。

打碗花属 *Calystegia* 打碗花 *Calystegia hederacea*

一年生草本，常自基部分枝，具细长白色的根。茎细，平卧，有细棱。基部叶片长圆形，顶端圆，基部戟形，上部叶片3裂，中裂片长圆形或长圆状披针形，侧裂片近三角形，全缘或2~3裂，叶片基部心形或戟形。花腋生，1朵；苞片宽卵形，顶端钝或锐尖至渐尖；萼片长圆形；花冠淡紫色或淡红色，钟状。蒴果卵球形。分布于金昌市各乡镇果园、菜地等区域。

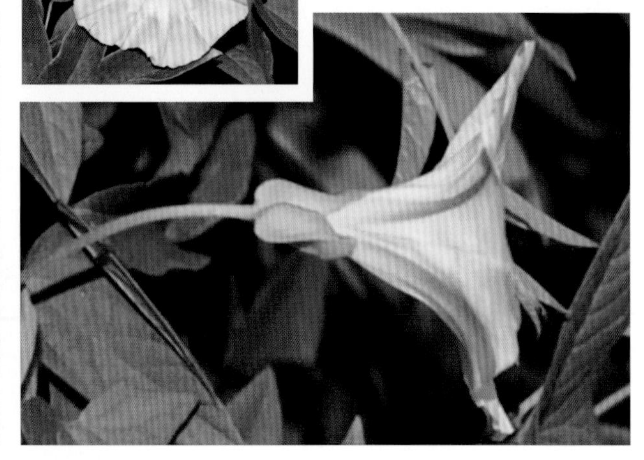

花荵科 Polemoniaceae

花荵属 *Polemonium* 中华花荵 *Polemonium chinense*

多年生草本。茎直立，高0.5~1米，无毛或被疏柔毛。羽状复叶互生，11~21片，长卵形至披针形，顶端锐尖或渐尖，基部近圆形，全缘，两面有疏柔毛或近无毛。聚伞圆锥花序顶生或上部叶腋生，疏生多花；花冠紫蓝色。蒴果卵形。花果期6~8月。分布于永昌县所辖祁连山南坝林区悬崖下等区域。

紫草科 Boraginaceae

软紫草属 *Arnebia*　黄花软紫草 *Arnebia guttata*

多年生草本。根含紫色物质。茎通常 2~4 条，有时 1 条，直立，多分枝，高 10~25 厘米，密生开展的长硬毛和短伏毛。叶无柄，匙状线形至线形，两面密生具基盘的白色长硬毛，先端钝。镰状聚伞花序长 3~10 厘米，含多数花；花冠黄色，筒状钟形，外面有短柔毛，裂片宽卵形或半圆形，开展，常有紫色斑点。小坚果三角状卵形。花果期 6~10 月。分布于金昌市武当山等北山山坡等区域。

软紫草属 *Arnebia*　灰毛软紫草 *Arnebia fimbriata*

多年生草本茎，高 10~18 厘米，多分枝。叶无柄，线状长圆形至线状披针形。镰状聚伞花序，具排列较密的花；苞片线形；花萼裂片钻形，长约 11 毫米，两面密生长硬毛；花冠淡蓝紫色或粉红色，有时为白色，外面稍有毛，筒部直或稍弯曲，裂片宽卵形，几等大，边缘具不整齐牙齿。小坚果三角状卵形。花果期 6~9 月。分布于金昌市东水岸沙化土地等区域。

牛舌草属 *Anchusa* 狼紫草 *Anchusa ovata*

一年生草本。茎高 10~40 厘米，常自下部分枝，有开展的稀疏长硬毛。基生叶和茎下部叶有柄，其余无柄，倒披针形至线状长圆形，两面疏生硬毛，边缘有微波状小牙齿。镰状聚伞花序；花冠蓝紫色，有时紫红色，无毛，筒下部稍膝曲，裂片开展。小坚果肾形，表面有网状皱纹和小疣点。花果期 4~7 月。分布于金昌市各乡镇荒滩等区域。

糙草属 *Asperugo* 糙草 *Asperugo procumbens*

一年生蔓性草本。茎淡褐色，长达 80 厘米，中空，具 4~6 纵棱，沿棱具弯曲的短刚毛，自下部分枝。茎下部叶具柄，矩圆形，先端微尖或钝，基部渐狭下延，两面被硬毛，茎中部以上叶较小，狭矩圆形，先端尖。花小，单生叶腋，具短梗；花萼深 5 裂，果期 2 裂片增大，掌状分裂；花冠紫色，裂片 5，钝圆。小坚果 4，具小瘤状突起，长卵形。花果期 5~8 月。分布于金昌市各乡镇农地及永昌县所辖祁连山西大河、三岔苗圃等区域。

附地菜属 *Trigonotis*　附地菜 *Trigonotis peduncularis*

一或二年生草本。茎通常多条丛生，铺散，基部多分枝，被短糙伏毛。基生叶呈莲座状，有叶柄，叶片匙形。花序生茎顶，幼时卷曲，只在基部具2~3个叶状苞片，其余部分无苞片；花梗短，顶端与花萼连接部分变粗呈棒状；花冠淡蓝色或粉色，喉部附属5，白色或带黄色。小坚果4。分布于永昌县所辖祁连山林区山坡等区域。

鹤虱属 *Lappula*　卵盘鹤虱 *Lappula redowskii*

一年生草本。主根单一。茎高达60厘米，直立，通常单生，中部以上多分枝，小枝斜升。茎生叶较密，线形或狭披针形，扁平或沿中肋纵向对褶，直立，先端钝，两面有具基盘的长硬毛，但上面毛较稀疏。花序生于茎或小枝顶端，果期伸长，苞片下部者叶状；花冠蓝紫色至淡蓝色，钟状，附属物生花冠筒中部以上。小坚果宽卵形，边缘具1行锚状刺。花果期5~8月。分布于金昌市北部沙化土地等区域。

鹤虱属 *Lappula*　沙生鹤虱 *Lappula deserticola*

一年生密丛草本，呈扁球状，通常数条丛生，中上部多分枝，密被开展的白色糙毛。基生叶簇生呈莲座状，密被开展的具基盘的长硬毛；茎生叶线形，沿中肋对折，稀平展，两面密被开展的白色长糙毛。花序生小枝顶端；花冠淡蓝色，钟形，喉部附属物 5。果实近球形；小坚果 4，三角状卵圆形，边缘有 4~5 对单行锚状刺。花果期 5~6 月。分布于金昌市北部沙区等区域。

颈果草属 *Metaeritrichium*　颈果草 *Metaeritrichium microuloides*

一年生草本。茎从基部辐射状分枝，平铺地面，肉质而压扁。叶匙形、阔椭圆形至倒卵状披针形，下面疏生短硬毛，上面被毛稀疏以至无毛。花单生叶腋或腋外；花萼蓝绿色,花冠小，紫蓝色，钟状筒形。小坚果背腹二面体型。花果期 7~8 月。分布于金昌市大黄山林区海拔 3800 米以上泥石流山沟。

微孔草属 *Microula*　狭叶微孔草 *Microula stenophylla*

茎直立或渐升，常自基部起多分枝，被短糙伏毛和开展的刚毛。叶匙状线形或线形，上面多少密被糙伏毛或带基盘的短硬毛，并混生带基盘的刚毛，边缘疏被短刚毛。花自茎下部或中部起与叶对生，或数朵生分枝顶端形成密集或较狭长的短花序。花萼5裂近基部；花冠蓝色或白色，无毛，附属物低梯形或半月形。小坚果三角状卵形，背孔正三角形。花果期6~8月。分布于金昌市大黄林区山坡等区域。

微孔草属 *Microula*　宽苞微孔草 *Microula tangutica*

一年生草本，高3~7厘米，常自下部分枝，被向上斜展的短柔毛。基生叶及茎下部叶有柄，匙形。花序生茎和分枝顶端，有少数密集的花；苞片密集，宽卵形、圆卵形或近圆形，顶端微尖，两面疏被短柔毛。花无梗，被苞片包围；花冠蓝色或白色，裂片近圆形，附属物半月形。小坚果卵形。花果期7~9月。分布于金昌市大黄山林区海拔3000米以上泥石流滩及草甸等区域。

微孔草属 *Microula* 甘青微孔草 *Microula pseudotrichocarpa*

一年生草本，茎直立或渐升，高 10~44 厘米，自基部或中部以上分枝，有稀疏糙伏毛和稍密的开展刚毛。基生叶和茎下部叶有长柄，披针状长圆形或匙状狭倒披针形，或长圆形，顶端微尖，基部渐狭，茎上部叶较小，无柄或近无柄，狭椭圆形或狭长圆形，两面有糙伏毛，并散生刚毛。花序腋生或顶生，初密集；花冠蓝色，无毛，裂片宽倒卵形，附属物低梯形或半月形。小坚果卵形。7~8 月开花。分布于永昌县所辖祁连山林区河滩、荒滩等区域。

微孔草属 *Microula* 长叶微孔草 *Microula trichocarpa*

茎直立，高 15~46 厘米，上部分枝或自基部起分枝。基生叶及茎下部叶有长柄，狭长圆形或狭匙形，茎中部以上叶渐变小，具短柄或无柄，顶端急尖，基部渐狭，边缘全缘或有不明显小齿，两面被短伏毛，上面有时混生少数刚毛。花序密集，顶生；在茎中部以上有与叶对生具长梗的花。花冠蓝色。小坚果灰白色。6~7 月开花。分布于永昌县所辖祁连山林区山坡草地等区域。

微孔草属 *Microula*　柔毛微孔草 *Microula rockii*

茎高 6~20 厘米，常自下部分枝。茎下部叶有柄，匙形或倒披针形，顶端圆形或钝，基部渐狭，茎中部以上叶无柄，椭圆形至卵形，渐变小，上面疏被短柔毛或变无毛，下面无毛。花少数于茎顶端组成密集的花序，或单生于短分枝顶端。花萼蓝色，花冠淡蓝色。小坚果卵形。7 月开花。分布于永昌县所辖祁连山林区山坡草地等区域。

齿缘草属 *Eritrichium*　唐古拉齿缘草 *Eritrichium tangkulaense*

一或二年生草本。茎数条丛生；茎生叶卵状长圆形。花序似总状花序，有 5~10 朵花；花冠淡蓝色、淡紫色或黄色。小坚果背腹压扁，被微毛或近无毛，除棱缘的刺外，腹面中肋龙骨突起，在着生面以上呈翅状，棱缘的锚状刺披针状三角形，基部连合形成宽翅。花果期 7~9 月。分布于永昌县所辖祁连山林区夹道山坡等区域。

齿缘草属 *Eritrichium* 针刺齿缘草 *Eritrichium acicularum*

一或二年生草本。茎直立，多分枝，疏被短伏毛。基生叶匙形或倒披针；茎生叶线形或线状披针形。总状聚伞花序，疏花；具苞片；花冠漏斗形，蓝色，冠筒短于花萼。小坚果卵形，稍被毛，背盘具疣点，边缘锚状刺纤细，离生，刺间被毛，腹面凸。花果期7~8月。分布于永昌县所辖祁连山林区山坡等区域。

齿缘草属 *Eritrichium* 北齿缘草 *Eritrichium borealisinense*

多年生草本。茎数条。基生叶倒披针形，先端急尖，基部楔形，两面密被长短粗细不同的糙伏毛；茎生叶倒披针形或披针形。花序分枝2或3(4)个；花冠蓝色。花果期7~9月。分布于金昌市大黄山林区海拔3500米以上山坡等区域。

紫丹属 *Tournefortia*　砂引草 *Tournefortia sibirica*

多年生草本，高 10~30 厘米，有细长的根状茎。茎单一或数条丛生，直立或斜升，通常分枝，密生糙伏毛或白色长柔毛。叶披针形、倒披针形或长圆形，先端渐尖或钝，基部楔形或圆，密生糙伏毛或长柔毛，中脉明显。花序顶生，密生向上的糙伏毛；花冠黄白色，钟状，裂片卵形或长圆形，外弯。核果椭圆形或卵球形。花果期 5~7 月。分布于金昌市北部各乡镇地梗、荒滩等区域。

马鞭草科 Verbenaceae

马鞭草属 *Verbena*　马鞭草 *Verbena officinalis*

多年生草本，茎四方形。叶片卵圆形至倒卵形或长圆状披针形，基生叶的边缘通常有粗锯齿和缺刻，茎生叶多数 3 深裂， 裂片边缘有不整齐锯齿。 穗状花序顶生和腋生，花小，无柄；苞片稍短于花萼；花冠淡紫至蓝色。果长圆形。花果期 6~9 月。金昌市市区及各乡镇街道、花坛等区域种植。

唇形科 Lamiaceae

莸属 *Caryopteris*　蒙古莸 *Caryopteris mongholica*

落叶小灌木，常自基部即分枝，高 0.3~1.5 米；嫩枝紫褐色，圆柱形，有毛，老枝毛渐脱落。叶片厚纸质，线状披针形或线状长圆形，全缘，表面深绿色，稍被细毛，背面密生灰白色绒毛。聚伞花序腋生，无苞片和小苞片；花冠蓝紫色，外面被短毛，5 裂，下唇中裂片较长大，边缘流苏状。蒴果椭圆状球形。花果期 8~10 月。分布于金昌市北部山区石质山坡及祁连山区域。

薄荷属 *Mentha*　薄荷 *Mentha canadensis*

多年生草本。茎直立，高 30~60 厘米，多分枝。叶片长圆状披针形、披针形、椭圆形或卵状披针形，先端锐尖，基部楔形至近圆形，边缘在基部以上疏生粗大的牙齿状锯齿，侧脉 5~6 对。轮伞花序腋生，轮廓球形，具梗或无梗；花冠淡紫，外面略被微柔毛，内面在喉部以下被微柔毛，冠檐 4 裂，上裂片先端 2 裂，较大，其余 3 裂片近等大，长圆形，先端钝。小坚果卵珠形。花果期 7~10 月。分布于金昌市各乡镇水沟、河道、湿地等区域。

香薷属 *Elsholtzia*　高原香薷 *Elsholtzia feddei*

一年生直立草本，高 0.3~0.5 米。叶卵形或椭圆状披针形，先端渐尖，基部楔状下延成狭翅，边缘具锯齿。穗状花序偏向一侧，由多花的轮伞花序组成；苞片宽卵圆形或扁圆形，先端具芒状突尖，多半退色；花冠淡紫色，冠檐二唇形，上唇直立，先端微缺，下唇开展，3 裂，中裂片半圆形，侧裂片弧形，较中裂片短。小坚果长圆形。花果期 7~9 月。分布于金昌市焦家庄、南坝等沿祁连山乡镇农地梗。

香薷属 *Elsholtzia*　密花香薷 *Elsholtzia densa*

一年生草本，高 20~60 厘米，茎自基部多分枝。叶长圆状披针形至椭圆形，先端急尖或微钝，基部宽楔形或近圆形，边缘在基部以上具锯齿。穗状花序长圆形或近圆形，密被紫色串珠状长柔毛，由密集的轮伞花序组成；花冠小，淡紫色；冠檐二唇形，上唇直立，下唇稍开展，3 裂，中裂片较侧裂片短。花果期 7~10 月。分布于金昌市各乡镇农地、荒地、荒滩及祁连山山区等区域。

香薷属 *Elsholtzia*　小头花香薷 *Elsholtzia cephalantha*

一年生铺散草本，高 5 厘米。茎通常多数，四棱形。叶对生，宽卵状三角形，边缘具圆锯齿，疏被小疏柔毛。花序球形，顶生或腋生，疏花，直径 4~7 毫米；花冠筒在基部以上近球形，5 裂，裂片整齐，宽卵形或近三角形，先端圆形。雄蕊 4。小坚果球形。花果期 8~9 月。分布于永昌县所辖祁连山西大河林区海拔 3800 米以上山坡、河滩等区域。

鼠尾草属 *Salvia*　蓝花鼠尾草 *Salvia farinacea*

一、二年生或多年生草本植物及常绿小灌木，株高 30~60 厘米。叶对生，呈长椭圆形，先端圆，全缘(或有钝锯齿)。 种子近椭圆形。花果期 6~8 月。金昌市市区及各乡镇街道花坛种植。

鼠尾草属 *Salvia*　粘毛鼠尾草 *Salvia roborowskii*

一或二年生草本。茎直立，高 30~90 厘米，多分枝，钝四棱形，具四槽。叶片戟形或戟状三角形，先端变锐尖或钝，基部浅心形或截形，边缘具圆齿。轮伞花序 4~6 花，上部密集，下部疏离，组成顶生或腋生的总状花序；花冠黄色；冠檐二唇形，上唇直伸，长圆形，下唇比上唇大，3 裂，中裂片倒心形，先端微缺，基部收缩，侧裂片斜半圆形。小坚果倒卵圆形。花果期 6~10 月。分布于永昌县所辖西大河林区山坡草地。

夏至草属 *Lagopsis*　夏至草 *Lagopsis supina*

多年生草本。茎高 15~35 厘米，四棱形，具沟槽。叶轮廓为圆形，先端圆形，基部心形，3 深裂，裂片有圆齿或长圆形犬齿。轮伞花序疏花；花冠白色；冠檐二唇形，上唇直伸，比下唇长，长圆形，全缘，下唇斜展，3 浅裂，中裂片扁圆形，2 侧裂片椭圆形。小坚果长卵形。花果期 6~7 月。分布于永昌县所辖祁连山林区及沿山乡镇荒滩、苗圃等区域。

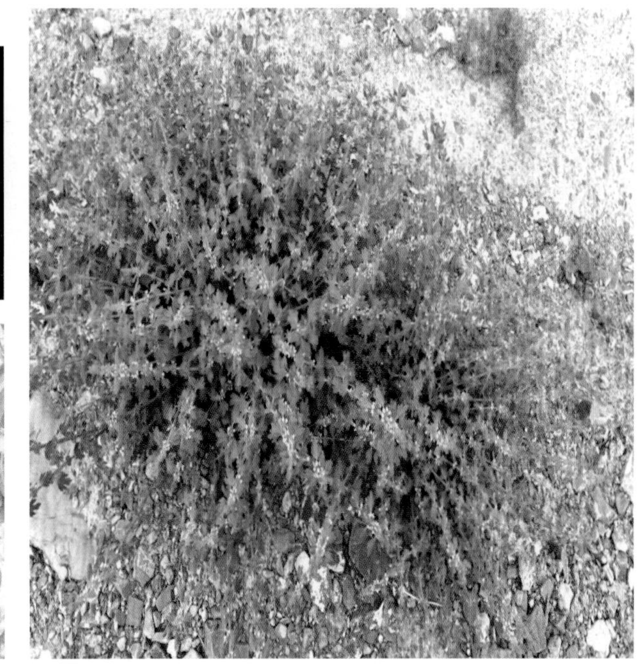

黄芩属 *Scutellaria*　并头黄芩 *Scutellaria scordifolia*

多年生草本。茎直立，四棱形，常带紫色。叶具很短的柄或近无柄。叶片三角状狭卵形、三角状卵形，或披针形，先端大多钝，稀微尖，基部浅心形、近截形，边缘大多具浅锐牙齿，稀生少数不明显的波状齿。花单生于茎上部的叶腋内，偏向一侧；花冠蓝紫色；冠檐二唇形，上唇盔状，内凹，先端微缺，下唇中裂片圆状卵圆形，先端微缺，两侧裂片卵圆形，先端微缺。小坚果黑色。花果期6~9月。分布于永昌县所辖祁连山南坝、三岔林区山坡等区域。

鼬瓣花属 *Galeopsis*　鼬瓣花 *Galeopsis bifida*

一年生直立草本，叉开分枝，或植株下部匍匐。叶卵状披针形或披针形，边缘具齿。轮伞花序6至多花，腋生，远离，或于茎、枝顶端聚生一起；花白、淡黄至紫色；花萼管状钟形，齿5；花冠筒直伸出于萼筒，冠檐二唇形，上唇直伸，下唇开张，3裂；雄蕊4。小坚果宽倒卵珠形。花果期7~9月。分布于永昌县所辖祁连山西大河林区山坡等区域。

水苏属 *Stachys*　甘露子 *Stachys sieboldii*

多年生草本，高 30~120 厘米。茎直立或基部倾斜，四棱形，具槽。茎生叶卵圆形或长椭圆状卵圆形，先端微锐尖或渐尖，基部平截至浅心形，边缘有规则的圆齿状锯齿，内面被或疏或密的贴生硬毛。轮伞花序通常 6 花，多数远离组成顶生穗状花序；花冠粉红至紫红色；冠檐二唇形，上唇长圆形，直伸而略反折，外面被柔毛，内面无毛，下唇有紫斑，外面在中部疏被柔毛，内面无毛，3 裂，中裂片较大，近圆形，侧裂片卵圆形。小坚果卵珠形。花果期 7~9 月。分布于金昌市各乡镇农地、荒滩、地埂等区域。

青兰属 *Dracocephalum*　白花枝子花 *Dracocephalum heterophyllum*

多年生草本。高 10~15 厘米，四棱形或钝四棱形，密被倒向的小毛。叶片宽卵形至长卵形，先端钝或圆形，基部心形，下面疏被短柔毛或几无毛，边缘被短睫毛及浅圆齿。轮伞花序生于茎上部叶腋，具 4~8 花，因上部节间变短而花又长过节间，故各轮花密集；花冠白色，外面密被白色或淡黄色短柔毛；二唇近等长。花期 6~8 月。分布于金昌市北部山区、祁连山及沿山乡镇荒滩、地埂等区域。

青兰属 *Dracocephalum*　甘青青兰 *Dracocephalum tanguticum*

多年生草本，有臭味。茎直立，高 35~55 厘米，钝四棱形，上部被倒向小毛。叶片轮廓椭圆状卵形或椭圆形，基部宽楔形，羽状全裂，裂片 2~3 对，与中脉成钝角斜展，线形，边缘全缘，内卷。轮伞花序生于茎顶部 5~9 节上，通常具 4~6 花，形成间断的穗状花序；花冠紫蓝色至暗紫色，外面被短毛；下唇长为上唇之 2 倍；花丝被短毛。花果期 6~9 月。分布于永昌县所辖祁连山林区海拔 2400 米以上山坡等区域。

荆芥属 *Nepeta*　多裂叶荆芥 *Nepeta multifida*

多年生草本。茎高可达 40 厘米，半木质化，上部四棱形，基部带圆柱形。叶卵形，羽状深裂或分裂，有时浅裂至近全缘，先端锐尖，基部截形至心形，裂片线状披针形至卵形，全缘或具疏齿。花序为由多数轮伞花序组成的顶生穗状花序，连续，很少间断；花冠蓝紫色，干后变淡黄色；冠檐二唇形，上唇 2 裂，下唇 3 裂，中裂片最大；雄蕊 4，前对较上唇短，后对略超出上唇。小坚果扁长圆形。花期 7~9 月。分布于永昌县所辖祁连山南坝林区山坡。

荆芥属 *Nepeta* 蓝花荆芥 *Nepeta coerulescens*

多年生草本。不分枝或多茎。叶披针状长圆形，先端急尖，基部截形或浅心形，两面密被短柔毛，边缘浅锯齿状，脉在上面下陷，下面稍隆起。轮伞花序生于茎端4~5(10)节上，密集成卵形的穗状花序；苞叶叶状，发蓝色；花冠蓝色；冠檐二唇形，上唇直立，2圆裂，下唇3裂，中裂片大，下垂，倒心形；雄蕊短于上唇。小坚果卵形。花期7~9月。分布于永昌县所辖祁连山南坝林区山坡。

橙花糙苏属 *Phlomis* 尖齿糙苏 *Phlomis dentosa*

多年生草本，高达80厘米，四棱形。基生叶三角形或三角状卵形，先端圆形，基部心形，边缘为不整齐的圆齿状。花冠粉红色；冠檐二唇形，外面密被星状短柔毛及具节长柔毛，边缘为不整齐的小齿状，下唇长，外面密被星状短柔毛，3圆裂，中裂片阔倒卵形，较大，侧裂片卵形，较小。小坚果无毛。花果期5~9月。分布于金昌市北部山区及祁连山山坡。

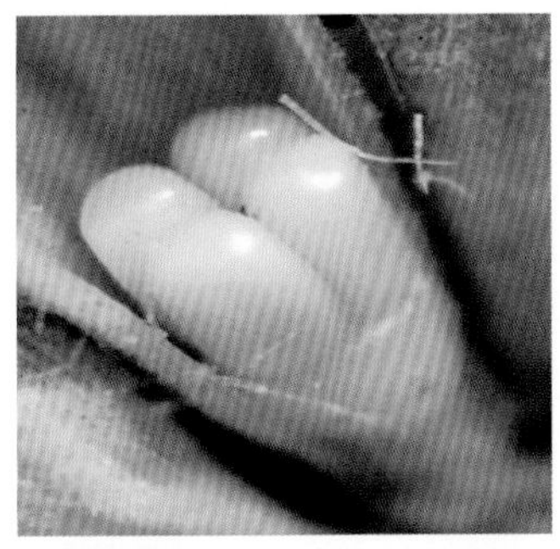

益母草属 *Leonurus* 细叶益母草 *Leonurus sibiricus*

一或二年生草本，高 20~80 厘米，钝四棱形。茎最下部的叶早落，中部的叶轮廓为卵形，基部宽楔形，掌状 3 全裂，裂片呈狭长圆状菱形，其上再羽状分裂成 3 裂的线状小裂片，叶脉下陷。轮伞花序腋生，多花；花冠粉红至紫红色；冠檐二唇形，上唇长圆形，直伸，内凹，下唇 3 裂，中裂片倒心形，先端微缺，侧裂片卵圆形。小坚果长圆状三棱形。花果期 7~9 月。分布于金昌市各乡镇荒地、荒滩及祁连山等区域。

薰衣草属 *Lavandula* 薰衣草 *Lavandula angustifolia*

半灌木或矮灌木，分枝，被星状绒毛，在幼嫩部分较密。叶线形或披针状线形，在花枝上的叶较大，被密的或疏的灰色星状绒毛。轮伞花序通常具 6~10 花，多数，在枝顶聚集成间断或近连续的穗状花序；苞片菱状卵圆形；花具短梗，蓝色，密被灰色、分枝或不分枝绒毛；花萼卵状管形或近管形。小坚果 4。花期 6 月。金昌市市区街道、花坛种植。

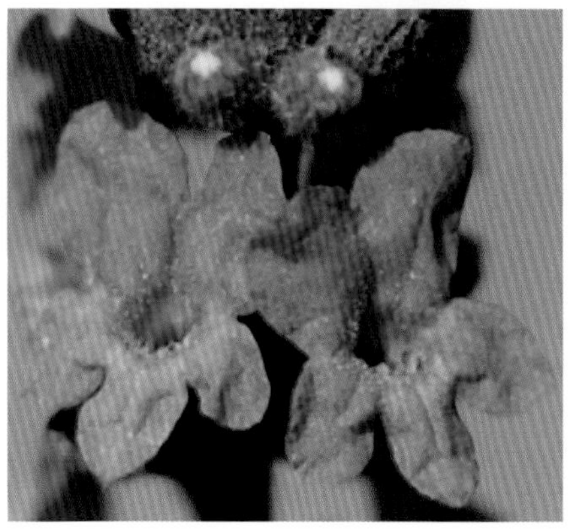

野芝麻属 *Lamium*　宝盖草 *Lamium amplexicaule*

一或二年生草本。茎高 10~30 厘米。叶片均圆形或肾形，先端圆，基部截形或截状阔楔形，半抱茎，边缘具极深的圆齿，顶部的齿通常较其余的为大，上面暗橄榄绿色，下面稍淡，两面均疏生小糙伏毛。轮伞花序 6~10 花，其中常有闭花授精的花；花冠紫红或粉红色；冠檐二唇形，上唇直伸，长圆形，下唇稍长，3 裂，中裂片倒心形，先端深凹，基部收缩，侧裂片浅圆裂片状。小坚果倒卵圆形，具三棱。花期 3~5 月，果期 7~8 月。分布于金昌市各乡镇农地埂、荒滩荒地及祁连山等区域。

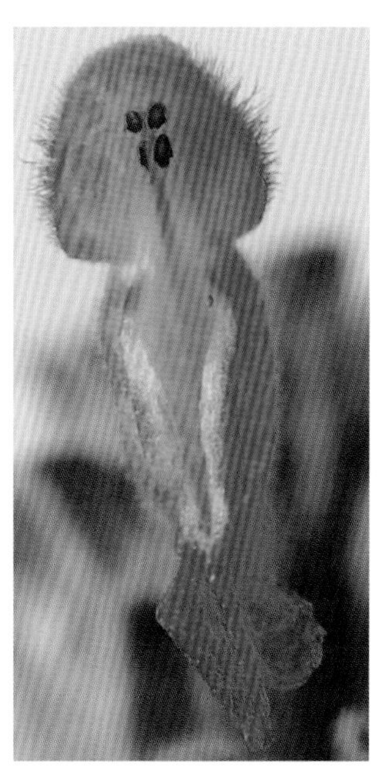

茄科 Solanaceae

枸杞属 *Lycium*　黑果枸杞 *Lycium ruthenicum*

多棘刺灌木，多分枝；分枝斜升或横卧于地面，常成之字形曲折，小枝顶端渐尖成棘刺状。叶 2~6 枚簇生于短枝上，在幼枝上则单叶互生，肥厚肉质，近无柄，条形、条状披针形或条状倒披针形。花 1~2 朵生于短枝上；花冠漏斗状，浅紫色，5 浅裂，裂片矩圆状卵形。浆果紫黑色，球状，有时顶端稍凹陷。花果期 5~10 月。分布于金昌市北部山区及锌尖滩等沙化土地区域。

枸杞属 *Lycium*　枸杞 *Lycium chinense*

多分枝灌木，高 0.5~1 米；枝条细弱，弓状弯曲或俯垂，淡灰色，有纵条纹，小枝顶端锐尖成棘刺状。叶纸质，单叶互生或 2~4 枚簇生，卵形、卵状菱形、长椭圆形、卵状披针形。花在长枝上单生或双

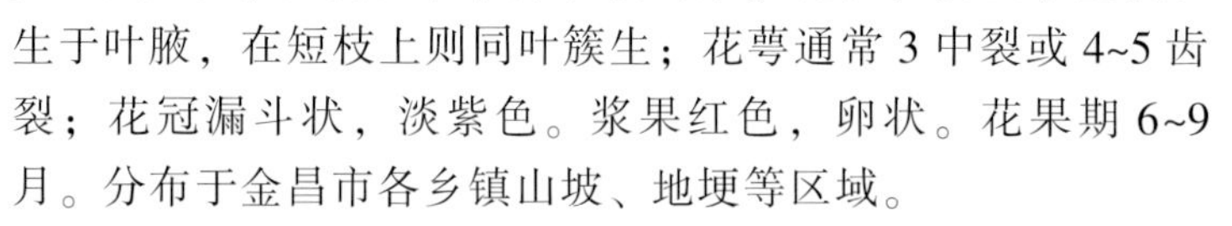

生于叶腋，在短枝上则同叶簇生；花萼通常 3 中裂或 4~5 齿裂；花冠漏斗状，淡紫色。浆果红色，卵状。花果期 6~9 月。分布于金昌市各乡镇山坡、地埂等区域。

枸杞属 *Lycium*　宁夏枸杞 *Lycium barbarum*

灌木，高 0.8~2 米；分枝细密。叶互生或簇生，披针形或长椭圆状披针形。花在长枝上 1~2 朵生于叶腋，在短枝上 2~6 朵同叶簇生；花萼钟状，通常 2 中裂；花冠漏斗状，淡紫红色，先端 5 裂。浆果红色，广椭圆状、矩圆状、卵状或近球状，顶端有短尖头或平截，有时稍凹陷。花果期 5~10 月。金昌市喇叭泉林场等地种植，栽培品种主要有中宁 2 号、7 号等，面积较大。

天仙子属 *Hyoscyamus*　天仙子 *Hyoscyamus niger*

二年生草本。全体被黏性腺毛。一年生的茎极短，自根茎发出莲座状叶丛；第二年春茎伸长而分枝，茎生叶卵形或三角状卵形，顶端钝或渐尖。花在茎中部以下单生于叶腋，在茎上端则单生于苞状叶腋内而聚集成蝎尾式总状花序，通常偏向一侧；花冠钟状，黄色而脉纹紫堇色。蒴果包藏于宿存萼内，长卵圆状。花果期 4~8 月。分布于金昌市各乡镇荒地等区域。

茄属 *Solanum*　红果龙葵 *Solanum villosum*

一年生直立草本，高约 40 厘米，多分枝，小枝被糙伏毛状短柔毛并具有棱角状的狭翅，翅上具瘤状突起。叶卵形至椭圆形，先端尖，基部楔形下延，边缘近全缘，浅波状或基部 1~2 齿，两面均疏被短柔毛。花序近伞形，腋外生，被微柔毛或近无毛；花紫色，萼杯状，外面被微柔毛；萼齿 5，近三角形。浆果球状，朱红色。花果期 7~10 月。分布于金昌市各乡镇荒地等区域。

茄属 *Solanum* 阳芋 *Solanum tuberosum*

一年生草本。果实为茎块状，扁圆形或球形。茎分地上茎和地下茎两部分；地下茎，长圆形；地上茎呈菱形。初生叶为单叶，全缘；随植株的生长，逐渐形成奇数不相等的羽状复叶；小叶 6~8 对，卵形至长圆形，先端尖，基部稍不相等，全缘。伞房花序顶生，后侧生；花白色或蓝紫色。花期夏季。金昌市各乡镇均大面积种植，其栽培品种较多。

茄属 *Solanum* 青杞 *Solanum septemlobum*

直立草本或灌木状，茎具棱角，被白色具节弯卷的短柔毛至近于无毛。叶互生，卵形，通常 7 裂，有时 5~6 裂或上部的近全缘。二歧聚伞花序，顶生或腋外生；花冠青紫色，花冠筒隐于萼内，先端深 5 裂，裂片长圆形，开放时常向外反折。浆果近球状，熟时红色。花果期 6~10 月。分布于金昌市各乡镇林缘、农地边等区域。

茄属 *Solanum*　龙葵 *Solanum nigrum*

一年生直立草本。茎无棱或棱不明显，绿色或紫色，近无毛或被微柔毛。叶卵形。蝎尾状花序腋外生，由 3~6(10)花组成；萼小，浅杯状，齿卵圆形，先端圆，基部两齿间连接处成角度；花冠白色，裂片卵圆形。浆果球形，熟时黑色。花果期 6~7 月。分布于金昌市各乡镇地边及苗圃地等区域。

茄属 *Solanum*　茄 *Solanum melongena*

一年生草本。高可达 1 米，叶卵形至长圆状卵形，先端钝，基部不相等，边缘浅波状或深波状圆裂。不孕花蝎尾状与能孕花并出；萼近钟形，花冠辐状，外面星状毛被较密，内面仅裂片先端疏被星状绒毛；裂片三角形。浆果肉质，形状大小变异极大。金昌市各乡镇均有种植，其栽培品种较多。

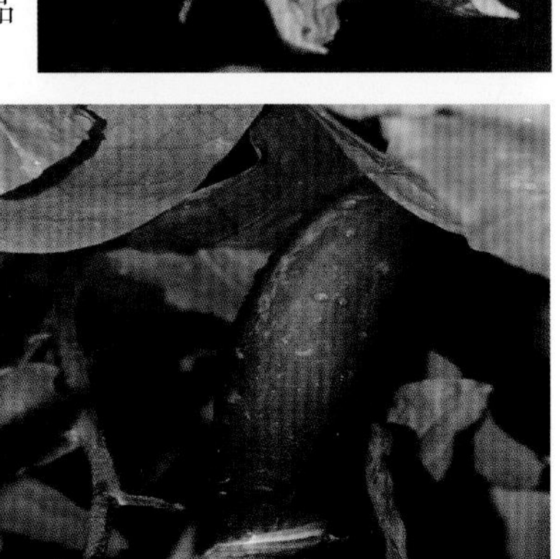

番茄属 *Lycopersicon* 番茄 *Lycopersicon esculentum*

一年生草本。全体生黏质腺毛，有强烈气味。叶羽状复叶或羽状深裂，小叶极不规则，大小不等，常 5~9 枚，卵形或矩圆形，边缘有不规则锯齿或裂片。花序常 3~7 朵花；花萼辐状，裂片披针形，果时宿存；花冠辐状，黄色。浆果扁球状或近球状，肉质而多汁液，橘黄色或鲜红色。花果期夏秋季。金昌市各乡镇均有种植，其栽培品种较多。

辣椒属 *Capsicum* 辣椒 *Capsicum annuum*

一年生草本，高 40~80 厘米；分枝稍之字形折曲。叶互生，枝顶端节不伸长而成双生或簇生状，矩圆状卵形、卵形或卵状披针形。花单生，俯垂；花萼杯状，不显著 5 齿；花冠白色，裂片卵形。果实长指状，顶端渐尖且常弯曲，未成熟时绿色，成熟后成红色、橙色或紫红色，味辣。花果期 6~9 月。金昌市各乡镇均有种植，其栽培品种较多。

山莨菪属 *Anisodus*　山莨菪 *Anisodus tanguticus*

多年生宿根草本。根粗大，近肉质。叶片纸质或近坚纸质，矩圆形至狭矩圆状卵形。花俯垂或有时直立；花萼钟状或漏斗状钟形，坚纸质；花冠钟状或漏斗状钟形，紫色或暗紫色，内藏或仅檐部露出萼外。果实球状或近卵状。花果期 5~8 月。分布于永昌县所辖祁连山林区山坡等区域。

曼陀罗属 *Datura*　曼陀罗 *Datura stramonium*

一年生草本。茎粗壮，圆柱状，下部木质化。叶广卵形，顶端渐尖，基部不对称楔形，边缘有不规则波状浅裂，裂片顶端急尖。花单生于枝叉间或叶腋；花冠漏斗状，下半部带绿色，上部白色或淡紫色。蒴果直立生，卵状。花果期 7~9 月。分布于金昌市各乡镇荒滩、农宅旁等区域。

通泉草科 Mazaceae

肉果草属 *Lancea*　肉果草 *Lancea tibetica*

多年生矮小草本，高 3~7 厘米。叶 6~10 片，几成莲座状，倒卵形至倒卵状矩圆形或匙形，顶端钝，常有小凸尖，边全缘或有很不明显的疏齿，基部渐狭成有翅的短柄。花 3~5 朵簇生或伸长成总状花序；花冠深蓝色或紫色，喉部稍带黄色或紫色斑点。果实卵状球形。花果期 5~9 月。分布于永昌县所辖祁连山林区及沿祁连山各乡镇水沟、湿地等区域。

玄参科 Scrophulariaceae

醉鱼草属 *Buddleja*　互叶醉鱼草 *Buddleja alternifolia*

灌木，高 1~4 米。长枝对生或互生，细弱，上部常弧状弯垂，短枝簇生；小枝四棱形或近圆柱形。叶在长枝上互生，在短枝上为簇生，在长枝上的叶片披针形或线状披针形，通常全缘或有波状齿；在花枝上或短枝上的叶很小，椭圆形或倒卵形，全缘兼有波状齿。花多朵组成簇生状或圆锥状聚伞花序；花序较短，密集，常生于二年生的枝条上；花芳香；花萼钟状；花冠紫蓝色。蒴果椭圆状。花果期 5~10 月。分布于永昌县所辖祁连山南坝林区山沟等区域。

水茫草属 *Limosella*　水茫草 *Limosella aquatica*

一年生草本，3~5(10)厘米高，根簇生，无毛。纤细的匍匐茎，短，节上生根。叶基生，叶片宽线形或狭匙形，肉质，边缘全缘，先端钝。花 3~10；花冠白色，变暗淡紫色。蒴果卵球形。花果期 4~9 月。分布于金昌市金川河流域湖滩等区域。

玄参属 *Scrophularia*　砾玄参 *Scrophularia incisa*

半灌木状草本，高 20~50(70)厘米。茎近圆形，无毛或上部生微腺毛。叶片狭矩圆形至卵状椭圆形，顶端锐尖至钝，基部楔形至渐狭呈短柄状，边缘变异很大，从有浅齿至浅裂，稀基部有 1~2 枚深裂片。聚伞花序有花 1~7 朵；花冠玫瑰红色至暗紫。蒴果球状卵形。花果期 6~9 月。分布于永昌县所辖祁连山林区及沿祁连山各乡镇地埂、荒滩等区域。

列当科 Orobanchaceae

小米草属 *Euphrasia*　短腺小米草 *Euphrasia regelii*

一年生草本。茎直立，高3~35厘米，不分枝或分枝，被白色柔毛。叶和苞叶无柄，下部的楔状卵形，顶端钝，每边有2~3枚钝齿，中部的稍大，卵形至卵圆形，基部宽楔形，每边有3~6枚锯齿，锯齿急尖、渐尖，有时为芒状。花序通常在花期短；花冠白色，上唇常带紫色。蒴果长矩圆状。花果期5~9月。分布于永昌县所辖祁连山林区山坡、水沟边。

疗齿草属 *Odontites*　疗齿草 *Odontites vulgaris*

一年生草本。植株高20~60厘米，全体被贴伏而倒生的白色细硬毛。茎常在中上部分枝，上部四棱形。叶无柄，披针形至条状披针形，边缘疏生锯齿。穗状花序顶生；苞片下部的叶状；花冠紫色、紫红色或淡红色。花期7~8月。分布于金昌市金川河流域湿地等区域。

马先蒿属 *Pedicularis* 中国马先蒿 *Pedicularis chinensis*

一年生草本，高达30厘米。茎单出或多条，直立或外方者弯曲上升或甚至倾卧。叶基出与茎生，均有柄；叶片披针状长圆形至线状长圆形，羽状浅裂至半裂，裂片近端者靠近，7~13对，卵形，前半有重锯齿，齿常有胼胝。花序常占植株的大部分，有时近基处叶腋中亦有花；花冠黄色。蒴果长圆状披针形。花果期7~8月。分布于永昌县所辖祁连山西大河林区山坡、水沟边。

马先蒿属 *Pedicularis* 藓生马先蒿 *Pedicularis muscicola*

多年生草本，茎丛生。叶片椭圆形至披针形，羽状全裂，裂片常互生，每边4~9枚，卵形至披针形，有锐重锯齿，齿有凸尖。花皆腋生；花冠玫瑰色，盔直立部分很短，几在基部即向左方扭折使其顶部向下，前方渐细为卷曲或S形的长喙，喙因盔扭折之故而反向上方卷曲，下唇极大，稍指向外方，中裂较狭，为长圆形。花果期5~8月。分布于永昌县所辖祁连山林区林缘、林中空地等区域。

马先蒿属 *Pedicularis* 皱褶马先蒿 *Pedicularis plicata*

多年生草本，高可达 20 余厘米。叶基出者长期宿存，羽状深裂或几全裂，裂片 6~12 对，卵状长圆形，羽状浅裂至半裂，茎叶仅 1~2 轮，每轮常 4 枚。花序穗状而粗短，在生于侧茎顶端者常为头状。花期 7~8 月。分布于永昌县所辖祁连山西大河林区林缘及河道边草甸。

马先蒿属 *Pedicularis* 阿拉善马先蒿 *Pedicularis alaschanica*

多年生草本，高可达 35 厘米。茎从根颈顶端发出，并在基部分枝，中空，微有 4 棱。叶基出者早败，茎生者茂密，下部者对生，上部者 3~4 枚轮生，各茎仅 2~3 轮；叶片披针状长圆形至卵状长圆形，羽状全裂，裂片每边 7~9，线形而疏距。花序穗状，生于茎枝之端，花轮可达 10 枚；花冠黄色。花果期 6~10 月。分布于永昌县所辖祁连山林区山坡、荒滩及武当山等北部山区山坡等区域。

马先蒿属 *Pedicularis*　绵穗马先蒿 *Pedicularis pilostachya*

多年生草本，丛生，全体除密被白色绵毛的花序外常均呈紫色之晕。茎低矮，不超过15厘米，有蛛丝状毛。叶基生者成丛，叶片披针状长圆形，羽状深裂，裂片多者达15对，长圆形，羽状浅裂，背面有绒毛，小裂片有疏细齿，茎叶仅2轮。花序穗状而密，长圆形至狭长圆形，约含花15枚。花果期6~7月。分布于大黄山林区海拔3000米以上泥石流滩。

马先蒿属 *Pedicularis*　甘肃马先蒿 *Pedicularis kansuensis*

一或两年生草本。茎常多条自基部发出，中空，多少方形，有4条成行之毛。叶基出者常长久宿存，茎叶柄较短，4枚较生，叶片长圆形，锐头，羽状全裂，裂片约10对，小裂片具少数锯齿，齿常有胼胝而反卷。花序长，花轮极多而均疏距，多者达20余轮；花冠紫红色或为白色。蒴果斜卵形。花果期6~8月。分布于金昌市各乡镇水沟、地埂、湿地等区域。

马先蒿属 *Pedicularis*　管状长花马先蒿 *Pedicularis longiflora* var. *tubiformis*

多年生低矮草本，可达 15 厘米。茎多短，很少伸长。叶基出与茎出，常成密丛，叶片羽状浅裂至深裂，有时最下方之叶几为全缘，披针形至狭长圆形，裂片 5~9 对，有重锯齿，齿常有胼胝而反卷。花均腋生，花冠黄色，下唇近喉部有 2 枚棕红色斑点。蒴果披针形。花期 7~9 月。分布于金昌市金川河流域湿地等区域。

马先蒿属 *Pedicularis*　大唇马先蒿 *Pedicularis megalochila*

多年生草本，高不超过 15 厘米。根成丛。茎单条或成丛，不分枝。叶多基生，茎生者多有花腋生而变为苞片，羽状浅裂或有时深裂，裂片 6~14 对，三角状卵形至卵状长圆形，缘有重圆齿；苞片叶状，远短于花；萼管常有深紫色斑点；花冠紫红色。花果期 7~9 月。分布于永昌县所辖祁连山林区、大黄山林区平顶湖草甸等区域。

马先蒿属 *Pedicularis*　轮叶马先蒿 *Pedicularis verticillata*

多年生草本，高达15~35厘米。主根多少纺锤形，茎直立。叶片长圆形至线状披针形，羽状深裂至全裂，茎生叶下部者偶对生，一般4枚成轮。花序总状；苞片叶状；萼球状卵圆形，常变红色；花冠紫红色。花果期7~8月。分布于永昌县所辖祁连山林区山坡及金川河流域湿地等区域。

马先蒿属 *Pedicularis*　普氏马先蒿 *Pedicularis przewalskii*

多年生低矮草本。根多数，成束，多少纺锤形而细长。茎多单条，其余全部成为花序，生叶极密；叶片披针状线形，质极厚，中脉极宽而明显，边缘羽状浅裂成圆齿，齿有胼胝，缘常强烈反卷。花序在小植株中仅合3~4花，在大植株中可达20以上；萼瓶状卵圆形，管口缩小，齿挤聚后方，5枚；花冠紫红色，喉部常为黄白色，盔强壮，下唇深3裂，裂片几相等，中裂圆形有凹头，侧裂卵形。蒴果斜长圆形。花果期6~7月。分布于永昌县所辖祁连山西大河河流两侧草甸等区域。

马先蒿属 *Pedicularis*　欧氏马先蒿 *Pedicularis oederi*

多年生草本，高 5~10 厘米。根多数，多少纺锤形。茎草质多汁。叶片线状披针形至线形，羽状全裂，裂片多数，常紧密排列，其数每边 10~20；花冠多二色，盔端紫黑色，其余黄白色。蒴果因花序离心。花期 6 月底至 9 月初。分布于永昌县所辖祁连山海拔 3000 米以上泥石流滩。

马先蒿属 *Pedicularis*　毛颏马先蒿 *Pedicularis lasiophrys*

多年生草本。茎直立，不分枝。叶在基部者最发达，有时成假莲座，叶片长圆状线形至披针状线形，缘有羽状的裂片或深齿，裂片或齿两侧全缘，顶端复有重齿或小裂。花序多少头状或伸长为短总状；苞片披针状线形至三角状披针形；萼钟形，齿 5 枚；花冠淡黄色，其前额与颏均密被黄色之毛。果期 7~9 月。分布于永昌县所辖大黄山平顶湖草地等区域。

马先蒿属 *Pedicularis* 穗花马先蒿 *Pedicularis spicata*

一年生草本。根圆锥形。茎有时单一而植株稀疏，均中空，略作四棱状，或有时下部完全方形，沿枝有毛线4条，节上毛尤密。叶基出者至开花时多不存在，多少莲座状，叶片椭圆状长圆形，两面被毛，羽状深裂，裂片长卵形，边多反卷，时有胼胝；茎生叶多4枚轮生，各茎3~6轮。穗状花序生于茎枝之端，仅下部花轮有时间断；苞片下部者叶状，中上部者为菱状卵形而有长尖头，基部宽而膜质；萼短而钟形，萼齿3枚，花冠红色，盔指向前上方，下唇长于盔2~2.5倍，中裂较小，倒卵形，较斜卵形的侧裂小。蒴果狭卵形，花果期7~10月。分布于金昌市金川河流域湿地草甸等区域。

马先蒿属 *Pedicularis* 三叶马先蒿 *Pedicularis ternata*

多年生草本，高可达50厘米。根茎粗壮。茎常多条。叶基生者多宿存而成丛，叶片多少披针形，羽状深裂至全裂，轴有翅，裂片多达14对，茎叶2~3轮，每轮3或4枚。花成极疏之轮，每轮2~4枚，各茎仅1~3轮，相距极远；花冠小，深堇色。蒴果极大。花果期7~9月。分布于永昌县所辖祁连山林区灌丛之中等区域。

豆列当属 *Mannagettaea* 矮生豆列当 *Mannagettaea hummelii*

多年生寄生草本(寄生鬼箭锦鸡儿)，高 10~11 厘米。茎粗壮，极短。叶少数，鳞片状，卵状披针形。花多数，常 8~10 朵密集簇生于茎的顶端呈近头状花序；苞片卵状披针形，顶端渐尖；花萼筒状，顶端 5 裂；花冠淡紫色至黑紫色；花冠二唇形，干后黄色，直立，花药长卵形。花果期 6~7 月。分布于永昌县所辖祁连山林区山坡锦鸡儿灌丛下。

肉苁蓉属 *Cistanche* 盐生肉苁蓉 *Cistanche salsa*

多年生寄生植物(寄生盐爪爪、珍珠猪毛菜、小果白刺等)，高 10~45 厘米，茎粗壮。叶卵状长圆形，两面无毛。穗状花序长；苞片卵形或长圆状披针形；花萼钟状，淡黄色或白色，顶端 5 浅裂，裂片卵形或近圆形，近等大；花冠筒状钟形，筒近白色或淡黄白色，顶端 5 裂，裂片淡紫色或紫色。蒴果卵形或椭圆形。花果期 5~8 月。分布于金昌市北部花草滩等荒漠区山坡等区域。

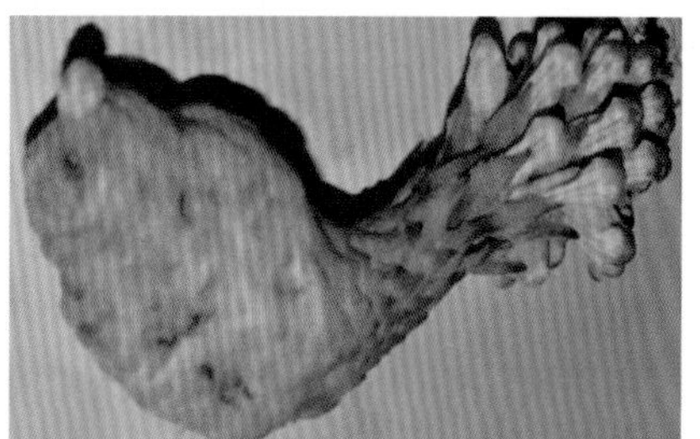

肉苁蓉属 *Cistanche* 沙苁蓉 *Cistanche sinensis*

多年生寄生植物（寄生于红砂、霸王等），植株高 15~70 厘米。茎鲜黄色，不分枝或自基部分，直径 1.5~2.2 厘米，基部稍增粗，生于茎下部的叶紧密，卵状三角形，上部的较稀疏，卵状披针形。穗状花序顶生，苞片卵状披针形或线状披针形；花萼近钟状，顶端 4 裂至中部或中部以下；花冠筒状钟形，淡黄色。蒴果长卵状球形或长圆形。花果期 5~8 月。分布于金昌市北部花草滩等荒漠区山坡等区域。

草苁蓉属 *Boschniakia* 丁座草 *Boschniakia himalaica*

植株高 15~45 厘米，近无毛。根状茎球形或近球形，常仅有 1 条直立的茎；茎不分枝，肉质。叶宽三角形、三角状卵形至卵形。花序总状，具密集的多数花；苞片 1 枚。蒴果近圆球形或卵状长圆形。种子不规则球形。花果期 4~9 月。分布于永昌县祁连山西大河林区杜鹃灌丛中。

车前科
Plantaginaceae

车前属 *Plantago* 车前 *Plantago asiatica*

二或多年生草本。须根多数。根茎短，稍粗。叶基生呈莲座状，平卧、斜展或直立；叶片薄纸质或纸质，宽卵形至宽椭圆形，先端钝圆至急尖，边缘波状、全缘或中部以下有锯齿、牙齿或裂齿。穗状花序细圆柱状，紧密或稀疏，花具短梗；花冠白色，冠筒与萼片约等长，花药卵状椭圆形，顶端具宽三角形突起，白色。蒴果纺锤状卵形、卵球形或圆锥状卵形。花果期 4~9 月。分布于金昌市各乡镇及祁连山荒滩、荒地、水沟、湿地等区域。

车前属 *Plantago* 小车前 *Plantago minuta*

一或多年生小草本，叶、花序梗及花序轴密被灰白色或灰黄色长柔毛，有时变近无毛。叶基生呈莲座状，平卧或斜展；叶片硬纸质，线形、狭披针形或狭匙状线形，先端渐尖，边缘全缘，基部渐狭并下延。花序 2 至多数；穗状花序短圆柱状至头状，紧密。蒴果卵球形或宽卵球形。花期 6~9 月。分布于金昌市各乡镇荒坡、荒山等区域。

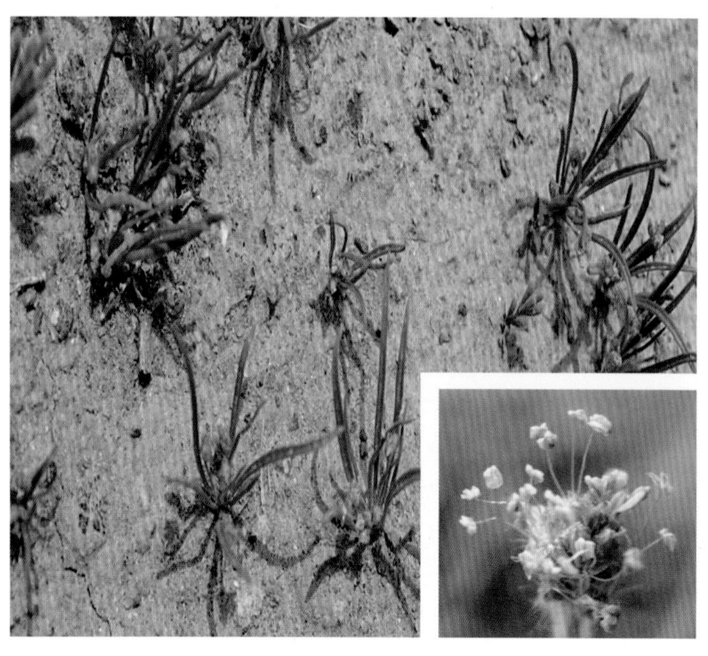

车前属 *Plantago*　平车前 *Plantago depressa*

一或二年生草本。直根长，具多数侧根。叶基生呈莲座状，平卧，椭圆形、椭圆状披针形或卵状披针形，先端急尖或微钝，边缘具浅波状钝齿。穗状花序细圆柱状，上部密集，基部常间断；花冠白色。蒴果卵状椭圆形至圆锥状卵形。花果期 5~9 月。分布于金昌市各乡镇及祁连山区荒滩、荒地、水沟、湿地等区域。

水马齿属 *Callitriche*　沼生水马齿 *Callitriche palustris*

一年生草本，高 10~30 厘米。叶对生，茎顶密集排列呈莲座状，浮于水面，倒卵形或倒卵状匙形，先端圆形，基部渐狭，两面具褐色小斑点，具 3 脉；茎生叶匙形或长圆状披针形。花单性，同株，单生叶腋。果倒卵状椭圆形。分布于永昌县所辖西大河林区湿地、水坑等区域。

杉叶藻属 *Hippuris*　杉叶藻 *Hippuris vulgaris*

多年生水生草本，全株光滑无毛。茎直立，多节，常带紫红色，高 8~150 厘米，上部不分枝，下部合轴分枝，有匍匐白色或棕色肉质根茎，节上生多数纤细棕色须根，生于泥中。叶条形，轮生，两型，无柄，(4)8~10(12)片轮生。花细小，两性，稀单性，无梗，单生叶腋。花果期 4~10 月。分布于金昌市北海子、红庙墩、金川峡水沟、河道边等区域。

婆婆纳属 *Veronica*　水苦荬 *Veronica undulata*

多年生植物，很少一年生草本。茎、花序轴、花梗、花萼或疏生具太空舱头状的腺毛；根状茎倾斜；茎直立或平卧在基部。叶无柄，向上抱茎；多数叶片椭圆形到卵形，边缘通常有锯齿。腋生的总状花序；花冠浅紫色或白色，辐状。蒴果近球形。花果期 4~9 月。分布于金昌市金川河流域水沟、湿地等区域。

婆婆纳属 *Veronica*　北水苦荬 *Veronica anagallis-aquatica*

多年生草本。茎直立或基部倾斜，不分枝或分枝，高 10~100 厘米。叶无柄，上部的半抱茎，多为椭圆形或长卵形，少为卵状矩圆形，更少为披针形，全缘或有疏而小的锯齿。花序比叶长，多花；花冠浅蓝色，浅紫色或白色。蒴果近圆形，长宽近相等。花果期 4~9 月。分布于金昌市金川河流域湿地、水沟等区域。

婆婆纳属 *Veronica*　毛果婆婆纳 *Veronica eriogyne*

多年生草本，高 20~50 厘米。茎直立，不分枝或有时基部分枝。叶披针形至条状披针形，边缘有整齐的浅刻锯齿，两面脉上生多细胞长柔毛。总状花序 2~4 支，侧生于茎近顶端叶腋，花密集，穗状；花冠紫色或蓝色，裂片倒卵圆形至长矩圆形。蒴果长卵形，上部渐狭，顶端钝，被毛。花期 7 月。分布于永昌县所辖祁连山林区荒坡等区域。

婆婆纳属 *Veronica*　婆婆纳 *Veronica polita*

一至二年生草本。高 10~50 厘米。茎密生 2 列多细胞柔毛。叶 2~4 对，具短柄，卵形或圆形，基部浅心形，平截或浑圆，边缘具钝齿，两面疏生柔毛。总状花序很长；苞片互生，与叶同形且几乎等大；花梗比苞片长；花冠蓝色、紫色或蓝紫色，裂片卵形至圆形，喉部疏被毛。蒴果肾形。花果期 5~7 月。分布于祁连山新城子林区荒地。

婆婆纳属 *Veronica*　长果婆婆纳 *Veronica ciliata*

多年生草本。高 10~30 厘米。茎丛生，上升，不分枝或基部分枝，有 2 列或几乎遍布灰白色细柔毛。叶无柄或下部的有极短的柄，叶片卵形至卵状披针形，两端急尖，少钝的，全缘或中段有尖锯齿或整个边缘具尖锯齿。总状花序 1~4 支，侧生于茎顶端叶腋，短而花密集；花冠蓝色或蓝紫色。蒴果卵状锥形，狭长，顶端钝而微凹。花果期 6~8 月。分布于永昌县所辖祁连山林区荒坡等区域。

婆婆纳属 *Veronica*　两裂婆婆纳 *Veronica biloba*

一年生草本。植株高 5~50 厘米。茎直立，通常中下部分枝，疏生白色柔毛。叶全部对生，有短柄，矩圆形至卵状披针形，基部宽楔形至圆钝，边缘有疏而浅的锯齿。花冠白色、蓝色或紫色。蒴果被腺毛，几乎裂达基部而成两个分果。花期 4~8 月。分布于永昌县所辖祁连山西大河林区山坡等区域 。

兔耳草属 *Lagotis*　短筒兔耳草 *Lagotis brevituba*

多年生矮小草本，高 5~15 厘米。茎 1~2(3)条，直立或蜿蜒状上升。基生叶 4~7 片，具长柄，略扁平，有窄翅；叶片卵形至卵状矩圆形，质地较厚，顶端钝或圆形，基部宽楔形至亚心形，边缘有深浅多变的圆齿，少近于全缘；茎生叶多数，生于花序附近。穗状花序头状至矩圆形，花稠密；花冠浅蓝色或白色带紫色。核果长卵圆形。花果期 6~8 月。分布于祁连山大黄山林区 3500 米以上泥石流滩。

兔耳草属 *Lagotis*　短穗兔耳草 *Lagotis brachystachya*

多年生矮小草本，高 4~8 厘米。根状茎短。匍匐走茎带紫红色，长可达 30 厘米以上。叶全部基出，莲座状；叶片宽条形至披针形，顶端渐尖，基部渐窄成柄，边全缘。花葶数条，纤细，倾卧或直立，高度不超过叶；穗状花序卵圆形，花密集；花冠白色或微带粉红或紫色。果实红色。花果期 5~8 月。分布于永昌县所辖祁连山新城子林区林缘荒滩及新城子镇荒滩等区域。

茜草科 Rubiaceae

茜草属 *Rubia*　茜草 *Rubia cordifolia*

多年生攀缘藤木，长通常 1.5~3.5 米；茎数至多条，方柱形，有 4 棱，棱上生倒生皮刺。叶通常 4 片轮生，披针形或长圆状披针形，顶端渐尖，有时钝尖，基部心形，边缘有齿状皮刺；基出脉 3 条，叶柄长。聚伞花序腋生和顶生，有花 10 余朵至数十朵；花冠淡黄色，花冠裂片近卵形，微伸展。果球形，成熟时橘黄色。花果期 8~9 月。分布于永昌县所辖祁连山及沿祁连山各乡镇山坡等区域。

茜草属 *Rubia*　林生茜草 *Rubia sylvatica*

多年生草质攀缘藤本。茎、枝细长，方柱形，有 4 棱，棱上有微小的皮刺。叶 4~10 片，很少 11~12 片轮生，膜状纸质，卵圆形至近圆，顶端长渐尖或尾尖，基部深心形，后裂片耳形，边缘有微小皮刺。聚伞花序腋生和顶生，通常有花 10 余朵；花和茜草相似。果球形，成熟时黑色，单生或双生。花果期 7~10 月。分布于永昌县所辖祁连山林区山坡等区域。

拉拉藤属 *Galium*　蓬子菜 *Galium verum*

多年生近直立草本，基部稍木质，高 25~45 厘米。茎有 4 角棱，被短柔毛或秕糠状毛。叶纸质，6~10 片轮生，线形，顶端短尖，边缘极反卷。聚伞花序顶生和腋生，较大，多花，通常在枝顶结成带叶的圆锥花序状；花冠黄色，辐状，花冠裂片卵形或长圆形。果近球状。花果期 4~10 月。分布于永昌县所辖祁连山林区山坡、林缘等区域。

拉拉藤属 *Galium*　猪殃殃 *Galium spurium*

多枝、蔓生或攀缘状草本；茎有4棱角；棱上、叶缘、叶脉上均有倒生的小刺毛。叶6~8片轮生，稀为4~5片，带状倒披针形或长圆状倒披针形，顶端有针状凸尖头，基部渐狭，两面常有紧贴的刺状毛。花常单生，花小，4数；花冠黄绿色或白色，辐状，裂片长圆形，镊合状排列；子房被毛。果干燥，有1或2个近球状的分果爿，肿胀，密被钩毛。花果期4~9月。分布于金昌市各乡镇及祁连山荒滩、农地及荒地等区域。

拉拉藤属 *Galium*　林猪殃殃 *Galium paradoxum*

一年生直立草本。须根纤细，紫红色；茎4棱形，几不分枝。叶具短柄，茎下部叶常2枚对生，中上部叶不等大至等大，叶片卵圆形，具1~3对羽状脉。聚伞花序1~3顶生或腋生，花冠白色。果近球形，密被白色钩毛。花果期6~8月。分布于永昌县所辖祁连山夹道林区林缘。

忍冬科 Caprifoliaceae

忍冬属 *Lonicera*　矮生忍冬 *Lonicera rupicola* var. *minuta*

落叶多枝矮灌木，临冬时当年小枝大部枯死；小枝淡黄褐色，叶脱落后枝顶呈针刺状，老枝灰褐色。叶对生，条形或条状倒披针形，短枝上的叶常较宽而呈条状矩圆形至卵状矩圆形，顶端钝，基部楔形或圆形至近截形，边缘多少背卷。花生于当年小枝下部，几无总花梗，芳香；花冠淡紫红色，筒状漏斗形，内面连同裂片中下部有短柔毛，裂片近卵形，略不相等。果实卵圆形或近圆形。花果期6~8月。分布于祁连山大黄山林区山坡。

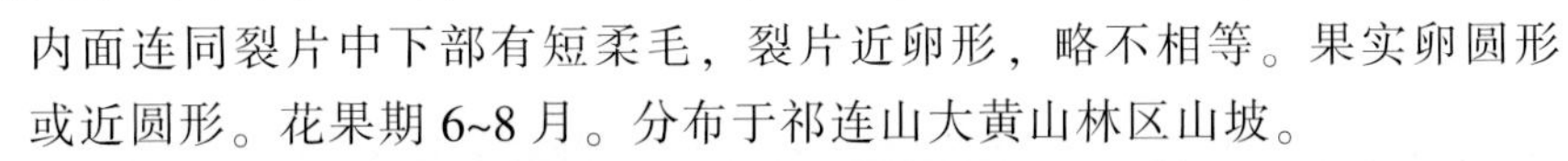

忍冬属 *Lonicera*　小叶忍冬 *Lonicera microphylla*

落叶灌木，高达2米。叶倒卵形、倒卵状椭圆形至椭圆形或矩圆形，有时倒披针形，顶端钝或稍尖，有时圆形至截形而具小凸尖。总花梗成对生于幼枝下部叶腋，稍弯曲或下垂；花冠黄色或白色，唇形，唇瓣长约等于基部一侧具囊的花冠筒，上唇裂片直立，矩圆形，下唇反曲；果实红色或橙黄色。花果期6~8月。分布于永昌县所辖祁连山及北部山区沟谷、山坡等区域。

忍冬属 *Lonicera*　岩生忍冬 *Lonicera rupicola*

落叶灌木，高达 1.5 米。小枝纤细，叶脱落后小枝顶常呈针刺状，有时伸长而平卧。3(4)枚轮生，很少对生，条状披针形、矩圆状披针形至矩圆形，顶端尖或稍具小凸尖或钝形，基部楔形至圆形或近截形，两侧不等，边缘背卷。花生于幼枝基部叶腋，芳香，总花梗极短；花冠淡紫色或紫红色，筒状钟形，筒长为裂片的 1.5~2 倍，裂片卵形。果实红色，椭圆形。花果期 6~9 月。分布于永昌县所辖祁连山林区沟谷、林缘等区域。

忍冬属 *Lonicera*　红花岩生忍冬 *Lonicera rupicola* var. *syringantha*

与原变种岩生忍冬区别：叶下面疏生短毛至无毛。

忍冬属 *Lonicera*　葱皮忍冬 *Lonicera ferdinandi*

落叶灌木，高达 3 米。动枝有开展或反曲的刚毛。叶卵形至卵状披针形或矩圆状披针形，顶端尖或短渐尖，基部圆形、截形至浅心形，边缘有时波状，很少有不规则钝缺刻，有睫毛，上面疏生刚伏毛或近无毛。花冠白色，后变淡黄色，内面有长柔毛，唇形，筒比唇瓣稍长或近等长，基部一侧肿大，上唇浅 4 裂，下唇细长反曲。果实红色，卵圆形。花果期 6~10 月。分布于永昌县所辖祁连山林区山坡、沟谷等区域。

忍冬属 *Lonicera*　刚毛忍冬 *Lonicera hispida*

落叶灌木，高达 2 米；幼枝常带紫红色。叶厚纸质，形状、大小和毛被变化很大，椭圆形、卵状椭圆形、卵状矩圆形至矩圆形，有时条状矩圆形，顶端尖或稍钝，基部有时微心形。花冠白色或淡黄色，漏斗状，近整齐，筒基部具囊，裂片直立，短于筒。果实先黄色后变红色，卵圆形至长圆筒形。花果期 6~9 月。分布于永昌县所辖祁连山林区林缘、山坡、沟谷等区域。

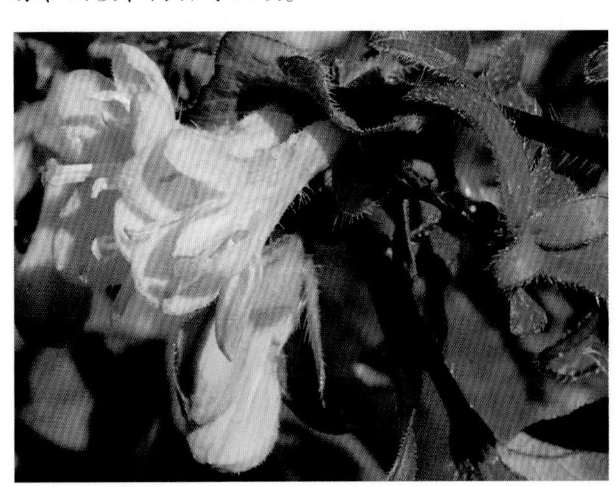

缬草属 *Valeriana* 缬草 *Valeriana officinalis*

多年生高大草本，高可达 100~150 厘米。茎中空，有纵棱。匍枝叶、基出叶和基部叶在花期常凋萎。茎生叶卵形至宽卵形，羽状深裂，裂片 7~11。花序顶生，成伞房状三出聚伞圆锥花序；花冠淡紫红色或白色，花冠裂片椭圆形，雌雄蕊约与花冠等长。瘦果长卵形。花果期 5~8 月。分布于永昌县所辖西大河林区林中空地等区域。

缬草属 *Valeriana* 小缬草 *Valeriana tangutica*

多年生细弱小草本，高 10~15(20)厘米，根状茎及根均具有浓香味。基生叶薄纸质，心状宽卵形或长方状卵形；茎上部叶羽状 3~7 深裂。半球形的聚伞花序顶生；花白色或有时粉红色；花冠筒状漏斗形，花冠 5 裂，裂片倒卵形。花果期 6~8 月。分布于永昌县所辖祁连山林区石崖低潮湿处及林内石质山坡等区域。

刺参属 *Morina*　圆萼刺参 *Morina chinensis*

多年生草本，根粗壮。茎高15~70厘米，下部光滑，紫色。基生叶6~8，簇生，线状披针形。花茎从叶丛中生出；茎生叶与基生叶相似，4~6(通常4)叶轮生，2~3轮，裂片边缘具硬刺。轮伞花序顶生，6~9节，紧密穗状，花后各轮疏离；花冠二唇形，淡绿色，上唇2裂，下唇3裂。瘦果长圆形。花果期7~9月。分布于永昌县所辖祁连山西大河林区山坡等区域。

五福花科 Adoxaceae

五福花属 *Adoxa*　五福花 *Adoxa moschatellina*

多年生矮小草本，高8~15厘米；茎单一，纤细，无毛，有长匍匐枝。基生叶1~3，为一至二回三出复叶；小叶片宽卵形或圆形；茎生叶2枚，对生，3深裂，裂片再3裂。花序有限生长，5~7朵花成顶生聚伞性头状花序；花黄绿色；花萼浅杯状，顶生花的花萼裂片2，侧生花的花萼裂片3；花冠幅状，管极短，顶生花的花冠裂片4，侧生花的花冠裂片5。核果。花果期6~8月。分布于永昌县所辖祁连山林区林缘、石崖低潮湿区域。

接骨木属 *Sambucus* 接骨木 *Sambucus williamsii*

落叶灌木或小乔木，高5~6米。羽状复叶有小叶2~3对，有时仅1对或多达5对，侧生小叶片卵圆形、狭椭圆形至倒矩圆状披针形，顶端尖，边缘具不整齐锯齿，有时基部或中部以下具1至数枚腺齿，基部楔形或圆形。圆锥形聚伞花序顶生，花序分枝多成直角开展；花冠蕾时带粉红色，开后白色或淡黄色，筒短，裂片矩圆形或长卵圆形。果实红色。花果期6~9月。金昌市各乡镇农户门前多种植。

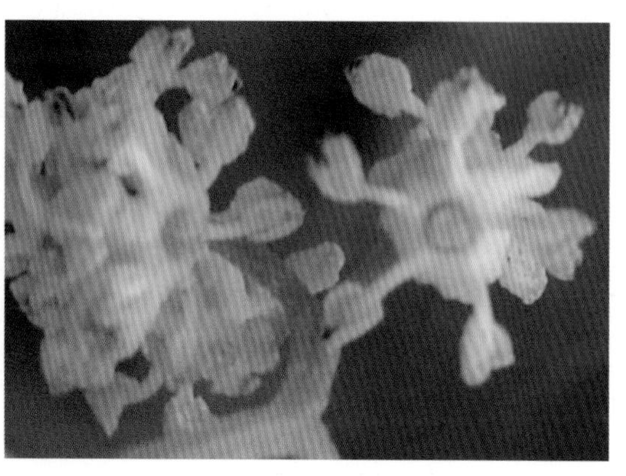

荚蒾属 *Viburnum* 香荚蒾 *Viburnum farreri*

落叶灌木，高达5米；当年小枝绿色。叶纸质，椭圆形或菱状倒卵形，顶端锐尖，基部楔形至宽楔形，边缘基部除外具三角形锯齿，侧脉5~7对，直达齿端。圆锥花序生于能生幼叶的短枝之顶，有多数花，花先叶开放，芳香；花冠蕾时粉红色，开后变白色，高脚碟状，裂片5(4)枚。果实紫红色，矩圆形。花期4~5月。金昌市永昌县城关镇农户零星种植。

葫芦科 Cucurbitaceae

南瓜属 *Cucurbita* 南瓜 *Cucurbita moschata*

一年生蔓生草本；茎常节部生根，伸长达 2~5 米，密被白色短刚毛。叶片宽卵形或卵圆形，有 5 角或 5 浅裂，上面密被黄白色刚毛和茸毛，常有白斑，叶脉隆起 。雌雄同株。雄花单生；花冠黄色，钟状，裂片边缘反卷，具皱褶，先端急尖。瓠果形状多样，因品种而异。金昌市各乡镇种植。

南瓜属 *Cucurbita* 西葫芦 *Cucurbita pepo*

一年生蔓生草本；茎有棱沟。叶柄粗壮，被短刚毛，三角形或卵状三角形，先端锐尖，边缘有不规则的锐齿，基部心形，弯缺半圆形。雌雄同株。雄花单生；花冠黄色，常向基部渐狭呈钟状，分裂至近中部，裂片直立或稍扩展，顶端锐尖。果实形状因品种而异。金昌市各乡镇种植。

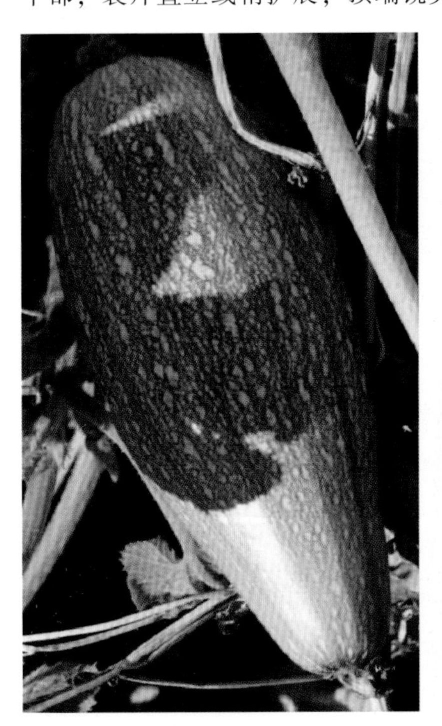

黄瓜属 *Cucumis* 黄瓜 *Cucumis sativus*

一年生蔓生或攀缘草本；茎、枝伸长。叶片宽卵状心形，3~5个角或浅裂，裂片三角形，有齿，有时边缘有缘毛。雌雄同株。雄花：常数朵在叶腋簇生；花冠黄白色，花冠裂片长圆状披针形，急尖；雄蕊3。雌花：单生或稀簇生；花梗粗壮。果实长圆形或圆柱形。花果期夏季。金昌市各乡镇农户种植。

西瓜属 *Citrullus* 西瓜 *Citrullus lanatus*

一年生蔓生藤本。叶片纸质，轮廓三角状卵形，3深裂。雌雄同株。雌、雄花均单生于叶腋。雄花：花冠淡黄色，裂片卵状长圆形；雄蕊3。雌花：花萼和花冠与雄花同。果实大型，近于球形或椭圆形，肉质，多汁，果皮光滑。花果期夏季。金昌市双湾朱、王堡镇等北部乡镇种植。

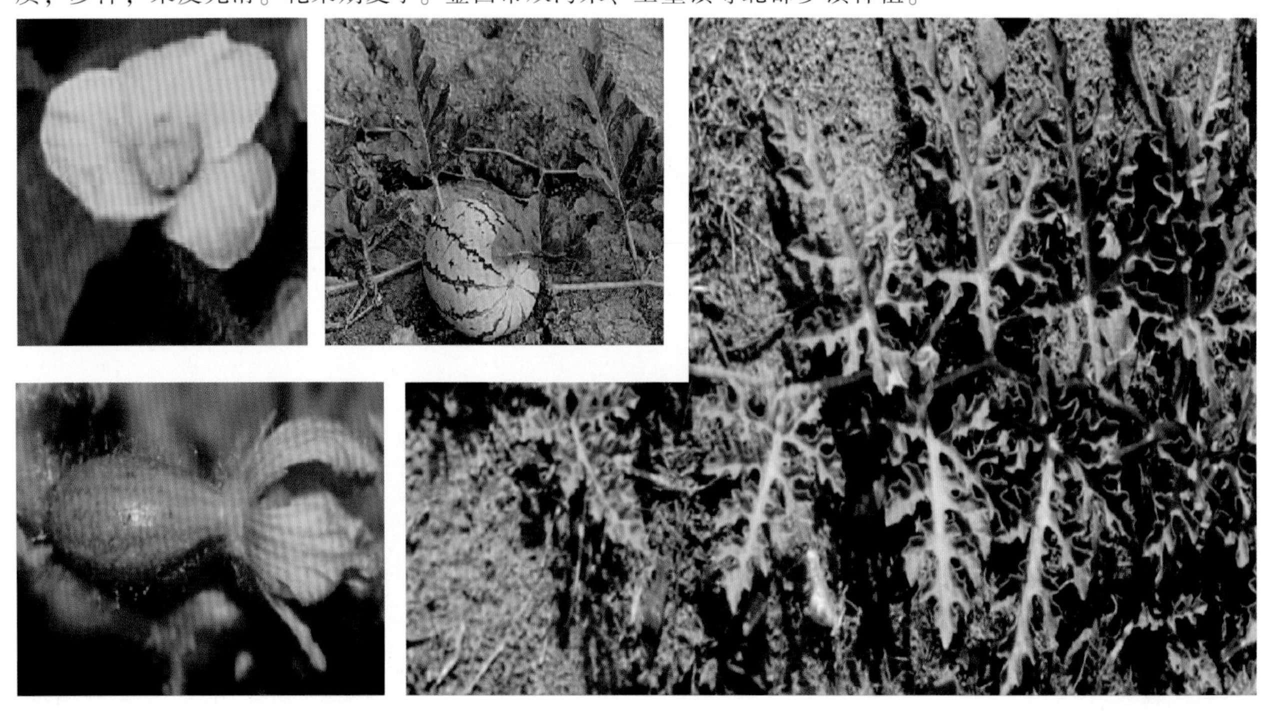

桔梗科 Campanulaceae

党参属 *Codonopsis*　党参 *Codonopsis pilosula*

多年生缠绕草本。根常肥大呈纺锤状或纺锤状圆柱形。茎缠绕，有多数分枝。叶在主茎及侧枝上的互生，在小枝上的近于对生，叶片卵形或狭卵形，端钝或微尖，基部近于心形，边缘具波状钝锯。花单生于枝端；花冠上位，阔钟状，黄绿色，内面有明显紫斑，浅裂，裂片正三角形。蒴果下部半球状。花果期7~10月。分布于金昌市武当山山坡，各乡镇农户零星种植。

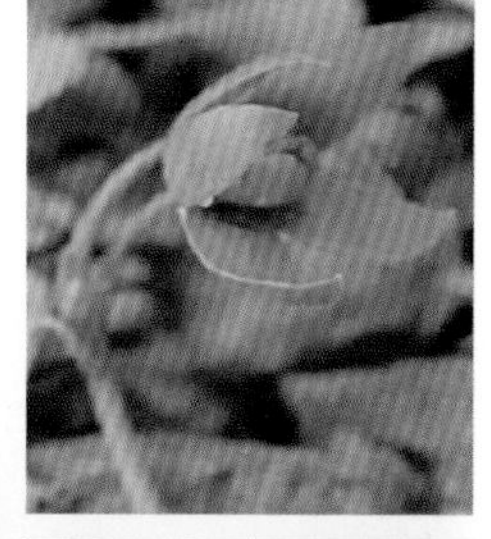

风铃草属 *Campanula*　钻裂风铃草 *Campanula aristata*

多年生草本。根胡萝卜状。茎通常2至数支丛生，直立。基生叶卵圆形至卵状椭圆形，具长柄；茎中下部的叶披针形至宽条形，具长柄，中上部的条形，无柄，全缘或有疏齿；全部叶无毛。花冠蓝色或蓝紫色。蒴果圆柱状。花期6~8月。分布于永昌县所辖祁连山林区山坡、高山草甸等区域。

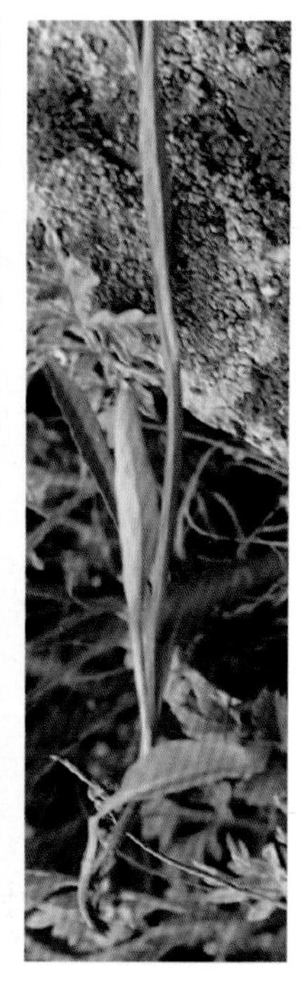

沙参属 *Adenophora* 喜马拉雅沙参 *Adenophora himalayana*

多年生草本。根细，常稍稍加粗。茎常数支发自一条茎基上，不分枝。基生叶心形或近于三角状卵形；茎生叶卵状披针形、狭椭圆形至条形。单花顶生或数朵花排成假总状花序；花萼无毛；花冠蓝色或蓝紫色，钟状；花柱与花冠近等长或略伸出花冠。蒴果卵状矩圆形。花果期 7~9 月。分布于永昌县所辖祁连山林区山坡草地等区域。

沙参属 *Adenophora* 长柱沙参 *Adenophora stenanthina*

多年生草本。茎常数支丛生，有时上部有分枝。基生叶心形，边缘有深刻而不规则的锯齿；茎生叶从丝条状到宽椭圆形或卵形，全缘或边缘有疏离的刺状尖齿。花序无分枝，因而呈假总状花序或有分枝而集成圆锥花序；花冠细，近于筒状或筒状钟形，浅蓝色、蓝色、蓝紫色、紫色；雄蕊与花冠近等长。蒴果椭圆状。花果期 8~9 月。分布于永昌县所辖祁连山林区及北部山区山坡、林缘等区域。

菊科 Asteraceae

紫菀属 *Aster*　阿尔泰狗娃花 *Aster altaicus*

多年生草本。茎直立，高 20~60 厘米。基部叶在花期枯萎；下部叶条形或矩圆状披针形、倒披针形，或近匙形，全缘或有疏浅齿；上部叶渐狭小，条形；全部叶两面或下面被粗毛或细毛，常有腺点，中脉在下面稍凸起。头状花序单生枝端或排成伞房状；舌状花约 20 个；管状花裂片不等大。瘦果扁，倒卵状矩圆形。花果期 5~9 月。分布于金昌市各乡镇荒滩、河滩、山坡等区域。

紫菀属 *Aster*　狗娃花 *Aster hispidus*

一或二年生草本。基部及下部叶在花期枯萎，倒卵形，全缘或有疏齿；中部叶矩圆状披针形或条形，上部叶小，条形。头状花序单生于枝端而排列成伞房状；总苞半球形。舌状花 30 余个；舌片浅红色或白色。瘦果倒卵形，扁。花果期 7~9 月。分布于永昌县所辖祁连山西大河林区山坡。

紫菀属 *Aster* 半卧狗娃花 *Aster semiprostratus*

多年生草本，生出多数簇生茎枝。茎枝平卧或斜升，很少直立。叶条形或匙形，顶端宽短尖，基部渐狭；中脉上面稍下陷，下面稍凸起，有时基部有3脉。头状花序单生枝端；舌片蓝色或浅紫色。管花黄色。花果期8~9月。分布于永昌县东水岸沙漠区域。

紫菀属 *Aster* 青藏狗娃花 *Aster boweri*

多年生草本。茎单生或3~6个簇生于根颈上。基部叶密集，条状匙形，顶端尖或钝，基部宿存；下部叶条形或条状匙形，基部宽大，抱茎；上部叶条形；全部叶质厚，全缘或边缘皱缩，两面密生白色长粗毛或上面近无毛，有缘毛。头状花序单生于茎端或枝端，总苞片2~3层；舌状花约50个；舌片蓝紫色。瘦果狭，倒卵圆形。花果期7~8月。分布于永昌县所辖祁连山林区山坡等区域。

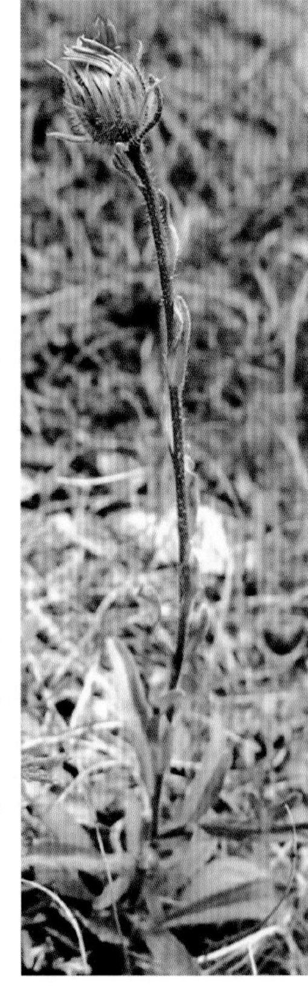

紫菀属 *Aster* 星舌紫菀 *Aster asteroides*

多年生草本。块根4~6个，萝卜状。茎单生，不分枝，被白色长毛和黑紫色腺毛。叶大部分基生，倒卵形、卵形或长圆形，全缘，常被密或疏长毛。头状花序单生茎顶；舌状花蓝紫色，舌片线状长圆形；管状花黄色；花果期7~9月。分布于永昌县所辖大黄山林区海拔3000米以上山坡等区域。

紫菀属 *Aster* 狭苞紫菀 *Aster farreri*

多年生草本。茎直立。茎下部叶及莲座状叶狭匙形，下部渐狭成长柄，顶端稍尖，全缘或有小尖头状疏齿；中部叶线状披针形；上部叶小；全部叶质稍薄。头状花序在茎端单生；总苞半球形，总苞片约2层；舌状花约100个或更多，舌片紫蓝色；管状花上部黄色，被疏毛。瘦果长圆形。花果期7~9月。分布于永昌县所辖祁连山林区海拔3000米以上山坡等区域。

联毛紫菀属 *Symphyotrichum* 短星菊 *Symphyotrichum ciliatum*

一年生草本。茎直立，自基部分枝，下部常紫红色。叶较密集，基部叶花期常凋落。叶无柄，线形或线状披针形，顶端尖或稍尖，基部半抱茎，全缘，上部叶渐小而逐渐变成总苞片。头状花序多数或较多数，在茎或枝端排成总状圆锥花序，少有单生于枝顶端；雌花多数，花冠细管状，无色；两性花花冠管状，无色或裂片淡粉色。瘦果长圆形。花果期 8~10 月。分布于金昌市金川河流域河滩、湿地、水库边等区域。

紫菀木属 *Asterothamnus* 中亚紫菀木 *Asterothamnus centraliasiaticus*

多分枝半灌木，高 20~40 厘米。茎多数，簇生，下部多分枝，上部有花序枝，直立或斜升，基部木质，坚硬。叶较密集，斜上或直立，长圆状线形或近线形，先端尖，基部渐狭，边缘反卷，具 1 明显的中脉，上面被灰绿色，下面被灰白色蜷曲密绒毛。头状花序大，在茎枝顶端排成疏散的伞房花序，花序梗较粗壮；有 7~10 个舌状花，舌片开展，淡紫色；花冠管状，黄色。瘦果长圆形。花果期 7~9 月。分布于金昌市各乡镇山坡、荒滩等区域。

飞蓬属 *Erigeron*　长茎飞蓬 *Erigeron acris* subsp. *politus*

二或多年生草本。叶全缘，质较硬，绿色，或叶柄紫色，边缘常有睫毛状的长节毛，两面无毛；基部叶密集，莲座状，花期常枯萎；基部及下部叶倒披针形或长圆形，顶端钝，基部狭成长叶柄，中部和上部叶无柄，长圆形或披针形，顶端尖或稍钝。头状花序较少数，生于伸长的小枝顶端；雌花外层舌状，不超出花盘或与花盘等长，舌片淡红色或淡紫色；两性花管状，黄色。瘦果长圆状披针形。花果期7~9月。分布于永昌县所辖祁连山山坡等区域。

火绒草属 *Leontopodium*　矮火绒草 *Leontopodium nanum*

多年生草本。基部叶在花期生存并为枯叶残片和鞘所围裹；茎部叶较莲座状叶稍长大，匙形或线状匙形，顶端圆形或钝，有隐没于毛茸中的短尖头，下部渐狭成短窄的鞘部，边缘平，质稍厚，两面被白色或上面被灰白色长柔毛状密茸毛。头状花序单生或3个密集，稀多至7个；总苞片4~5层；雄花花冠狭漏斗状，有小裂片；雌花花冠细丝状，花后增长；冠毛亮白色；雄花冠毛细，有短毛或长锯齿。花果期5~7月。分布于永昌县所辖祁连山林区山谷滩地、高山草甸等区域。

火绒草属 *Leontopodium*　美头火绒草 *Leontopodium calocephalum*

多年生草本。叶直立或稍开展，下部叶与不育茎的叶披针形、长披针形或线状披针形，顶端尖；中部或上部叶渐短，卵圆披针形，全部叶草质，边缘有时稍反折。头状花序 5~20(25)个，多少密集；总苞片约 4 层；小花异形，有 1 或少数雄花和雌花，或雌雄异株；雄花花冠狭漏斗状管状；雌花花冠丝状；冠毛白色，基部稍黄色。花果期 7~10 月。分布于永昌县所辖祁连山林区山坡、草甸等区域。

火绒草属 *Leontopodium*　黄白火绒草 *Leontopodium ochroleucum*

多年生草本。有多数莲座状叶丛和花茎密集成高达 15 厘米的植丛，或有时花茎单生或与莲座状叶丛簇生。茎直立或斜升；较高的茎有时达 15 个叶，低矮的茎只有 1~2 个叶。莲座状与茎部叶同形；中部叶多少直立或稍开展，舌形，长圆形，两面被密或疏生的灰白色稀稍绿色的长柔毛。苞叶较少数。头状花序通常少数至 15 个密集；总苞片约 3 层。小花异型，有时在外的头状花序雌性，或雌雄异株。瘦果无毛或有乳头状突起或短毛。花果期 7~9 月。分布于永昌县所辖祁连山林区山坡。

香青属 *Anaphalis* 淡黄香青 *Anaphalis flavescens*

多年生草本。根状茎稍细长，木质，有膜质鳞片状叶及顶生的莲座状叶丛。茎从膝曲的基部直立或斜升，被灰白色蛛丝状棉毛稀白色厚棉毛。莲座状叶倒披针状长圆形；下部及中部叶长圆状披针形或披针形，直立或依附于茎上，基部沿茎下延成狭翅；全部叶被灰白色或黄白蛛丝状棉毛或白色厚棉毛。头状花序6~16个密集成伞房或复伞房状；总苞宽钟状。瘦果长圆形。花果期8~9月。分布于永昌县所辖祁连山山坡草地。

香青属 *Anaphalis* 乳白香青 *Anaphalis lactea*

多年生草本。根状茎粗壮，灌木状，有顶生的莲座状叶丛或花茎。茎直立，高10~40厘米，莲座状叶披针状或匙状长圆形，下部渐狭成具翅而基部鞘状的长柄；茎下部叶较莲座状常稍小，边缘平，顶端尖或急尖，有或无小尖头；中部及上部叶直立或依附于茎上，长椭圆形，线状披针形或线形。头状花序多数，在茎和枝端密集成复伞房状。雌株头状花序有多层雌花，中央有2~3个雄花；雄株头状花序全部有雄花。瘦果圆柱形。花果期7~9月。分布于永昌县所辖祁连山林区山坡、河滩及沿祁连山各乡镇荒地等区域。

香青属 *Anaphalis*　铃铃香青 *Anaphalis hancockii*

多年生草本。茎从膝曲的基部直立，高 5~35 厘米。莲座状叶与茎下部叶匙状或线状长圆形，基部渐狭成具翅的柄或无柄，顶端圆形或急尖；中部及上部叶直立，常贴附于茎上，线形，或线状披针形。头状花序 9~15 个，在茎端密集成复伞房状；雌株头状花序有多层雌花，中央有 1~6 个雄花；雄株头状花序全部有雄花。瘦果长圆形。花期 6~9 月。分布于永昌县所辖祁连山林区山坡、河滩等区域。

旋覆花属 *Inula*　蓼子朴 *Inula salsoloides*

亚灌木，高达 45 厘米。叶披针状或长圆状线形，全缘，基部常心形或有小耳，半抱茎，边缘平或稍反卷。头状花序单生于枝端。总苞倒卵形；舌状花较总苞长半倍，舌浅黄色，椭圆状线形，顶端有 3 个细齿；管状花上部狭漏斗状。花果期 5~9 月。分布于金昌市各乡镇荒滩、沙地、戈壁等区域。

旋覆花属 *Inula*　欧亚旋覆花 *Inula britannica*

多年生草本。茎直立，单生或 2~3 个簇生。基部叶在花期常枯萎；中部叶长椭圆形，基部宽大，无柄，心形或有耳，半抱茎，顶端尖或稍尖，有浅或疏齿。头状花序 1~5 个，生于茎端或枝端；总苞半球形；总苞片 4~5 层；舌状花舌片线形，黄色；管状花花冠上部稍宽大，有三角披针形裂片。花果期 7~10 月。分布于金昌市金川河流域湿地、河滩等区域。

花花柴属 *Karelinia*　花花柴 *Karelinia caspia*

多年生草本，高 50~100 厘米。茎粗壮，直立，多分枝。叶卵圆形，长卵圆形，或长椭圆形，顶端钝或圆形，基部等宽或稍狭，有圆形或戟形的小耳，抱茎，全缘，有时具稀疏而不规则的短齿，质厚，几肉质，两面被短糙毛。头状花序 3~7 个生于枝端；小花黄色或紫红色；雌花花冠丝状；两性花花冠细管状。花果期 7~10 月。分布于金昌市郑家堡柴湾、喇叭泉林场固定沙丘等区域。

苍耳属 *Xanthium*　苍耳 *Xanthium strumarium*

一年生草本，高 20~90 厘米。茎直立不枝或少有分枝，下部圆柱形。叶三角状卵形或心形，近全缘，或有 3~5 不明显浅裂，顶端尖或钝，基部稍心形或截形，与叶柄连接处成相等的楔形，边缘有不规则的粗锯齿；雄性的头状花序球形；雌性的头状花序椭圆形。瘦果 2，倒卵形。花果期 7~10 月。分布于金昌市各乡镇农地边、荒滩等区域。

鬼针草属 *Bidens*　狼杷草 *Bidens tripartita*

一年生草本。圆柱状或具钝棱而稍呈四方形，绿色或带紫色。叶对生，下部的较小，不分裂，边缘具锯齿。中部叶具柄，长椭圆状披针形，不分裂（极少）或近基部浅裂成一对小裂片，通常 3~5 深裂，顶生裂片较大。头状花序单生茎端及枝端；总苞盘状，外层苞片 5~9 枚；无舌状花，全为筒状两性花。瘦果扁。花果期 8~9 月。分布于金昌市金川河流域湿地、荒滩等区域。

向日葵属 *Helianthus* 向日葵 *Helianthus annuus*

一年生高大草本。茎直立，高 1~3 米。叶互生，心状卵圆形或卵圆形，顶端急尖或渐尖，有三基出脉，边缘有粗锯齿，两面被短糙毛，有长柄。头状花序极大，单生于茎端或枝端，常下倾；总苞片多层，叶质，覆瓦状排列；舌状花多数，黄色，舌片开展，长圆状卵形或长圆形，不结实；管状花极多数，棕色或紫色，有披针形裂片，结果实。瘦果倒卵形或卵状长圆形。花果期 7~9 月。金昌市各乡镇均有种植。

向日葵属 *Helianthus* 菊芋 *Helianthus tuberosus*

多年生草本，有块状的地下茎及纤维状根。叶通常对生，但上部叶互生；下部叶卵圆形或卵状椭圆形，有长柄，基部宽楔形或圆形，有时微心形，顶端渐细尖，边缘有粗锯齿；上部叶长椭圆形至阔披针形，基部渐狭，下延成短翅状，顶端渐尖，短尾状。头状花序较大，单生于枝端，总苞片多层；舌状花通常 12~20 个，舌片黄色；管状花花冠黄色。瘦果楔形。花果期 8~9 月。金昌市各乡镇农户及居民庭院种植。

牛膝菊属 *Galinsoga*　牛膝菊 *Galinsoga parviflora*

一年生草本，高 10~80 厘米。叶对生，卵形或长椭圆状卵形，基部圆形、宽或狭楔形，顶端渐尖或钝，边缘浅或钝锯齿或波状浅锯齿，在花序下部的叶有时全缘或近全缘。头状花序多数在茎枝顶端排成疏松的伞房花序；舌状花 4~5 个，舌片白色，顶端 3 齿裂；管状花黄色。花果期 7~10 月。分布于金昌市各乡镇农地边、菜地、苗圃等区域。

百日菊属 *Zinnia*　百日菊 *Zinnia elegans*

一年生草本。茎直立，高 30~100 厘米。叶宽卵圆形或长圆状椭圆形，基部稍心形抱茎，两面粗糙，下面被密的短糙毛，基出三脉。头状花序单生枝端；总苞宽钟状；舌状花深红色、玫瑰色、紫堇色或白色，舌片倒卵圆形，先端 2~3 齿裂或全缘；管状花黄色或橙色，先端裂片卵状披针形。雌花瘦果倒卵圆形；管状花瘦果倒卵状楔形。花果期 6~9 月。金昌市各乡镇街道、农户庭院等种植。

大丽花属 *Dahlia* 大丽花 *Dahlia pinnata*

多年生草本，有巨大棒状块根。茎直立，高 1.5~2 米，粗壮。叶一至三回羽状全裂，上部叶有时不分裂，裂片卵形或长圆状卵形。头状花序大，有长花序梗，常下垂；舌状花 1 层，白色、红色，或紫色，常卵形，顶端有不明显的 3 齿，或全缘；管状花黄色，有时栽培种全部为舌状花。瘦果长圆形。花果期 9~10 月。金昌市各乡镇街道、农户庭院等种植。

秋英属 *Cosmos* 秋英 *Cosmos bipinnatus*

一或多年生草本，高 1~2 米。叶二次羽状深裂，裂片线形或丝状线形。头状花序单生，总苞片外层披针形或线状披针形，近革质，淡绿色，具深紫色条纹；舌状花紫红色，粉红色或白色，舌片椭圆状倒卵形，有 3~5 钝齿；管状花黄色。瘦果黑紫色，有 2~3 尖刺。花果期 6~9 月。金昌市各乡镇街道、农户庭院等种植。

短舌菊属 *Brachanthemum*　星毛短舌菊 *Brachanthemum pulvinatum*

小半灌木。根粗壮，木质化。叶全形楔形、椭圆形或半圆形，掌式羽状或羽状分裂；花序下部的叶明显 3 裂；全部叶灰绿色，被贴伏的尘状星状毛。头状花序单生或枝生 3~8 个头状花序，少有枝生 2 个头状花序的。总苞片 4 层；舌状花黄色，7~14 个，舌片椭圆形，顶端 2 微尖齿。瘦果长 2 毫米。花果期 7~9 月。分布于永昌县所辖祁连山山区石质阳坡及各乡镇山坡、戈壁等区域。

小甘菊属 *Cancrinia*　灌木小甘菊 *Cancrinia maximowiczii*

小半灌木，多枝。上部小枝细长呈帚状。叶外形长圆状线形，羽状深裂；裂片 2~5 对，不等大，镰状，顶端短渐尖，全缘或有 1~2 个小齿，边缘常反卷。头状花序 2~5 个在枝端排成伞房状；总苞钟状或宽钟状；花冠黄色，冠檐 5 短裂齿。花果期 7~10 月。分布于金昌市北部山区石质山沟及永昌县所辖祁连山林区山沟、石质山坡等区域。

小甘菊属 *Cancrinia* 小甘菊 *Cancrinia discoidea*

二年生草本，高 5~20 厘米。叶灰绿色，被白色棉毛至几无毛，叶片长圆形或卵形，二回羽状深裂，裂片 2~5 对，每个裂片又 2~5 深裂或浅裂，少有全部或部分全缘，末次裂片卵形至宽线形，顶端钝或短渐尖。总苞片 3~4 层；花黄色，檐部 5 齿裂。花果期 5~9 月。分布于金昌市北部山区石质山坡等区域。

百花蒿属 *Stilpnolepis* 紊蒿 *Stilpnolepis intricata*

一年生草本，自基部多分枝，并形成球形枝丛。茎淡红色，叶无柄，有绵毛，羽状分裂；裂片 7 枚，其中 4 裂片位于叶基部，3 裂片位于叶先端。头状花序多数，在茎枝顶端排成疏松伞房花序；总苞杯状半球形，内含 60~100 余个花；全部小花花冠淡黄色。瘦果斜倒卵形。花果期 9~10 月。分布于金昌市北部山区及沿祁连山浅山山坡等区域。

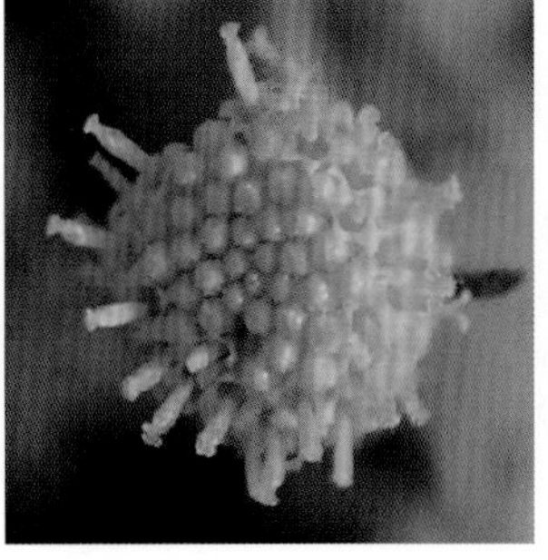

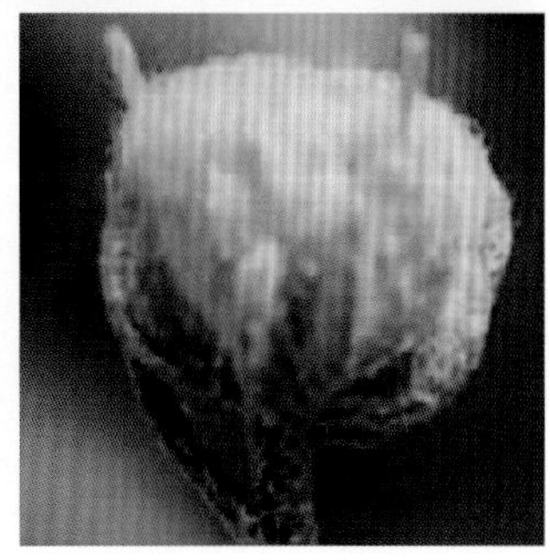

亚菊属 *Ajania* 铺散亚菊 *Ajania khartensis*

多年生草本。花茎和不育茎被贴伏柔毛。叶圆形、半圆形、扇形或宽楔形，二回掌状 3~5 全裂，小裂片椭圆形；接花序下部的叶和下部或基部叶常 3 裂；两面灰白色，被贴伏柔毛。头状花序排成伞房花序；总苞宽钟状，总苞片 4 层；边缘雌花细管状。花果期 7~9 月。分布于永昌县所辖祁连山林区山坡等区域。

亚菊属 *Ajania* 灌木亚菊 *Ajania fruticulosa*

小半灌木。老枝麦秆黄色，花枝灰白色或灰绿色。中部茎叶全形圆形、扁圆形、三角状卵形、肾形或宽卵形，规则或不规则二回掌状或掌式羽状 3~5 分裂；中上部和中下部的叶掌状 3~4 全裂或有时掌状 5 裂，或全部茎叶 3 裂；全部叶有长或短柄，末回裂片线钻、宽线形、倒长披针形，顶端尖或圆或钝，两面同色或几同色，灰白色或淡绿色，被等量的顺向贴伏的短柔毛；叶耳无柄。头状花序小，少数或多数在枝端排成伞房花序或复伞房花序；边缘雌花 5 个。花果期 8~9 月。分布于永昌县所辖祁连山山区及各乡镇山坡、荒滩等区域。

亚菊属 *Ajania* 细叶亚菊 *Ajania tenuifolia*

多年生草本，高 9~20 厘米。根茎短，发出多数的地下匍茎和地上茎。茎自基部分枝，分枝弧形斜升或斜升；茎枝被短柔毛。叶二回羽状分裂；全形半圆形或三角状卵形或扇形；一回侧裂片 2~3 对，末回裂片长椭圆形或倒披针形；全部叶两面同色或几同色或稍异色。头状花序少数在茎顶排成伞房花序；总苞钟状，总苞片 4 层；边缘雌花 7~11 个，细管状；两性花冠状，全部花冠有腺点。花果期 6~10 月。分布于永昌县所辖祁连山山坡草地等区域。

亚菊属 *Ajania* 柳叶亚菊 *Ajania salicifolia*

小半灌木。有长 20~30 厘米的当年花枝和顶端有密集的莲座状叶丛的不育短枝。花枝紫红色，被绢毛。叶线形、狭线形，或披针形，全缘，上部叶渐小；全部叶两面异色，上面绿色，无毛，下面白色，被密厚的绢毛。头状花序多数在枝端排成密集的伞房花序；总苞钟状，总苞片 4 层；边缘雌花约 6 个。花果期 6~9 月。分布于永昌县所辖祁连山西大河林区山沟、山坡等区域。

亚菊属 *Ajania*　丝裂亚菊 *Ajania nematoloba*

小半灌木，高达30厘米。中下部茎叶宽卵形、楔形或扁圆形，二回三出(少有五出)掌状或掌式羽状分裂，一或二回全部全裂，上部叶3~5全裂，但通常4全裂；或全部叶羽状全裂，末回裂片细裂如丝。头状花序小，多数在枝端排成疏松的伞房；总苞钟状，总苞片4层；全部苞片麦秆黄色；边缘雌花约5个；两性花冠管状。花果期9~10月。分布于永昌县所辖祁连山区及北部山区干旱山坡等区域。

绢蒿属 *Seriphidium*　聚头绢蒿 *Seriphidium compactum*

多年生草本或近半灌木状。茎、枝初时被灰白色蛛丝状绒毛。叶初时被灰白色蛛丝状柔毛；茎下部叶卵形，二至三回羽状全裂，每侧有裂片(3)4~5(6)枚，每裂片再羽状全裂或3全裂，小裂片狭线形。头状花序长卵形或卵形；花冠管状，黄色，檐部红色。瘦果倒卵形。花果期8~10月。分布于金昌市北部山区山坡等区域。

栉叶蒿属 *Neopallasia*　栉叶蒿 *Neopallasia pectinata*

一年生草本。茎自基部分枝或不分枝，直立。叶长圆状椭圆形，栉齿状羽状全裂，裂片线状钻形，单一或有1~2同形的小齿，无毛。头状花序无梗或几无梗，卵形或狭卵形，单生或数个集生于叶腋；边缘的雌性花3~4个；中心花两性，9~16个，全部两性花花冠5裂，有时带粉红色。瘦果椭圆形。花果期7~9月。分布于金昌市各乡镇山坡、山沟等区域。

蒿属 *Artemisia*　大籽蒿 *Artemisia sieversiana*

一、二年生草本。茎单生，直立，纵棱明显；茎、枝被灰白色微柔毛。下部与中部叶宽卵形或宽卵圆形，二至三回羽状全裂；上部叶及苞片叶羽状全裂或不分裂。头状花序大，半球形或近球形，具短梗；雌花20~30朵，花冠狭圆锥状，檐部具(2)3~4裂齿；两性花80~120朵，花冠管状。瘦果长圆形。花果期6~8月。分布于金昌市各乡镇地埂、河道、荒地等区域。

蒿属 *Artemisia* 猪毛蒿 *Artemisia scoparia*

多年生草本或一、二年生草本；植株有浓烈的香气。主根单一，半木质或木质化。茎通常单生，稀 2~3 枚，下部分枝开展，上部枝多斜上展。叶近圆形、长卵形，二至三回羽状全裂。头状花序近球形；总苞片 3~4 层；雌花 5~7 朵；两性花 4~10 朵。瘦果倒卵形或长圆形，褐色。花果期 7~10 月。分布于金昌市各乡镇荒滩、戈壁等区域。

蒿属 *Artemisia* 碱蒿 *Artemisia anethifolia*

一、二年生草本。茎单生，直立或斜上，具纵棱。基生叶椭圆形或长卵形，二至三回羽状全裂，开花时渐萎谢；中部叶卵形、宽卵形或椭圆状卵形，一至二回羽状全裂；上部叶与苞片叶无柄，5 或 3 全裂或不分裂。头状花序半球形或宽卵形，具短梗，下垂或斜生，基部有小苞叶；雌花 3~6 朵；两性花 18~28 朵，花冠管状，檐部黄色或红色。瘦果椭圆形或倒卵形。花果期 8~10 月。分布于金昌市北部山区山坡及荒漠区。

蒿属 *Artemisia* 圆头蒿 *Artemisia sphaerocephala*

小灌木。主根木质。茎通常多枚，具薄片状剥落的外皮。叶稍厚，短枝上叶常密集着生成簇生状；茎下部、中部叶二回或一至二回羽状全裂；上部叶羽状分裂或 3 全裂。头状花序球形或近球形；雌花 4~12 朵；两性花 6~20 朵。瘦果黑色。花果期 7~10 月。分布于金昌市北部沙化土地等区域。

蒿属 *Artemisia* 沙蒿 *Artemisia desertorum*

多年生草本。主根明显，木质或半木质。叶纸质，上面无毛，二回羽状全裂或深裂，每侧有裂片 2~3 枚。头状花序多数，在分枝上排成穗状花序式的总状花序或复总状花序，而在茎上组成狭而长的扫帚形的圆锥花序；总苞片 3~4 层；雌花 4~8 朵；两性花 5~10 朵，不孕育。瘦果倒卵形或长圆形。花果期 8~10 月。分布于金昌市各乡镇河滩边及砾质山坡等区域。

蒿属 **Artemisia** 黑沙蒿 **Artemisia ordosicas**

小灌木。主根粗而长，木质，侧根多；根状茎粗壮。茎多枚，高 50~100 厘米，茎皮老时常呈薄片状剥落，分枝多，老枝暗灰白色或暗灰褐色，当年生枝紫红色或黄褐色，茎、枝与营养枝常组成大的密丛。叶黄绿色，一至二回羽状全裂，每侧有裂片 3~4 枚。头状花序多数，在分枝上排成总状或复总状花序，并在茎上组成开展的圆锥花序；总苞片 3~4 层；雌花 10~14 朵；两性花 5~7 朵。瘦果倒卵形。花果期 7~10 月。分布于金昌市北部沙区等沙化土地等区域。

蒿属 **Artemisia** 五月艾 **Artemisia indica**

半灌木状草本，植株具浓烈的香气。茎单生或少数，纵棱明显。基生叶与茎下部叶(一至)二回羽状分裂或近于大头羽状深裂；中部叶一(至二)回羽状全裂或为大头羽状深裂；上部叶羽状全裂。头状花序卵形、长卵形或宽卵形；总苞片 3~4 层；雌花 4~8 朵，檐部紫红色；两性花 8~12 朵，檐部紫色。瘦果长圆形或倒卵形。花果期 8~10 月。分布于金昌市各乡镇地埂、河滩等区域。

蒿属 *Artemisia* 龙蒿 *Artemisia dracunculu*

半灌木状草本。根粗大或略细，木质。茎通常多数有纵棱，下部木质，分枝多。叶无柄，下部叶花期凋谢；中部叶线状披针形或线形，先端渐尖，基部渐狭，全缘；上部叶与苞片叶略短小，线形或线状披针形。头状花序多数；总苞片 3 层；雌花 6~10 朵；两性花 8~14 朵。瘦果倒卵形或椭圆状倒卵形。花果期 7~10 月。分布于金昌市北部山区山沟等区域。

蒿属 *Artemisia* 蒙古蒿 *Artemisia mongolica*

多年生草本，半木质化。茎少数或单生，具明显纵棱。下部叶二回羽状全裂或深裂，第一回全裂，每侧有裂片 2~3 枚；中部叶卵形(一至)二回羽状分裂，第一回全裂，每侧有裂片 2~3 枚，再次羽状全裂；上部叶与苞片叶羽状全裂或 5 或 3 全裂。头状花序多数，椭圆形；雌花 5~10 朵；两性花 8~15 朵，檐部紫红色。瘦果小。花果期 8~10 月。分布于永昌县所辖祁连山区及各乡镇地埂、山坡等区域。

蒿属 *Artemisia* 褐苞蒿 *Artemisia phaeolepis*

多年生草本；植株有浓烈挥发性气味。茎单生或少数。叶质薄，基生叶与茎下部叶二至三回栉齿状羽状分裂；中部叶二回栉齿状羽状分裂；上部叶一至二回栉齿状羽状分裂。头状花序少数，半球形，有短梗，下垂；总苞片3~4层，边缘褐色，宽膜质或全为膜质；花序托凸起，半球形；雌花12~18朵；两性花40~80朵。瘦果长圆形或长圆状倒卵形。花果期7~10月。分布于永昌县所辖祁连山山坡等区域。

蒿属 *Artemisia* 内蒙古旱蒿 *Artemisia xerophytica*

小灌木状。主根粗大，木质。茎多数，木质或下部木质，棕黄色或褐黄色，纵棱明显。叶小，半肉质；基生叶与茎下部叶二回羽状全裂；中部叶卵圆形或近圆形，二回羽状全裂；中部与上部裂片常再3~5全裂。头状花序近球形；雌花4~10朵；两性花10~20朵。瘦果倒卵状长圆形。花果期8~10月。分布于金昌市北部沙化土地等区域。

蒿属 *Artemisia*　米蒿 *Artemisia dalai-lamae*

半灌木状草本。主根木质。茎多数，直立，常成丛，略成四方形，密被灰白色短柔毛。叶多数，密集，近肉质，一至二回羽状全裂或近掌状全裂，每侧有裂片 2~3 枚，小裂片狭线状棒形或狭线形。头状花序半球形或卵球；雌花 1~3 朵；两性花 8~20 朵。花果期 7~9 月。分布于金昌市北部山区山坡，为荒漠植被主要建群物种。

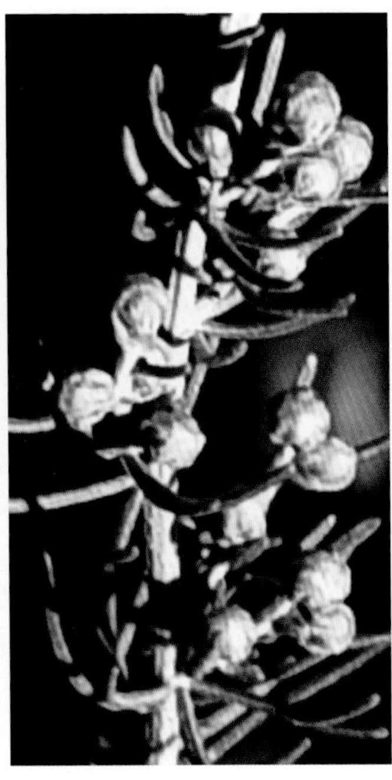

蒿属 *Artemisia*　毛莲蒿 *Artemisia vestita*

半灌木状草本或为小灌木状；植株有浓烈的香气。茎、枝紫红色或红褐色。叶面绿色或灰绿色，有小凹穴；茎下部与中部叶二(至三)回栉齿状羽状分裂；上部叶小，栉齿状羽状深裂或浅裂。头状花序多数，球形或半球形；总苞片 3~4 层；雌花 6~10 朵；两性花 13~20 朵。瘦果长圆形或倒卵状椭圆形。花果期 8~11 月。分布于金昌市北部山区山沟及祁连山山区山沟等区域。

蒿属 *Artemisia* 牛尾蒿 *Artemisia dubia*

半灌木状草本。茎多数或少数，纵棱明显。叶厚纸质或纸质，叶面微有短柔毛，背面毛密；基生叶与茎下部叶羽状 5 深裂，有时裂片上还有 1~2 枚小裂片；中部叶卵形，羽状 5 深裂；上部叶与苞片叶指状 3 深裂或不分裂。头状花序多数，宽卵球形或球形，有短梗或近无梗，基部有小苞叶；总苞片 3~4 层；雌花 6~8 朵；两性花 2~10 朵。瘦果小，长圆形或倒卵形。花果期 8~10 月。分布于永昌县所辖祁连山林区及北部山区等区域。

蒿属 *Artemisia* 甘青蒿 *Artemisia tangutica*

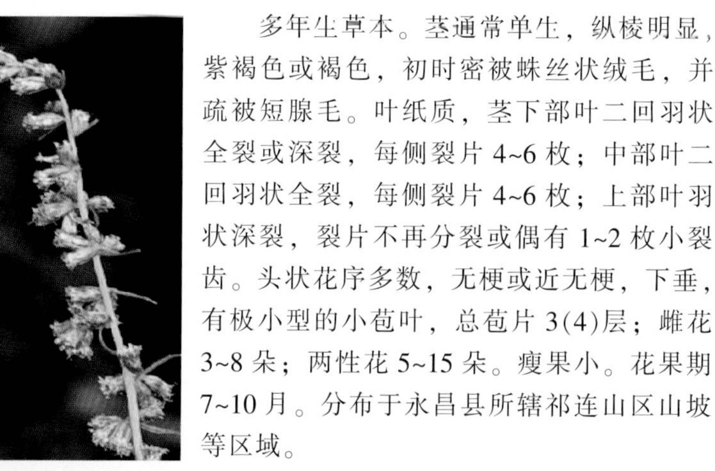

多年生草本。茎通常单生，纵棱明显，紫褐色或褐色，初时密被蛛丝状绒毛，并疏被短腺毛。叶纸质，茎下部叶二回羽状全裂或深裂，每侧裂片 4~6 枚；中部叶二回羽状全裂，每侧裂片 4~6 枚；上部叶羽状深裂，裂片不再分裂或偶有 1~2 枚小裂齿。头状花序多数，无梗或近无梗，下垂，有极小型的小苞叶，总苞片 3(4)层；雌花 3~8 朵；两性花 5~15 朵。瘦果小。花果期 7~10 月。分布于永昌县所辖祁连山区山坡等区域。

蒿属 *Artemisia*　细裂叶莲蒿 *Artemisia gmelinii*

半灌木状草本，木质。茎通常多数，丛生，下部木质，上部半木质，紫红色。茎下部、中部与营养枝叶二至三回栉齿状羽状分裂，第一至二回为羽状全裂；上部叶一至二回栉齿状羽状分裂；头状花序近球形；雌花 10~12 朵；两性花 40~60 朵。瘦果长圆形，果壁上有细纵纹。花果期 8~10 月。分布于永昌县所辖祁连山山坡砾石地等区域。

蒿属 *Artemisia*　莳萝蒿 *Artemisia anethoides*

一、二年生草本；植株有浓烈的香气。茎单生，淡红色或红色。基生叶与茎下部叶长卵形或卵形，三(至四)回羽状全裂，花期均凋谢；中部叶宽卵形或卵形，二至三回羽状全裂；上部叶与苞片叶 3 全裂或不分裂。头状花序近球形，具短梗，下垂，基部有狭线形的小苞叶；总苞片 3~4 层；雌花 3~6 朵；两性花 8~16 朵。瘦果倒卵形。花果期 6~10 月。分布于金昌市北部荒漠区。

蒿属 *Artemisia*　黄花蒿 *Artemisia annua*

一年生草本；植株有浓烈的挥发性香气。茎单生，有纵棱，幼时绿色，后变褐色或红褐色。叶纸质，绿色；茎下部叶三(至四)回栉齿状羽状深裂，每侧有裂片5~8(10)枚；中部叶二(至三)回栉齿状羽状深裂；上部叶与苞片叶一(至二)回栉齿状羽状深裂。头状花序球形，有短梗，下垂或倾斜；花深黄色，雌花10~18朵；两性花10~30朵。瘦果小，椭圆状卵形，略扁。花果期8~9月。分布于永昌县所辖祁连山林区山沟等区域。

蒿属 *Artemisia*　冷蒿 *Artemisia frigida*

多年生草本，有时略成半灌木状。有多条营养枝，并密生营养叶。茎直立，数枚或多数常与营养枝共组成疏松或稍密集的小丛，稀单生。茎下部叶与营养枝叶二(至三)回羽状全裂；中部叶一至二回羽状全裂；上部叶与苞片叶羽状全裂或3~5全裂。头状花序半球形、球形或卵球形；总苞片3~4层；雌花8~13朵；两性花20~30朵。瘦果长圆形或椭圆状倒卵形。花果期7~10月。分布于金昌市北部山区山坡及祁连山山坡等区域。

蒿属 *Artemisia* 臭蒿 *Artemisia hedinii*

一年生草本；植株有浓烈臭味。茎单生，紫红色，具纵棱。基生叶多数，二回栉齿状羽状分裂，每侧有裂片 20 余枚，再次羽状深裂或全裂，小裂片具多枚栉齿；茎下部二回栉齿状羽状分裂，第一回全裂，每侧裂片 5~10 枚，中轴与叶柄两侧均有少数栉齿；上部叶与苞片叶渐小，一回栉齿状羽状分裂。头状花序半球形或近球形；雌花 3~8 朵；两性花 15~30 朵。花果期 7~10 月。分布于永昌县所辖祁连山林区河滩等区域。

狗舌草属 *Tephroseris* 橙舌狗舌草 *Tephroseris rufa*

多年生草本，高 5~50 厘米。根状茎粗。茎直立，密被白色蛛丝状棉毛和有节柔毛。茎生叶倒卵状长圆形，近全缘；茎生叶向上渐小，下部叶倒卵状长圆形。头状花序辐射状，单生或少数在茎顶排列成伞房状；舌状花橙红色或橙黄色，舌片线状长圆形；管状花与舌状花同色。花果期 6~9 月。分布于永昌县所辖大黄山林区 3000 米以上泥石流山坡等区域。

千里光属 *Senecio* 天山千里光 *Senecio thianschanicus*

矮小根状茎草本。茎单生或数个簇生，高 5~20 厘米。叶片倒卵形或匙形，顶端钝至稍尖，基部狭成柄，边缘近全缘，具浅齿或浅裂；中部茎叶无柄，长圆形或长圆状线形，顶端钝，边缘具浅齿至羽状浅裂，或稀羽状深裂，基部半抱茎，羽状脉，侧脉不明显。头状花序 2~10 排列成顶生疏伞房花序；舌状花约 10，舌片黄色；管状花 26~27；花冠黄色。瘦果圆柱形。花期 7~9 月。分布于永昌县所辖祁连山林区山沟、泥石流坡等区域。

千里光属 *Senecio* 北千里光 *Senecio dubitabilis*

一年生草本。茎单生，直立，高 5~30 厘米，自基部或中部分枝。叶无柄，匙形、长圆状披针形、长圆形至线形，顶端钝至尖，羽状短细裂至具疏齿或全缘；下部叶基部狭成柄状；中部叶基通常稍扩大而成具不规则齿半抱茎的耳；上部叶较小，披针形至线形，有细齿或全缘；全部叶两面无毛。头状花序无舌状花，少数至多数，排列成顶生疏散伞房花序；花冠黄色，檐部圆筒状，短于筒部。瘦果圆柱形。花期 5~9 月。分布于金昌市各乡镇农地、荒地等区域。

橐吾属 *Ligularia* 箭叶橐吾 *Ligularia sagitta*

多年生草本，根肉质。茎直立。丛生叶与茎下部叶具柄，具狭翅，翅全缘或有齿，叶片箭形、戟形或长圆状箭形，先端钝或急尖，边缘具小齿，基部弯缺宽；茎中部叶具短柄，叶片箭形或卵形；最上部叶披针形至狭披针形，苞叶状。头状花序多数；舌状花 5~9，黄色；管状花多数。瘦果长圆形。花果期 7~9 月。分布于金昌市永新城子、焦家庄两乡镇农地埂及祁连山林区林缘等区域。

橐吾属 *Ligularia* 黄帚橐吾 *Ligularia virgaurea*

多年生灰绿色草本。根肉质。茎直立，高 15~80 厘米。丛生叶和茎基部叶具柄，叶片卵形、椭圆形或长圆状披针形，先端钝或急尖，全缘至有齿，边缘有时略反卷，基部楔形，有时近平截，突然狭缩，下延成翅柄；茎生叶小，无柄，卵形，常筒状抱茎。总状花序密集或上部密集，下部疏离；头状花序辐射状，常多数，稀单生；舌状花 5~14，黄色，舌片线形；管状花多数。瘦果长圆形。花果期 7~9 月。分布于永昌县所辖祁连山西大河林区林缘等区域

垂头菊属 *Cremanthodium* 车前状垂头菊 *Cremanthodium ellisii*

多年生草本，根肉质。茎直立，单生，高 8~60 厘米。丛生叶具宽柄，常紫红色，基部有筒状鞘，叶片卵形、宽椭圆形至长圆形，先端急尖，全缘或边缘有小齿至缺刻状齿，或达浅裂，基部楔形或宽楔形；茎生叶卵形、卵状长圆形至线形，全缘或边缘有小齿，具鞘或无鞘，半抱茎。头状花序 1~5，通常单生，或排列成伞房状总状花序，下垂，辐射状；舌状花黄色；管状花深黄色。瘦果长圆形。花果期 7~10 月。分布于大黄山林区 3000 米以上泥石流坡及石缝等区域。

垂头菊属 *Cremanthodium* 盘花垂头菊 *Cremanthodium discoideum*

多年生草本，根肉质。茎单生，直立。丛生叶和茎基部叶具柄，基部鞘状，叶片卵状长圆形或卵状披针形，先端钝，全缘，稀有小齿，基部圆形，两面光滑，上面深绿色；茎生叶少，下部叶无柄，披针形，半抱茎，上部叶线形。头状花序单生，下垂，盘状；小花多数，紫黑色，全部管状。瘦果圆柱形。花果期 6~8 月。分布于永昌县所辖祁连山山坡草地等区域。

垂头菊属 *Cremanthodium* 矮垂头菊 *Cremanthodium humile*

多年生草本，高 5~15 厘米。茎上部被黑褐色密绵毛，或有时混有白色蛛丝状毛。叶近革质；基生叶有长柄，卵形，边缘有数个粗齿；茎生叶椭圆形、卵状椭圆形至条形，边缘有粗齿。头状花序单生于茎端，半下垂；总苞宽钟状；花异型，舌状花黄色，舌片倒披针形，顶端有 2~3 个小齿；筒状花黄色。瘦果矩圆形。花果期 7~9 月。分布于永昌县所辖祁连山西大河林区高山泥石流滩。

蓝刺头属 *Echinops* 砂蓝刺头 *Echinops gmelinii*

一年生草本，高 10~90 厘米。茎单生，淡黄色。下部茎叶线形或线状披针形，基部扩大，抱茎，边缘刺齿或三角形刺齿裂或刺状缘毛；中上部茎叶与下部茎叶同形，但渐小；全部叶质地薄，纸质，两面绿色，被稀疏蛛丝状毛及头状具柄的腺点，或上面的蛛丝毛稍多。复头状花序单生茎顶或枝端；小花蓝色或白色；花冠 5 深裂，裂片线形。瘦果倒圆锥形。花果期 6~9 月。分布于金昌市朱王堡、水源、双湾、宁远镇等乡镇荒滩、戈壁等区域。

金盏花属 *Calendula*　金盏花 *Calendula officinalis*

一年生草本，高 20~75 厘米。基生叶长圆状倒卵形或匙形，全缘或具疏细齿，茎生叶长圆状披针形或长圆状倒卵形，顶端钝，稀急尖，边缘波状具不明显的细齿，基部多少抱茎。头状花序单生茎枝端；小花黄或橙黄色，长于总苞的 2 倍；管状花檐部具三角状披针形裂片。瘦果全部弯曲。花果期 6~9 月。金昌市各乡镇农户庭院零星种植。

红花属 *Carthamus*　红花 *Carthamus tinctorius*

一年生草本。茎直立，上部分枝。中下部茎叶披针形、卵状披针形或长椭圆形，边缘大锯齿、重锯齿、小锯齿以至无锯齿而全缘，齿顶有针刺；全部叶质地坚硬，革质。头状花序多数，在茎枝顶端排成伞房花序，为苞叶所围绕；小花红色、橘红色；全部为两性，花冠裂片几达檐部基部。瘦果倒卵形。花果期 5~8 月。金昌市各乡镇农户、居民庭院零星种植。

牛蒡属 *Arctium* 牛蒡 *Arctium lappa*

二年生草本，具粗大的肉质直根。茎直立。基生叶宽卵形，边缘具稀疏的浅波状凹齿或齿尖，基部心形，两面异色；茎生叶与基生叶同形或近同形。头状花序多数或少数在茎枝顶端排成疏松的伞房花序或圆锥状伞房花序；总苞卵形或卵球形，总苞片多层，多数，外层三角状或披针状钻形，中内层披针状或线状钻形；全部苞近等长，顶端有软骨质钩刺；小花紫红色。瘦果倒长卵形或偏斜倒长卵形。花果期6~9月。分布于金昌市各乡镇地埂、荒地等区域。

牛蒡属 *Arctium* 毛头牛蒡 *Arctium tomentosum*

本种与牛蒡的主要区别：总苞灰白色，被蛛丝毛，内层总苞片先端有短尖头；小花花冠外被棕黄色小腺点。花果期7~9月。永昌县城关镇农户零星种植。

黄缨菊属 *Xanthopappus* 黄缨菊 *Xanthopappus subacaulis*

多年生无茎草本。叶莲座状，坚硬，长椭圆形或线状长椭圆形，羽状深裂，侧裂片 8~11 对或奇数，中部侧裂片半长椭圆形或卵状三角形，自中部向上或向下的侧裂片渐小，与中部侧裂片同形，边缘及顶端具等针刺；被密厚的蛛丝状绒毛。头状花序多数，达 20 个，密集成团球状；小花黄色，檐部不明显，顶端 5 浅裂，裂片线形。瘦果偏斜倒长卵形。花果期 7~9 月。分布于永昌县所辖祁连山林区阳坡等区域。

蓟属 *Cirsium* 葵花大蓟 *Cirsium souliei*

多年生铺散草本。外围以多数密集排列的莲座状叶丛。全部叶基生，莲座状，长椭圆形、椭圆状披针形或倒披针形，羽状浅裂、半裂、深裂至几全裂，两面同色；侧裂片 7~11 对。头状花序多数或少数集生于茎基顶端的莲座状叶丛中，小花紫红色。瘦果浅黑色。花果期 7~9 月。分布于永昌县所辖祁连山林区山坡等区域。

蓟属 *Cirsium*　刺儿菜 *Cirsium arvense* var. *integrifolium*

多年生草本。茎直立。基生叶和中部茎叶椭圆形、长椭圆形，顶端钝或圆形，基部楔形；上部茎叶渐小，椭圆形、披针形或线状披针形，叶缘有细密的针刺，或叶缘有刺齿，齿顶针刺大小不等，或大部茎叶羽状浅裂，或半裂，或边缘粗大圆锯齿，裂片或锯齿斜三角形。全部茎叶两面同色。头状花序单生茎端；小花紫红色或白色。花果期 5~9 月。分布于金昌市各乡镇沙沟、荒滩、农地边等区域。

蓟属 *Cirsium*　藏蓟 *Cirsium arvense* var. *alpestre*

一年生草本。茎直立，被稠密的蛛丝状绒毛或变稀毛。下部茎叶长椭圆形、倒披针形或倒披针状长椭圆形，羽状浅裂或半裂；中部侧裂片稍大，向上或向下的侧裂片渐小，全部边缘(2)3~5 个长硬针刺或刺齿，齿顶有长硬针刺；全部叶质地较厚，两面异色。头状花序多数在茎枝顶端排成伞房花序或少数作总状花序式排列；小花紫红色。瘦果楔状。花果期 6~9 月。分布于金昌市各乡镇农地、撂荒地、荒滩等区域。

飞廉属 *Carduus*　丝毛飞廉 *Carduus crispus*

二或多年生草本，高 30~100 厘米。全部茎枝有条棱。中下部茎叶长卵圆形或披针形，羽状半裂或深裂，侧裂片 5~7 对，斜三角形或三角状卵形；向上茎叶渐小，羽状浅裂或不裂，顶端及边缘具等样针刺；全部茎叶两面同色。头状花序通常下垂或下倾，单生茎顶或长分枝的顶端，但不形成明显的伞房花序排列，植株通常生 4~6 个头状花序，小花紫色。瘦果灰黄色，楔形。花果期 6~9 月。分布于永昌县所辖祁连山林区山沟、沙沟等区域。

苓菊属 *Jurinea*　蒙疆苓菊 *Jurinea mongolica*

多年生草本，高 8~25 厘米。基生叶全形长椭圆形或长椭圆状披针形，叶片羽状深裂、浅裂或齿裂，侧裂片 3~4 对，长椭圆形或三角状披针形，中部侧裂片较大，向上向下侧裂片渐小，顶裂片较长，长披针形或长椭圆状披针形；全部裂片边缘全缘，反卷。头状花序单生枝端，植株有少数头状花序，并不形成明显的伞房花序式排列。花冠红色。瘦果淡黄色，倒圆锥状。花期 5~8 月。分布于金昌市北部沙化土地沙滩等区域。

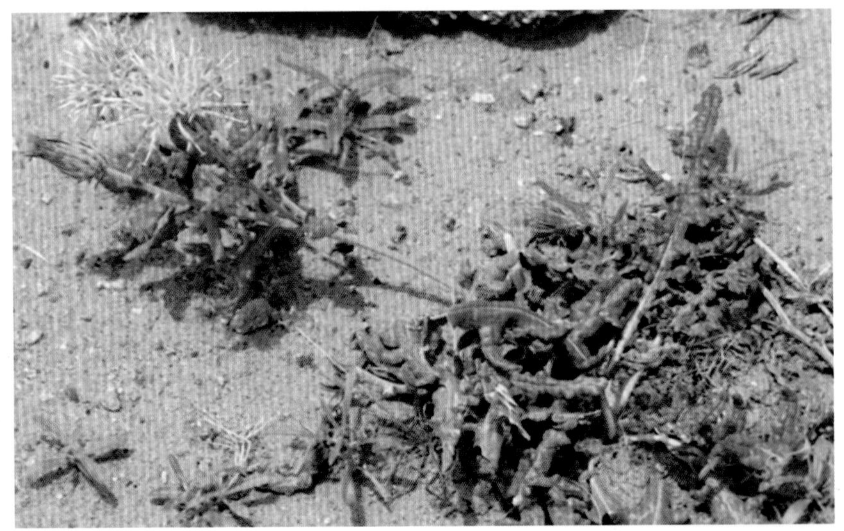

猬菊属 *Olgaea*　火媒草 *Olgaea leucophylla*

多年生草本，高 15~80 厘米。茎直立。基部茎叶长椭圆形，羽状浅裂，侧裂片 7~10 对，宽三角形、偏斜三角形或半圆形，或边缘三角形大刺齿或浅波状刺齿而不呈明显的羽状分裂；茎生叶与基生叶同形或椭圆形或椭圆状披针形；全部茎叶两面几同色，灰白色，两面被蛛丝状绒毛；茎叶沿茎下延成茎翼。头状花序多数或少数单生茎枝顶端，不形成明显的伞房花序式排列；小花紫色或白色。瘦果长椭圆形。花果期 5~10 月。分布于金昌市双湾、朱王堡、水源等乡镇荒滩、戈壁等区域。

风毛菊属 *Saussurea*　抱茎风毛菊 *Saussurea chingiana*

多年生草本，高 55~100 厘米。茎直立，具翼，有棱。基生叶花期枯萎脱落；中下部茎叶无叶柄，叶片长椭圆形或卵状披针形，通常羽状浅裂、深裂或全裂，极少不分裂，侧裂片 2~3 对，线形或狭三角形，边缘全缘，中部的侧裂片较大，向两端的侧裂片较小，顶裂片线形，边缘全缘；上部茎叶与中下部茎叶同形或宽线形。头状花序多数或少数排成的顶生伞房花序；小花红紫色。瘦果倒卵状。花果期 7 月。分布于永昌县所辖祁连山西大河河道山坡。

风毛菊属 *Saussurea*　钝苞雪莲 *Saussurea nigrescens*

多年生草本，高 15~45 厘米。叶片线状披针形或线状长圆形，顶端急尖或渐尖，基部楔形渐狭，边缘有倒生细尖齿，两面被稀疏长柔毛或后变无毛；中部和上部茎叶渐小，无柄，顶端急尖或渐尖，基部半抱茎；最上部茎叶小，紫色。头状花序 1~6 个在茎顶成伞房状排列；小花紫色。瘦果长圆形。花果期 9~10 月。分布于永昌县所辖祁连山林区 3000 米以上林中空地、山坡等区域。

风毛菊属 *Saussurea*　唐古特雪莲 *Saussurea tangutica*

多年生草本。茎直立，紫色或淡紫色。基生叶有叶柄，叶片长圆形或宽披针形，顶端急尖，基部渐狭，边缘有细齿；茎生叶长椭圆形或长圆形，顶端急尖，最上部茎叶苞叶状，膜质，紫红色，宽卵形，顶端钝，边缘有细齿，两面有粗毛和腺毛，包围头状花序或总花序。头状花序 1~5 个，在茎端密集成总花序或单生茎顶；总苞宽钟状；总苞片 4 层，小花蓝紫色。瘦果长圆形。花果期 7~9 月。分布于金昌市大黄山海拔 3800 米以上泥石流坡及石缝等区域。

风毛菊属 *Saussurea* 水母雪兔子 *Saussurea medusa*

多年生多次结实草本。上部发出数个莲座状叶丛。茎直立，密被白色棉毛。叶密集，下部叶倒卵形，扇形、圆形或长圆形至菱形，顶端钝或圆形，基部楔形渐狭成为紫色的叶柄，上半部边缘有 8~12 个粗齿；上部叶渐小，向下反折，卵形或卵状披针形，顶端急尖或渐尖；最上部叶线形或线状披针形，向下反折，边缘有细齿；全部叶两面同色或几同色，灰绿色，被稠密或稀疏的白色长棉毛。头状花序多数，在茎端密集成半球形的总花序；小花蓝紫色。瘦果纺锤形。花果期 7~9 月。分布于金昌市大黄山林区 3800 米以上泥石流坡及石缝等区域。

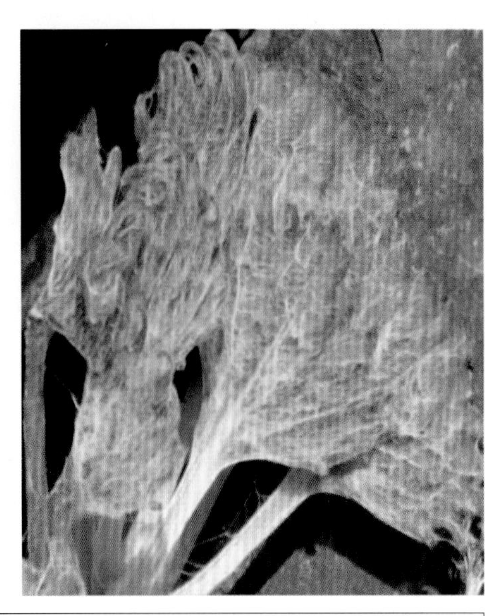

风毛菊属 *Saussurea* 黑毛雪兔子 *Saussurea inversa*

多年生丛生多次结实草本，高 5~13 厘米。茎直立。有数个莲座状叶丛；莲座状叶丛的叶及下部茎叶狭倒披针形或狭匙形，顶端急尖，羽状浅裂，基部渐狭成柄，叶柄与叶片近等长；最上部茎叶线状披针形，先端渐尖，边缘全缘或有齿；全部叶两面被稠密或稀疏白色或淡黄褐色的绒毛或最上部茎叶两面被黑色绒毛。头状花序无小花序梗，多数，密集于稍膨大的茎端成半球形的总花序；小花紫红色。瘦果褐色。花果期 7~9 月。分布于金昌市大黄山泥石流滩。

风毛菊属 *Saussurea*　林生风毛菊 *Saussurea sylvatica*

多年生草本，高 34~82 厘米。叶宽披针形，顶端钝，少渐尖，边缘有锯齿。头状花序在茎枝顶端成伞房花序状或圆锥花序状排列；小花紫色。瘦果 4 棱形。花果期 6~7 月。分布于永昌县所辖祁连山林区林下、山坡等区域。

风毛菊属 *Saussurea*　柳叶菜风毛菊 *Saussurea epilobioides*

多年生草本。茎直立，不分枝。基生叶花期脱落；下部及中部茎叶无柄，叶片线状长圆形，顶端长渐尖，基部渐狭成深心形而半抱茎的小耳，边缘有具长尖头的深密齿，上面有短糙毛；上部茎叶小，与下部及中部茎叶同形。头状花序多数，在茎端排成密集的伞房花序；小花紫色。瘦果圆柱状。花果期 8~9 月。分布于永昌县所辖祁连山林区灌木丛、山坡等区域。

风毛菊属 *Saussurea*　褐花雪莲 *Saussurea phaeantha*

多年生草本，高 15~30(40)厘米。茎直立。基生叶披针形，顶端渐尖，基部渐狭成长 1 厘米的短叶柄或无叶柄，边缘有细齿，上面被白色柔毛，下面被棉毛或蛛丝毛；茎生叶渐小，披针形或线状披针形，无柄，基部半抱茎；最上部叶苞叶状，包围头状花序。头状花序 5~15 个在茎顶密集成伞房状总花序；小花褐紫色。瘦果长圆形。花果期 6~9 月。分布于金昌市大黄山林区平顶湖沼泽草甸等区域。

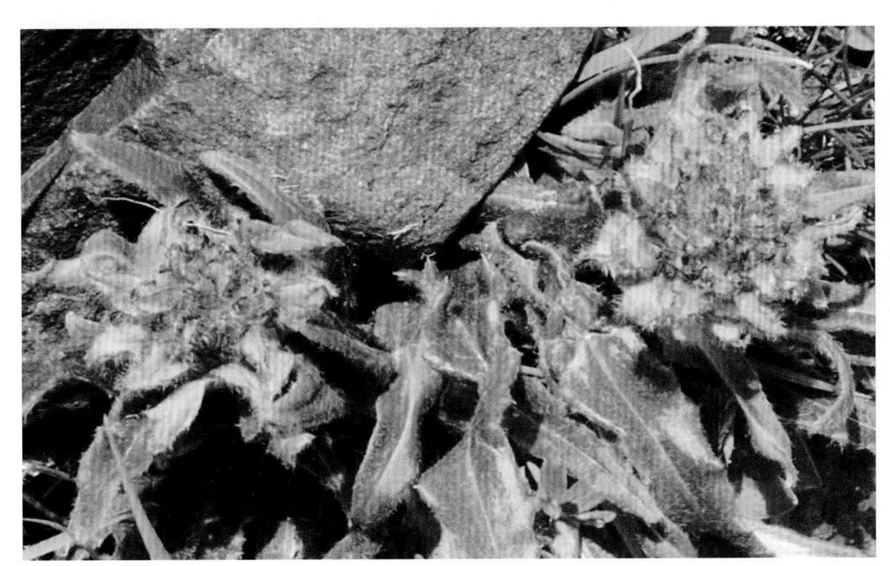

风毛菊属 *Saussurea*　长毛风毛菊 *Saussurea hieracioides*

多年生草本，高 8~27 厘米。基生叶稠密，茎生叶稀疏，全部叶无柄，顶端急尖或钝，边缘全缘，反卷，极少边缘少锯齿，上面黄绿色，无毛，下面灰白色，被稠密的短棉毛。头状花序单生茎端或 2~4 头状花序在茎端与枝顶成明显或不明显的伞房花序状排列，有长或短花序梗；小花紫色。瘦果青绿色。花果期 8~9 月。分布于永昌县所辖祁连山林区山坡、灌丛、林中空地等区域。

风毛菊属 *Saussurea* 倒羽叶风毛菊 *Saussurea runcinata*

多年生草本。茎直立，高(5)15~60 厘米。叶片全形椭圆形、倒披针形、线状倒披针形或披针形，羽状或大头羽状深裂或全裂，侧裂片 4~7 对，下弯或水平开展，披针形、线状披针形或椭圆形至镰刀形，向两端的侧裂片渐小；全部叶两面无毛。头状花序多数或少数，在茎枝顶端排成伞房花序或伞房圆锥花序；小花紫红色。瘦果圆柱状，黑褐色。花果期 7~9 月。分布于金昌市北海子湿地等区域。

风毛菊属 *Saussurea* 盐地风毛菊 *Saussurea salsa*

多年生草本，高 5~20 厘米。茎直立。基生叶及下部与中部茎叶线形、线状长圆形或长圆形，顶端急尖或渐尖，基部楔形渐狭，无柄，边缘有稀疏的小锯齿，齿顶有软骨质小尖头；上部茎叶及最上部茎叶小，线形，边缘全缘；全部叶两面异色，上面绿色，无毛，下面灰白色，被稠密的白色绒毛。头状花序少数，在茎顶排列成伞房花序；小花粉红色。瘦果圆柱状，褐色。花果期 6~9 月。分布于金昌市红山窑小泉水库周边湿地。

风毛菊属 *Saussurea*　弯齿风毛菊 *Saussurea przewalskii*

多年生草本。茎直立，粗壮，黑紫色，被白色蛛丝状棉毛。基生叶基部渐狭成长翼柄，柄基鞘状扩大，叶片全形长椭圆形，羽状浅裂或半裂，侧裂片4~6对，三角形，顶端有小尖头，边缘有少数小锯齿，顶裂片三角形；茎生叶少数，3~4枚，与基生叶同形并等样分裂。头状花序小，6~8个集聚于茎端，小花紫色。瘦果圆柱状。花果期7~9月。分布于永昌县所辖祁连山林区山坡等区域。

风毛菊属 *Saussurea*　异色风毛菊 *Saussurea brunneopilosa*

多年生草本，高7~45厘米。茎直立，不分枝，密被白色长绢毛。基生叶狭线形，近基部加宽呈鞘状，边缘全缘，内卷，上面无毛，下面密被白色绢毛；茎生叶与基生叶类似。头状花序单生茎端，基部有多数通常超过头状花序；小花紫色。瘦果圆锥状。花果期7~8月。分布于金昌市大黄山林区山坡等区域。

风毛菊属 *Saussurea* 乌苏里风毛菊 *Saussurea ussuriensis*

多年生草本。茎疏被柔毛。基生叶及下部茎生叶卵形、宽卵形、长圆状卵形、三角形或椭圆形，有锯齿或羽状浅裂，上面有微糙毛及稠密腺点，下面疏被柔毛；中部与上部茎生叶长圆状卵形、披针形或线形，有细齿，叶柄短或无。头状花序排成伞房状；总苞窄钟形，总苞片5~7层，先端及边缘常带紫红色，被白色蛛丝毛；小花紫红色。瘦果浅褐色。花果期7~9月。分布于永昌县所辖祁连山林区石质山坡、石崖等区域。

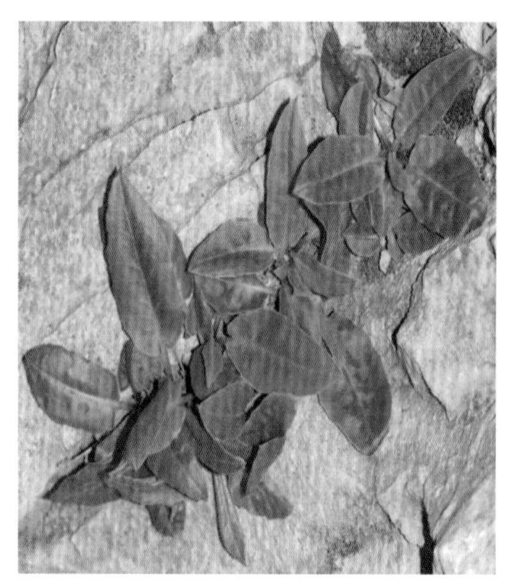

风毛菊属 *Saussurea* 灰白风毛菊 *Saussurea cana*

多年生簇生草本，高10~25厘米。根状茎粗厚，木质。茎直立，通常不分枝。叶片长椭圆形、线状长椭圆形或线形，羽状浅裂或羽状尖齿或全缘；全部叶质地坚挺，上面绿色或灰绿色，无毛，下面白色，被稠密白色棉毛。头状花序4~20个，在茎端成伞房花序状排列，有短花序梗；总苞狭圆柱状，总苞片5层，全部总苞片上部，或边缘或全部紫红色；小花浅红色。花果期7~9月。分布于永昌县所辖祁连山林区山梁等区域。

风毛菊属 *Saussurea*　重齿风毛菊 *Saussurea katochaete*

多年生无茎莲座状草本。叶片椭圆形、椭圆状长圆形、匙形、卵状三角形或卵圆形，基部楔形、圆形或截形，顶端渐尖、急尖、钝或圆形，边缘有细密的尖锯齿或重锯齿，两面异色。头状花序 1 个，无花序梗或有短花序梗，单生于莲座状叶丛中，极少植株有 2~3 个头状花序；小花紫色。瘦果褐色。花果期 7~10 月。分布于永昌县所辖祁连山林区山沟、山坡等区域。

风毛菊属 *Saussurea*　倒披针叶风毛菊 *Saussurea nimborum*

多年生草本，高 2~4 厘米。根状茎有分枝，颈部被暗褐色残存叶柄。叶倒披针形或矩圆状倒披针形，顶端急尖，基部渐狭，羽状分裂，裂片近圆形或有不整齐的齿，顶端具小刺尖，上面绿色，密被有节的腺毛，下面密被白色绒毛。头状花序单生，偶有 2 个在一起。瘦果圆柱形。花果期 7~9 月。分布于永昌县所辖祁连山海拔 3500 米以上河滩沙地等区域。

风毛菊属 *Saussurea*　美丽风毛菊 *Saussurea pulchra*

多年生草本，高 8~27 厘米。根状茎粗短。茎直立，上部有开展或斜升的 1~3 个长或短分枝或不分枝，全部茎枝灰绿色或灰白色，被薄棉毛。基生叶稠密，茎生叶稀疏，全部叶无柄，线形，顶端急尖或钝，边缘全缘，反卷，极少边缘少锯齿。头序花序单生茎端或 2~4 头状花序在茎端与枝顶成明显或不明显的伞房花序状排列。总苞楔形，总苞片 5 层，全部总苞片外面紫色，顶端有软骨质小尖头；小花紫色。瘦果青绿色。花果期 8~9 月。分布于永昌县所辖祁连山山沟沙质河道等区域。

风毛菊属 *Saussurea*　毓泉风毛菊 *Saussurea mae*

半灌木，高 10~20 厘米。根木质。茎单生。叶多集中于茎下部或基部，基生叶与茎下部叶坚挺，羽状全裂，具少数侧裂片，裂片窄条形，先端钝或锐尖，顶端有白色软骨质小尖头，全缘，两面生透明腺点和微毛，茎中部叶钻状披针形。头状花序单生；花冠紫红色。花果期 9 月。分布于金昌市北部山区武当山、车路沟等北山山坡。

风毛菊属 *Saussurea*　草地风毛菊 *Saussurea amara*

多年生草本。茎直立，无翼。叶片披针状长椭圆形、椭圆形、长圆状椭圆形或长披针形，顶端钝或急尖，基部楔形渐狭，边缘通常全缘或有极少的钝而大的锯齿或波状浅齿而锯齿不等大；中上部茎叶渐小，有短柄或无柄，椭圆形或披针形，基部有时有小耳；全部叶两面绿色。头状花序在茎枝顶端排成伞房状或伞房圆锥花序；总苞钟状或圆柱；小花淡紫色。瘦果长圆形。花果期 7~10 月。分布于金昌市马营沟村湖滩沙地。

风毛菊属 *Saussurea*　禾叶风毛菊 *Saussurea graminea*

多年生草本，高 3~25 厘米。根状茎多分枝。茎直立，密被白色绢状柔毛。基生叶狭线形，顶端渐尖，基部稍呈鞘状，边缘全缘，内卷；茎生叶少数，与基生叶同形。头状花序单生茎端，总苞钟状，小花紫色。瘦果圆柱状。花果期 7~8 月。分布于永昌县所辖祁连山海拔 3000 米以上山坡区域。

漏芦属 *Rhaponticum*　顶羽菊 *Rhaponticum repens*

多年生草本。全部茎叶质地稍坚硬，长椭圆形、匙形或线形，顶端钝或圆形，或急尖而有小尖头，边缘全缘，无锯齿或少数不明显的细尖齿，两面灰绿色，被稀疏蛛丝毛或脱毛。植株含多数头状花序，头状花序多数在茎枝顶端排成伞房花序或伞房圆锥花序；花冠粉红色或淡紫色。瘦果倒长卵形。花果期5~9月。分布于金昌市各乡镇荒滩荒地、地埂等区域。

麻花头属 *Klasea*　缢苞麻花头 *Klasea centauroides* subsp. *strangulata*

多年生草本，高40~100厘米。茎单生，直立，不分枝或自中部有2~3(4)条长分枝，全部茎枝被稀疏的多细胞节毛。基生叶与下部茎叶长椭圆形、倒披针状长椭圆形或倒披针形，大头羽状或不规则大头羽状深裂或羽状深裂。头状花序单生茎顶，或少数头状花序单生茎枝顶端；总苞半圆球形或扁圆球形，总苞片约10层；全部小花两性，紫红色。花果期6~8月。分布于永昌县所辖祁连山阳坡等区域。

鸦葱属 *Scorzonera* 蒙古鸦葱 *Scorzonera mongolica*

多年生草本。全部茎枝灰色。基生叶长椭圆形、长椭圆状披针形或线状披针形；茎生叶披针形、长披针形、椭圆形、长椭圆形或线状长椭圆形；全部叶质地厚，肉质，两面光滑无毛，灰绿色，离基三出脉。头状花序单生于茎端，或茎生 2 枚头状花序，成聚伞花序状排列，含 19 枚舌状小花黄色。瘦果圆柱状。花果期 4~8 月。分布于金昌市毛卜喇荒滩等区域。

鸦葱属 *Scorzonera* 帚状鸦葱 *Scorzonera pseudodivaricata*

多年生草本。茎自中部以上分枝，分枝纤细或较粗，成帚状，极少不分枝。基生叶的基部鞘状扩大，半抱茎，茎生叶的基部扩大半抱茎或稍扩大而贴茎，全部叶顶端渐尖或长渐尖，有时外弯成钩状。头状花序多数，单生茎枝顶端，形成疏松的聚伞圆锥状花序，含多数(7~12 枚)舌状小花黄色。瘦果圆柱状。花果期 5~8(10)月。分布于金昌市各乡镇荒滩山坡等区域。

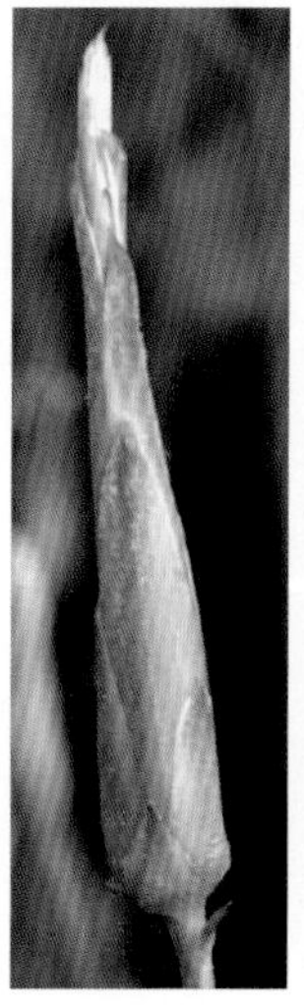

鸦葱属 *Scorzonera* 鸦葱 *Scorzonera austriaca*

多年生草本。茎多数，簇生，不分枝。基生叶线形、狭线形、线状披针形、线状长椭圆形、线状披针形或长椭圆形，顶端渐尖或钝而有小尖头或急尖，向下部渐狭成具翼的长柄，柄基鞘状扩大或向基部直接形成扩大的叶鞘；茎生叶少数，2~3 枚，鳞片状，披针形或钻状披针形，基部心形，半抱茎。头状花序单生茎端；舌状小花黄色。瘦果圆柱状。花果期 4~7 月。分布于金昌市各乡镇河滩、荒滩等区域。

鸦葱属 *Scorzonera* 拐轴鸦葱 *Scorzonera divaricata*

多年生草本，高 20~70 厘米。茎直立，自基部多分枝，分枝铺散、直立或斜升，全部茎枝灰绿色。叶线形或丝状，先端长渐尖，常卷曲成明显或不明显钩状，向上部的茎叶短小。头状花序单生茎枝顶端，形成明显或不明显的疏松的伞房状花序，具 4~5 枚舌状小花，黄色。瘦果圆柱状。花果期 5~9 月。分布于金昌市各乡镇山沟、荒滩等区域。

栓果菊属 *Launaea*　河西菊 *Launaea polydichotoma*

多年生草本，自根颈发出多数茎。茎自下部起多级等二叉状分枝，形成球状，全部茎枝无毛。基生叶与下部茎叶少数，线形，革质，基部半抱茎，顶端钝；中部茎与上部茎叶或有时基生叶退化成小三角形鳞片状。头状花序极多数，单生于末级等二叉状分枝末端，含 4~7 枚舌状小花，黄色。瘦果圆柱状。花果期 5~9 月。分布于金昌市北部荒漠区沙丘等区域。

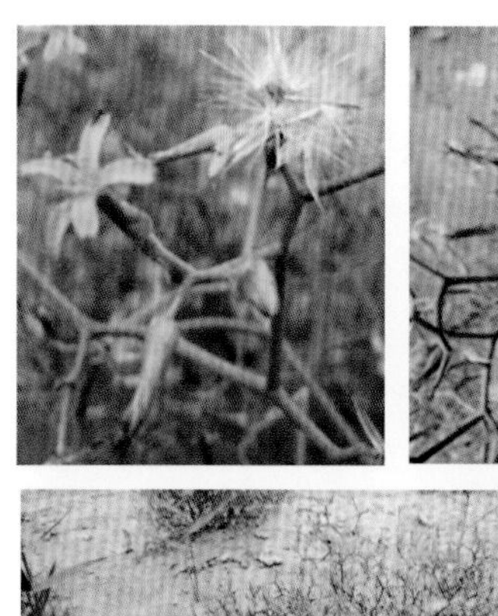

毛连菜属 *Picris*　毛连菜 *Picris hieracioides*

二年生草本，高 16~120 厘米。基生叶花期枯萎脱落；下部茎叶长椭圆形或宽披针形，先端渐尖、急尖或钝，边缘全缘或有尖锯齿或大而钝的锯齿，基部渐狭成长或短翼柄；中部和上部茎叶披针形或线形，较下部茎叶小，无柄，基部半抱茎；最上部茎小，全缘；全部茎叶两面特别是沿脉被亮色的钩状分叉硬毛。头状花序较多数，在茎枝顶端排成伞房花序或伞房圆锥花序，舌状小花黄色，冠筒被白色短柔毛。瘦果纺锤形。花果期 6~9 月。分布于永昌县所辖祁连山南坝石门子林区及周边地埂等区域。

蒲公英属 *Taraxacum*　多裂蒲公英 *Taraxacum dissectum*

多年生草本。叶线形，羽状全裂，顶端裂片长三角状戟形，全缘，每侧裂片 3~7 片，裂片线形，全缘，裂片间无齿或小裂片。头状花序，总苞钟状，总苞片绿色，先端常显紫红色，无角；外层总苞片卵圆形至卵状披针形；舌状花黄色或亮黄色，花冠喉部的外面疏生短柔毛，边缘花舌片背面有紫色条纹。瘦果淡灰褐色。花果期 6~9 月。分布于金昌市各乡镇河滩等区域。

蒲公英属 *Taraxacum*　深裂蒲公英 *Taraxacum scariosum*

多年生草本。叶线形或狭披针形，具波状齿，羽状浅裂至羽状深裂，顶裂片较大，戟形或狭戟形，两侧的小裂片狭尖，侧裂片三角状披针形至线形，裂片间常有缺刻或小裂片。花葶数个，高 10~30 厘米，与叶等长或长于叶，顶端光滑或被蛛丝状柔毛；头状花序舌状花黄色，稀白色，边缘花舌片背面有暗紫色条纹。瘦果倒卵状披针形。花果期 6~9 月。分布于金昌市各乡镇湿地、水沟等区域。

蒲公英属 *Taraxacum*　垂头蒲公英 *Taraxacum nutans*

二年生草本。叶披针形、狭披针形或倒卵状披针形，先端钝或具疏或密的尖齿，全缘，稀具浅裂片。花葶 1 至数个；总苞钟状，花后常下垂，总苞片约 4 层，先端具带紫色的短角状突起；舌状花橙黄褐色，初时平展，后反卷，边缘花舌片背面有紫色条纹。瘦果具短刺状突起，下部多少具瘤状突起或光滑；冠毛污白色或淡黄白色。花果期 6~7 月。分布于永昌县所辖祁连山区西大河苗圃及新城区红山窑、地埂等区域。

蒲公英属 *Taraxacum*　蒲公英 *Taraxacum mongolicum*

多年生草本。叶倒卵状披针形、倒披针形或长圆状披针形，先端钝或急尖，边缘有时具波状齿或羽状深裂，顶端裂片较大，三角形或三角状戟形，全缘或具齿，每侧裂片 3~5 片，叶柄及主脉常带红紫色。总苞钟状；总苞片 2~3 层；舌状花黄色。瘦果倒卵状披针形。花果期 4~9 月。分布于金昌市各乡镇山坡、河滩、湿地等区域。

蒲公英属 *Taraxacu* 白缘蒲公英 *Taraxacum platypecidum*

多年生草本。叶宽倒披针形或披针状倒披针形，疏被蛛丝状柔毛或几无毛，羽状分裂，每侧裂片5~8，裂片三角形，全缘或有疏齿，顶裂片三角形。花葶1至数个；头状花序，总苞片3~4层，先端背面有或无小角，外层宽卵形，中央有暗绿色宽带，边缘宽白色膜质，上端粉红色，疏被睫毛；舌状花黄色，边缘花舌片背面有紫红色条纹。花果期6~7月。分布于永昌县所辖祁连山高山山坡等区域。

蒲公英属 *Taraxacum* 窄边蒲公英 *Taraxacum pseudoatratum*

多年生草本。叶线形，稀少倒披针形，不分裂、全缘，稀具波状齿，先端急尖。花葶多数，较细；头状花序；总苞钟状，外层总苞片暗绿色，卵圆状披针形至狭椭圆形，伏贴，具极窄的白色膜质边缘，先端渐尖，无角，等宽或稍宽于内层总苞片；内层总苞片暗绿色，先端渐尖，无角或有短角，长为外层总苞片的；舌状花黄色。瘦果淡褐色。花果期5~7月。分布于永昌县所辖祁连山高寒山坡草地等区域。

苦苣菜属 *Sonchus*　苦苣菜 *Sonchus oleraceus*

多年生草本。基生叶多数，与中下部茎叶全形倒披针形或长椭圆形，羽状或倒向羽状深裂、半裂或浅裂，侧裂片 2~5 对，偏斜半椭圆形、椭圆形、卵形、偏斜卵形、偏斜三角形、半圆形或耳状，顶裂片稍大，长卵形、椭圆形或长卵状椭圆形；上部茎叶及接花序分枝下部的叶披针形或线钻形。头状花序在茎枝顶端排成伞房状花序；舌状小花多数，黄色。花果期 6~9 月。分布于金昌市各乡镇农地、荒地、荒滩等区域。

苦苣菜属 *Sonchus*　苣荬菜 *Sonchus wightianus*

一或二年生草本。茎直立，单生，高 40~150 厘米。基生叶羽状深裂，全部基生叶基部渐狭成长或短翼柄；中下部茎叶羽状深裂或大头状羽状深裂，基部急狭成翼柄，翼狭窄或宽大，向柄基且逐渐加宽，柄基圆耳状抱茎，侧生裂片 1~5 对，椭圆形，常下弯。头状花序少数在茎枝顶端排紧密的伞房花序、总状花序或单生茎枝顶端；舌状小花多数，黄色。瘦果褐色。花果期 5~9 月。分布于金昌市各乡镇农地、荒滩、林地等区域。

莴苣属 *Lactuca*　乳苣 *Lactuca tatarica*

多年生草本，高 15~60 厘米。中下部茎叶长椭圆形、线状长椭圆形或线形，羽状浅裂或半裂，或边缘有多数或少数大锯齿，侧裂片 2~5 对，中部侧裂片较大，向两端的侧裂片渐小；向上的叶与中部茎叶同形或宽线形，但渐小；全部叶质地稍厚，两面光滑无毛。头状花序约含 20 枚小花，多数，在茎枝顶端狭或宽圆锥花序；舌状小花紫色或紫蓝色，管部有白色短柔毛。瘦果长圆状披针形。花果期 6~9 月。分布于金昌市各乡镇荒地、地埂、荒滩等区域。

苦荬菜属 *Ixeris*　中华苦荬菜 *Ixeris chinensis*

多年生草本，高 5~47 厘米。根垂直直伸，通常不分枝。根状茎极短缩。茎直立单生或少数茎成簇生，上部伞房花序状分枝。基生叶长椭圆形、倒披针形、线形或舌形。头状花序通常在茎枝顶端排成伞房花序，含舌状小花 21~25 枚；总苞圆柱状；总苞片 3~4 层；舌状小花黄色，干时带红色。瘦果褐色，冠毛白色。花果期 4~10 月。分布于金昌市各乡镇荒滩、荒地等区域。

耳菊属 *Nabalus*　盘果菊 *Nabalus tatarinowii*

多年生草本，高 0.5~1.5 米。茎直立，单生。中下部茎叶或不裂，心形或卵状心形，边缘全缘或有锯齿，或不等大的三角状锯齿，齿顶及齿缘有小尖头，或大头羽状全裂，有长柄，顶裂片卵状心形、心形、戟状心形或三角状戟形。头状花序含 5 枚舌状小花，多数，沿茎枝排成疏松的圆锥状花序或少数沿茎排列成总状花序；舌状小花紫色、粉红色。花果期 8~10 月。分布于金昌市狮伏山山坡。

还阳参属 *Crepis*　北方还阳参 *Crepis crocea*

多年生草本。茎被蛛丝状毛。基生叶倒披针形或倒披针状长椭圆形，羽状浅裂或半裂，顶裂片三角形、长三角形或三角状披针形，侧裂片多对；无茎生叶或茎生叶 1~3，与基生叶同形；叶两面被蛛丝状毛或无毛。头状花序直立，单生茎端或枝端；总苞钟状；舌状小花黄色。瘦果纺锤状。花果期 5~8 月。分布于永昌县所辖祁连山区阳坡等区域。

假苦菜属 *Askellia*　弯茎假苦菜 *Askellia flexuosa*

多年生草本。茎自基部分枝，有时茎极短缩使整个植株成矮小密集团伞状。基生叶及下部茎叶倒披针形、长倒披针形、倒披针状卵形、倒披针状长椭圆形或线形，羽状深裂、半裂或浅裂，侧裂片(1)3~5对，对生或偏斜互生；全部叶青绿色。头状花序多数或少数在茎枝顶端排成伞房状花序或团伞状花序；舌状小花黄色。瘦果纺锤状。花果期6~10月。分布于金昌市各乡镇沙沟、河滩等区域。

碱苣属 *Sonchella*　碱小苦苣菜 *Sonchella stenoma*

多年生草本，高10~50厘米。茎直立，单生或少数茎成簇生。基生叶及下部茎叶线形、线状披针形或线状倒披针形，顶端急尖，基部渐窄成具狭翼的长柄，边缘全缘或有浅波状锯齿或锯齿；中上部茎叶渐小，线形，无柄，边缘全缘；花序下部的叶或花序分枝下部的叶线钻形；全部叶两面无毛。头状花序稍小，含11枚舌状小花，沿茎上部排成总状花序或总状狭圆锥花序。瘦果纺锤形。花果期7~9月。分布于金昌市各乡镇水沟、湿地等区域。

黄鹌菜属 *Youngia*　无茎黄鹌菜 *Youngia simulatrix*

多年生矮小丛生草本。茎极短缩，顶端有极短的花序分枝。叶莲座状，倒披针形，顶端圆形、急尖或短渐尖，边缘全缘、波状浅钝齿或稀疏的凹尖。头状花序含 13~18 枚舌状小花，4~7 个密集簇生于莲座状叶丛中或莲座状叶丛的顶端；总苞片 4 层；舌状小花黄色。瘦果纺锤状。花果期 7~10 月。分布于永昌县所辖祁连山石质山坡等区域。

绢毛苣属 *Soroseris*　绢毛苣 *Soroseris glomerata*

多年生草本，高达 20 厘米。地下根状茎直立，被鳞片状叶。地上茎极短，密生莲座状叶，叶匙形、长椭圆形或倒卵形；地下茎常生出与莲座状叶丛同形的叶。头状花序在莲座状叶丛中集成径 3~5 厘米的团伞花序，总苞片外层 2，内层 4~5；舌状小花 4~6，黄色、白色。瘦果长圆柱状。花果期 5~9 月。分布于永昌县所辖祁连山西大河林区泥石流滩等区域。

绢毛苣属 *Soroseris*　皱叶绢毛苣 *Soroseris hookeriana*

多年生草本，高 0.5~1.5 米。茎直立，单生。中下部茎叶或不裂，心形或卵状心形，边缘全缘或有锯齿或不等大的三角状锯齿，齿顶及齿缘有小尖头，或大头羽状全裂，有长柄，顶裂片卵状心形、心形、戟状心形或三角状戟形。头状花序含 5 枚舌状小花，多数，沿茎枝排成疏松的圆锥状花序或少数沿茎排列成总状花序；舌状小花紫色、粉红色。花果期 8~10 月。分布于永昌县所辖祁连山及大黄山山坡。

香蒲科 Typhaceae

香蒲属 *Typha*　水烛 *Typha angustifolia*

多年生水生或沼生草本。地上茎直立，粗壮，高 1.5~2.5 米。叶片上部扁平，中部以下腹面微凹，背面向下逐渐隆起呈凸形，下部横切面呈半圆形；叶鞘抱茎。雌雄花序相距 2.5~6.9 厘米；叶状苞片 1~3 枚，花后脱落；雌花序基部具 1 枚叶状苞片，通常比叶片宽；雄花由 3 枚雄蕊合生，有时 2 枚或 4 枚组成；雌花具小苞片；孕性雌花柱头窄条形或披针形。子房纺锤形。花果期 6~9 月。分布于金昌市金川河流域湿地、河道等区域。

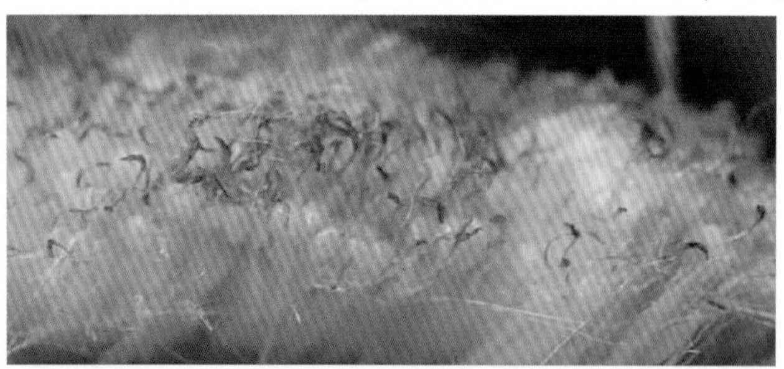

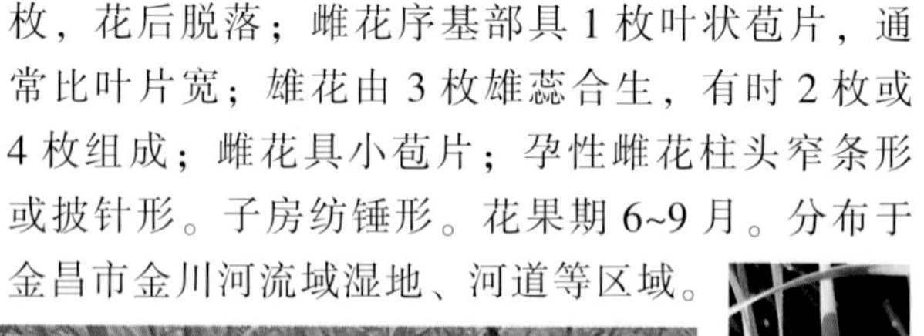

香蒲属 *Typha*　无苞香蒲 *Typha laxmannii*

多年生沼生或水生草本。根状茎乳黄色，或浅褐色，先端白色。地上茎直立，较细弱，高 1~1.3 米。叶片窄条形。雌雄花序远离；雄性穗状花序长 6~14 厘米，明显长于雌花序；雌花序长 4~6 厘米，基部具 1 枚叶状苞片；雄花由 2~3 枚雄蕊合生。果实椭圆形。花果期 6~9 月。分布于金昌市金川河流域湿地、湖滩。

水麦冬科 Juncaginaceae

水麦冬属 *Triglochin*　水麦冬 *Triglochin palustris*

多年生水生或湿生草本，基部具纤维状叶鞘。花茎不分枝，直立，高 15~40 厘米，鞘内分蘖。叶基生，具宽叶鞘，叶鞘边缘膜质，叶舌短；叶片线性和半圆柱状，直立和斜生。总状花序，小花疏生；花小，绿紫色。蒴果圆柱形。花果期 6~9 月。分布于金昌市金川河流域河滩、湿地等区域。

水麦冬属 *Triglochin* 海韭菜 *Triglochin maritima*

多年生水生或湿生草本，基部具纤维状枯叶鞘。根茎粗大，块茎；须根密集，花茎光滑，不分枝，直立，高 4~40 厘米。叶基生，具宽鞘，叶鞘边缘膜质，缩存，叶舌短；叶片半圆柱状，直立或斜伸。总状花序，1 至数个，小花密集；花小，绿色。蒴果，椭圆形。花果期 6~9 月。分布于金昌市金川河流域河滩、湿地等区域。

眼子菜科 Potamogetonaceae

篦齿眼子菜属 *Stuckenia* 蓖齿眼子菜 *Stuckenia pectinata*

多年生沉水草本。根茎细长，节上生有许多须根。茎圆柱形，分枝发达至不分枝，基部于水底匍匐，节于节间明显，黄绿色、绿红色至紫红色。叶互生，线性或丝状，叶鞘上端具膜质无色叶舌，叶片叶脉 3 条。穗状花序顶生，浮于水面，黄绿色至绿红色；小花稀疏排列与穗轴上，呈念珠状或较紧密呈棒状；花小。花果期 6~9 月。分布于金昌市金川河流域长流水的浅水沟中。

眼子菜属 *Potamogeton* 穿叶眼子菜 *Potamogeton perfoliatus*

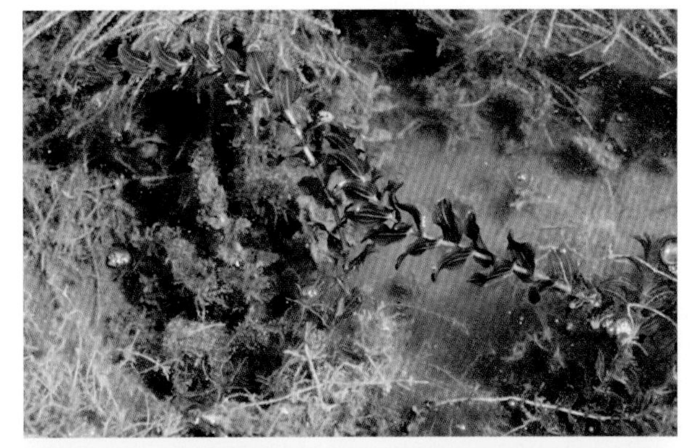

多年生沉水草本，具发达的根茎。根茎白色，节处生有须根。茎圆柱形。叶卵形、卵状披针形或卵状圆形，无柄，先端钝圆，基部心形，呈耳状抱茎，边缘波状，常具极细微的齿。穗状花序顶生，具花 4~7 轮，密集或稍密集；花小，被片 4，淡绿色或绿色。果实倒卵形。花果期 5~10 月。分布于金昌市金川河流域湿地等区域。

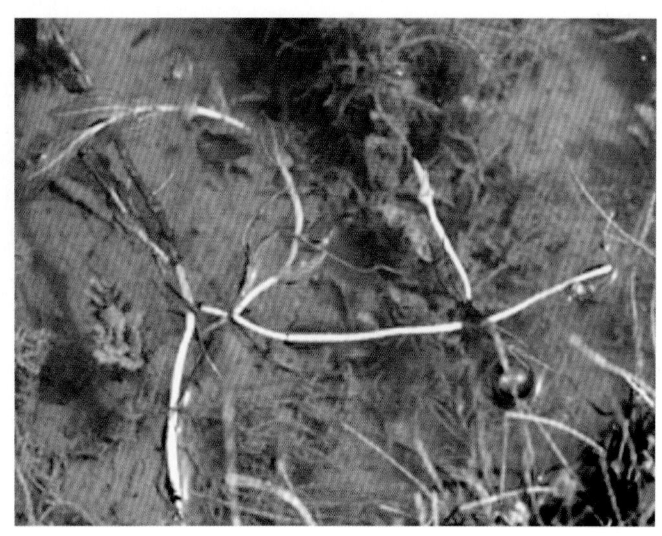

眼子菜属 *Potamogeton* 小眼子菜 *Potamogeton pusillus*

多年生沉水小草本。茎圆柱形，多分枝，基部于水底匍匐，节于节间明显，节处多生白色须根。叶互生，草质，线性，先端渐尖，全缘，无柄；托叶无色，膜质。穗状花序顶生，花序柄粗于茎，浮于水面；小花疏排列于穗轴上而呈念珠状；花小。果实倒卵形。花果期 6~9 月。分布于金昌市金川峡水库上游湖滩等区域。

眼子菜属 *Potamogeton*　菹草 *Potamogeton crispus*

多年生沉水草本。具近圆柱形的根茎。茎稍扁，多分枝，近基部常匍匐地面，于节处生出疏或稍密的须根。叶条形，先端钝圆，叶缘多少呈浅波状，具疏或稍密的细锯齿。穗状花序顶生，具花 2~4 轮，初时每轮 2 朵对生，穗轴伸长后常稍不对称；花序梗棒状。果实卵形。花果期 4~7 月。分布于金昌市老人头、金川峡水库等区域。

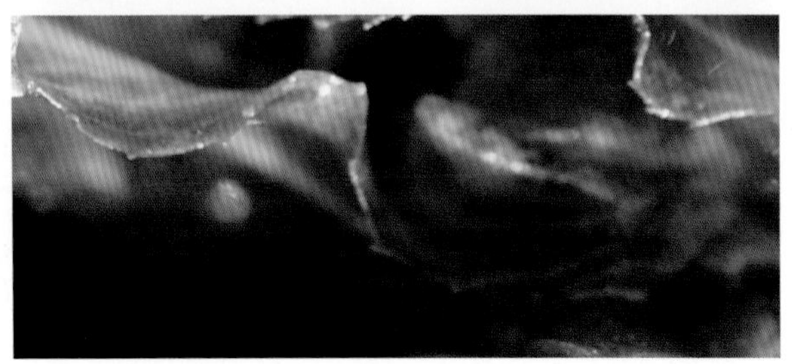

角果藻属 *Zannichellia*　角果藻 *Zannichellia palustris*

多年生沉水草本。茎细弱，下部常匍匐生泥中，分枝较多，常交织成团。叶互生至近对生，线形，无柄，全缘，先端渐尖。花腋生；雄花仅 1 枚雄蕊，花药长约 1 毫米，2 室，纵裂，药隔延生至顶端，花丝细长，花粉球形；雌花花被杯状，半透明，通常具 4 枚离生心皮(稀至 6 枚)。小坚果 4。花果期 6~8 月。分布于金昌市金川河流域河道、湿地等区域。

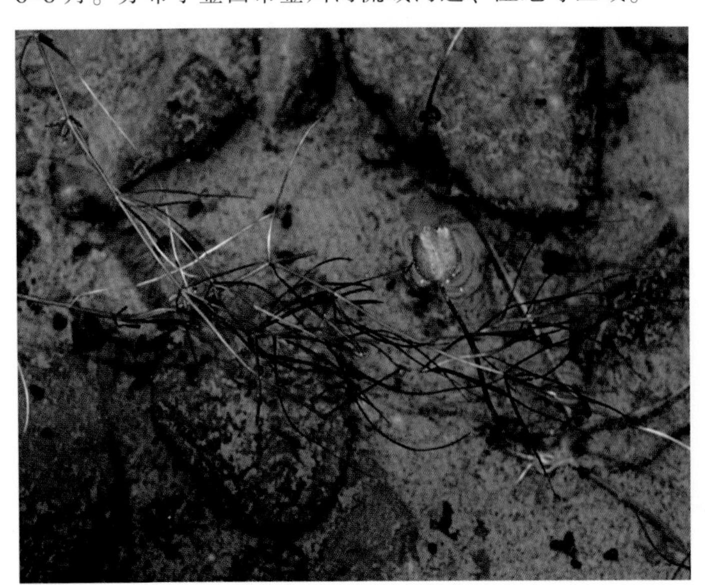

泽泻科 Alismataceae

泽泻属 *Alisma* 草泽泻 *Alisma gramineum*

多年生沼生草本。块茎较小，或不明显。叶多数，丛生；叶片披针形，先端渐尖，基部楔形，脉 3~5 条，基出，粗壮，基部膨大呈鞘状。花序具 2~5 轮分枝，每轮分枝(2)3~9 枚，或更多，分枝粗壮。花两性；外轮花被片广卵形，内轮花被片白色，大于外轮，近圆形，边缘整齐。瘦果两侧压扁，倒卵形。花果期 7~8 月。分布于金昌市金川峡流域湿地水沟等区域。

泽泻属 *Alisma* 东方泽泻 *Alisma orientale*

多年生水生或沼生草本。叶多数；挺水叶宽披针形、椭圆形，先端渐尖，基部近圆形或浅心形，叶脉 5~7 条。花序具 3~9 轮分枝，每轮分枝 3~9 枚；花两性；外轮花被片卵形，内轮花被片近圆形，比外轮大，白色、淡红色，稀黄绿色，边缘波状。瘦果椭圆形。花果期 5~9 月。分布于金昌市金川河流域红庙墩、北海子等湿地、河道等区域。

禾本科 Poaceae

芦苇属 *Phragmites* 芦苇 *Phragmites australis*

多年生。秆直立，高1~3(8)米，具20多节，基部和上部的节间较短，最长节间位于下部第4~6节。叶舌边缘密生一圈长约1毫米的短纤毛；叶片披针状线形，无毛，顶端长渐尖成丝形。圆锥花序大型，分枝多数，着生稠密下垂的小穗，含4花。花果期7~9月。分布于金昌市各乡镇水沟、河道、湿地等区域。

臭草属 *Melica* 甘肃臭草 *Melica przewalskyi*

多年生草本。秆细弱，直立，高40~100厘米，向上粗糙，具多数节。叶舌极短或几缺如；叶片长线形，扁平或疏松纵卷，斜向上升。圆锥花序狭窄，每节具2~3分枝，分枝直立；小穗带紫色，含孕性小花3枚。花果期6~8月。分布于永昌县所辖祁连山及北部山区等区域。

臭草属 *Melica*　臭草 *Melica scabrosa*

多年生草本，高 20~90 厘米。叶鞘闭合近鞘口，常撕裂；叶舌透明膜质；叶片质较薄，扁平，干时常卷折。圆锥花序狭窄；分枝直立或斜向上升；小穗淡绿色或乳白色，含孕性小花 2~4 (6)枚，顶端由数个不育外稃集成小球形；颖膜质，狭披针形，两颖几等长；外稃草质，顶端尖或钝且为膜质；内稃短于外稃或相等。花果期 5~8 月。分布于永昌县所辖祁连山及北部山区山坡等区域。

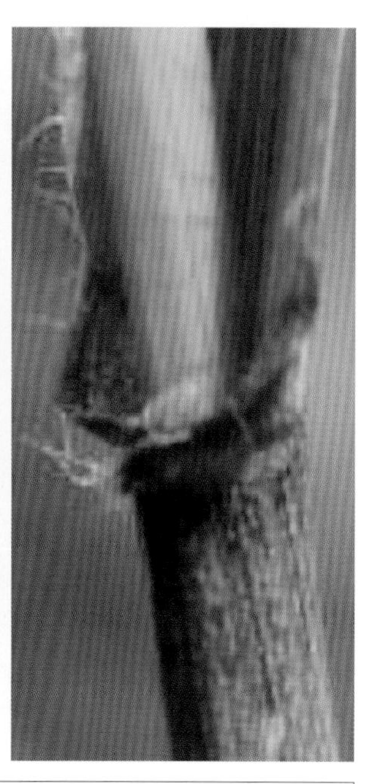

臭草属 *Melica*　偏穗臭草 *Melica secunda*

多年生草本，高 20~60 厘米，具 2~3 节，节黑紫色。叶舌膜质，无毛，有缺刻；叶片常疏松纵卷，稀扁平。圆锥花序疏松，穗状，分枝短，粗糙，具少数小穗，偏向同一边；小穗灰紫色，含孕性小花 2~3 枚，顶生不孕外稃聚集成粗棒状；颖膜质，顶端钝或急尖；外稃硬草质。花果期 5~7 月。分布于永昌县所辖祁连山三岔林区沙沟、河滩边等区域。

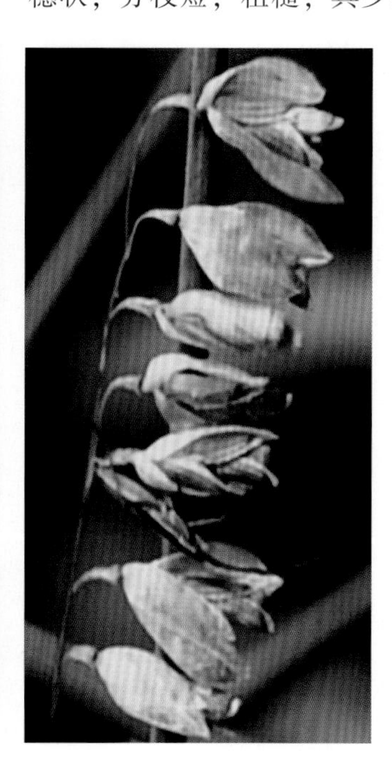

臭草属 *Melica*　抱草 *Melica virgata*

多年生草本，高 30~80 厘米。叶鞘闭合至近鞘口；叶舌干膜质，长约 1 毫米；叶质较硬，通常纵卷。圆锥花序细长狭窄；分枝直立或斜向上升，着生少数小穗，含孕性小花 2~3(4 或 5)枚，成熟后呈紫色，顶生不育外稃聚集成小球形；颖草质，顶端及边缘白色膜质；外稃草质，披针形，顶端钝，边缘膜质。花果期 5~7 月。分布于永昌县所辖祁连山山坡草地等区域。

早熟禾属 *Poa*　早熟禾 *Poa annua*

一年生或冬性禾草。质软，高 6~30 厘米，全体平滑无毛。叶鞘稍压扁，中部以下闭合；叶舌圆头；叶片扁平或对折，质地柔软，常有横脉纹，顶端急尖呈船形，边缘微粗糙。圆锥花序宽卵形；分枝 1~3 枚着生各节，平滑；小穗卵形，含 3~5 小花，绿色。花果期 4~7 月。分布于金昌市各乡镇街道草坪、农地、林地等区域。

早熟禾属 *Poa*　胎生早熟禾 *Poa attenuata* var. *vivipara*

与原变种区别为：圆锥花序具胎生小穗。分布于金昌市大黄山林区山坡等区域。

早熟禾属 *Poa*　极地早熟禾 *Poa arctica* subsp. *caespitans*

多年生草本。秆单生，高 20~40 厘米，具 2~3 节，细弱。叶舌截平或细齿状；叶片扁平或对折，茎生叶短。圆锥花序广开展成金字塔形；分枝孪生，先端具 3~4 枚小穗，小穗含 3~5 小花。颖果纺锤形。花果期 6~8 月。分布于金昌市大黄山海拔 3500 米以上山坡等区域。

早熟禾属 *Poa*　西藏早熟禾 *Poa tibetica*

多年生草本。秆直立或斜升，高 20~60 厘米，下部具 1~2 节。茎生叶鞘平滑无毛，长于其节间；叶舌膜质，顶端钝圆，质地较厚，叶片常对折，下面平滑无毛，上面与边缘微粗糙，顶端尖。圆锥花序紧缩成穗状，每节具 2~4 分枝，侧枝自基部着生小穗；小穗含 3~5 花，黄绿色。花果期 7~9 月。分布于金昌市各乡镇湿地、水边等区域。

早熟禾属 *Poa*　长稃早熟禾 *Poa pratensis* subsp. *staintonii*

多年生草本，具根状茎。秆高 30~40 厘米，具 2 节，顶节位于秆下部 1/3 处。叶鞘下部闭合。圆锥花序开展，分枝孪生，下部裸露，上部微粗糙；小穗卵形，含 2~4 小花，带紫色。花果期 6~8 月。分布于永昌县所辖祁连山南坝、新城子等林区山坡等区域。

早熟禾属 *Poa*　垂枝早熟禾 *Poa szechuensis* var. *debilior*

多年生草本。秆直立，高50~60厘米，具4~5节，基部稍膝曲。叶鞘长于其节间，平滑无毛，下部闭合；叶舌截平而具微齿；叶片扁平，质地柔软，上面与边缘微粗糙。圆锥花序疏松开展，分枝2~3枚着生于各节，上部小枝密生2~5枚小穗，下部长裸露，弯曲而下垂，微粗糙；含3~4小花，灰绿色。花果期6~8月。分布于金昌市大黄山林区山坡草地等区域。

早熟禾属 *Poa*　草地早熟禾 *Poa pratensis*

多年生，具发达的匍匐根状茎。秆疏丛生，直立，高50~90厘米，具2~4节。叶舌膜质；叶片线形，扁平或内卷。圆锥花序金字塔形或卵圆形；分枝开展，每节3~5枚，二次分枝，小枝上着生3~6枚小穗，中部以下裸露；小穗柄较短；小穗卵圆形，绿色至草黄色，含3~4小花。花果期5~9月。分布于金昌市沿祁连山乡镇地埂、荒滩等区域。

早熟禾属 *Poa*　硬质早熟禾 *Poa sphondylodes*

多年生密丛型草本。秆高30~60厘米，具3~4节，顶节位于中部以下。叶鞘基部带淡紫色；叶舌先端尖。圆锥花序紧缩而稠密；4~5枚着生于主轴各节；小穗柄短于小穗，侧枝基部即着生小穗；小穗绿色，熟后草黄色，含4~6小花。花果期6~8月。分布于金昌市各乡镇山坡、荒滩等区域。

沿沟草属 *Catabrosa*　沿沟草 *Catabrosa aquatica*

多年生草本，高20~70厘米，基部有横卧或斜升的长匍匐茎，于节处生根。叶鞘闭合达中部，松弛，光滑，上部者短于节间；叶舌透明膜质，顶端钝圆；叶片柔软，扁平，两面光滑无毛，顶端呈舟形。圆锥花序开展；分枝细长，在基部各节多成半轮生；小穗绿色、褐绿色或褐紫色，含(1)2(3)小花。花果期4~8月。分布于永昌县所辖祁连山及金川峡流域内湿地、河道、水沟等区域。

碱茅属 *Puccinellia*　碱茅 *Puccinellia distans*

多年生草本。丛生或基部偃卧，高 20~30(60)厘米，具 2~3 节，常压扁。叶鞘长于节间，平滑无毛；叶舌截平或齿裂；叶片线形，扁平或对折。圆锥花序开展，每节具 2~6 分枝；分枝细长，平展或下垂；小穗含 5~7 小花。花果期 5~7 月。分布于金昌市金川河流域的湿地、河滩等区域。

扇穗茅属 *Littledalea*　扇穗茅 *Littledalea racemosa*

多年生草本，秆高 30~40 厘米。叶鞘平滑松弛；叶舌膜质，顶端撕裂；叶片下面平滑，上面生微毛。圆锥花序几成总状；分枝单生或孪生，细弱而弯曲，顶端着生；1 枚大形小穗，下部裸露；小穗扇形，含 6~8 小花；小穗轴节间平滑。花果期 7~8 月。分布于金昌市北部山坡、沟谷等区域。

雀麦属 *Bromus* 旱雀麦 *Bromus tectorum*

一年生。秆直立，高20~60厘米，具3~4节。叶鞘生柔毛；叶片长5~15厘米，宽2~4毫米，被柔毛。圆锥花序开展，下部节具3~5分枝；分枝粗糙，有柔毛，细弱，多弯曲，着生4~8枚小穗；小穗密集，偏生于一侧，稍弯垂，含4~8小花。花果期6~9月。分布于金昌市马营沟水渠河滩。

鹅观草属 *Roegneria* 直穗鹅观草 *Roegneria turczaninovii*

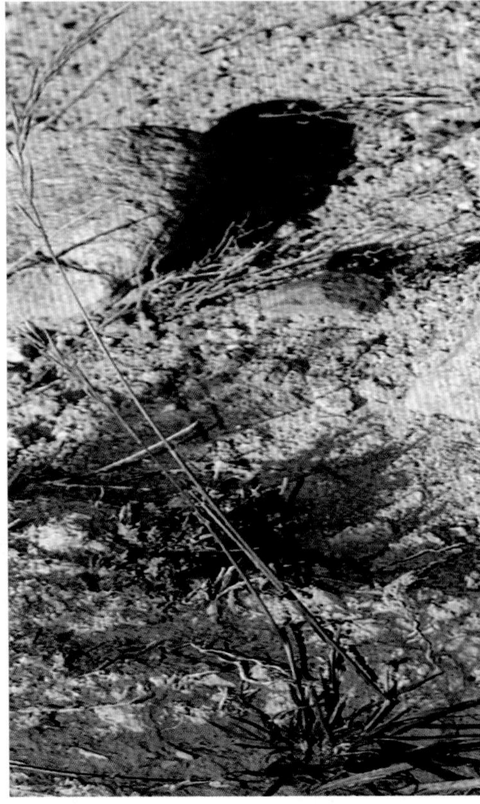

植株具根头；秆较细瘦，疏丛，高60~80厘米。上部叶鞘平滑无毛。下部者常具倒毛；叶片质软而扁平。穗状花序直立，含7~13小穗，常偏于1侧；小穗黄绿色或微带蓝紫色，含5~7小花。分布于永昌县所辖祁连山及北部车路沟等山坡区域。

仲彬草属 *Kengyilia*　硬秆以礼草 *Kengyilia rigidula*

植株具根头。秆成疏丛，质硬，直立或基部膝曲，具 3~4 节，紧接花序下无毛。叶鞘无毛；叶片内卷，直立，两面具柔毛，边缘具纤毛。穗状花序弯曲，含 4~6 小花。花果期 7~9 月。分布于永昌县所辖祁连山林区山坡草地等区域。

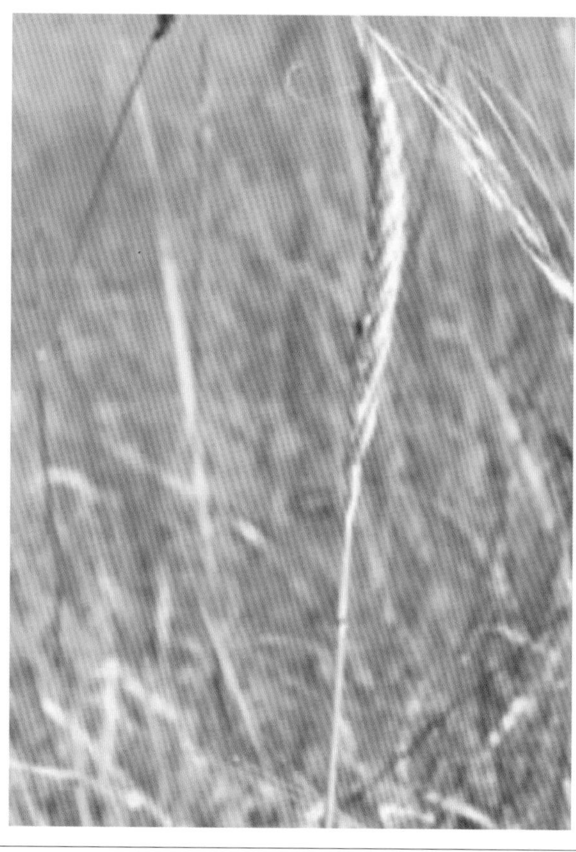

偃麦草属 *Elytrigia*　偃麦草 *Elytrigia repens*

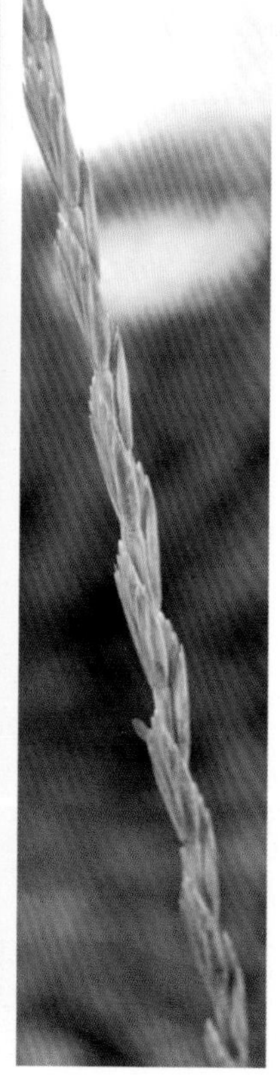

多年生草本，高 40~80 厘米。叶鞘光滑无毛而基部分蘖叶鞘具向下柔毛；叶舌短小；叶耳膜质，细小；叶片扁平，上面粗糙或疏生柔毛，下面光滑。穗状花序直立；小穗含 5~7（10）小花。花果期 6~8 月。分布于金昌市各乡镇山坡、河滩、荒滩等区域。

小麦属 *Triticum*　普通小麦 *Triticum aestivum*

一年生草本，丛生，具 6~7 节，高 60~100 厘米。叶鞘松弛包茎，下部者长而上部者短于节间；叶舌膜质；叶片长披针形。穗状花序直立，小穗含 3~9 小花，上部者不发育；颖卵圆形；外稃长圆状披针形，顶端具芒或无芒；内稃与外稃几等长。花果期 6~8 月。金昌市各乡镇大面积种植，栽培品种较多。

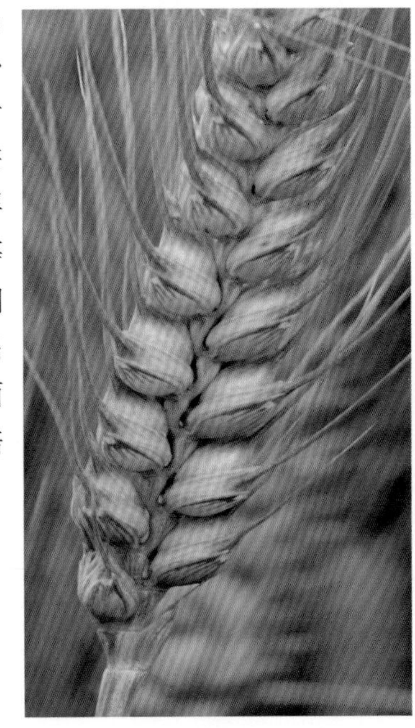

冰草属 *Agropyron*　冰草 *Agropyron cristatum*

多年生草本。秆成疏丛，高 20~60(75)厘米，叶片质较硬而粗糙，常内卷，上面叶脉强烈隆起成纵沟，脉上密被微小短硬毛。穗状花序较粗壮，矩圆形或两端微窄；小穗紧密平行排列成 2 行，整齐呈蓖齿状，含(3)5~7 小花。花果期 7~9 月。分布于永昌县所辖祁连山林区山坡及北部山区山坡等区域。

新麦草属 *Psathyrostachys*　单花新麦草 *Psathyrostachys kronenburgii*

多年生草本。秆高30~60厘米，基部残留枯黄纤维状叶鞘。叶鞘无毛，短于节间；叶舌先端撕裂；叶片灰绿色或绿色，扁平或内卷，两面都粗糙。穗状花序下部被短柔毛。花果期6~8月。分布于金昌市各乡镇山坡、荒滩等区域。

披碱草属 *Elymus*　垂穗披碱草 *Elymus nutans*

多年生草本。高50~70厘米，叶片扁平。穗状花序较紧密，通常曲折而先端下垂，基部的1、2节均不具发育小穗；小穗绿色，成熟后带有紫色，通常在每节生有2枚而接近顶端及下部节上仅生有1枚，多少偏生于穗轴1侧。花果期7~10月。分布于金昌市各乡镇地埂、荒滩、荒地等区域。

披碱草属 *Elymus*　短颖披碱草 *Elymus burchan-buddae*

植株基部分蘖密集以形成根头，秆瘦细，坚硬，高 25~60 厘米。叶鞘疏松，光滑；叶片内卷，无毛或上面疏生柔毛。穗状花序下垂，穗轴细弱，常弯曲作蜿蜒状，含 5~10 枚小穗(最基部 2~3 节常无小穗)；小穗含 3~4 小花。分布于永昌县所辖祁连山林区山坡草地等区域。

赖草属 *Leymus*　赖草 *Leymus secalinus*

多年生草本。高 40~100 厘米，具 3~5 节。叶鞘光滑无毛；叶舌膜质，截平；叶片扁平或内卷。穗状花序直立，长 10~15(24)厘米，宽 10~17 毫米，灰绿色；小穗通常 2~3 稀 1 或 4 枚生于每节，含 4~7(10)个小花。花果期 6~10 月。分布于金昌市各乡镇荒滩、荒地、地埂等区域。

大麦属 *Hordeum*　紫大麦草 *Hordeum roshevitzii*

多年生，具短根茎。秆直立，丛生，光滑无毛，高30~70厘米，质较软，具3~4节。叶鞘基部者长而上部者短于节间；叶舌膜质，常扁平。穗状花序绿色或带紫色。颖及外稃均为刺芒状；中间小穗无柄；颖刺芒状；外稃披针形，背部光滑，先端具芒，内稃与外稃等长。花果期6~8月。分布于金昌市金川河流域湿地、河道地埂等区域。

大麦属 *Hordeum*　大麦 *Hordeum vulgare*

一年生。秆粗壮，光滑无毛，直立，高50~100厘米。叶鞘松弛抱茎，多无毛或基部具柔毛；两侧有两披针形叶耳；叶舌膜质；叶片扁平。穗状花序小穗稠密，每节着生3枚发育的小穗；小穗均无柄；颖线状披针形，外被短柔毛，先端常延伸芒；外稃具5脉，先端延伸成芒，边棱具细刺；内稃与外稃几等长。颖果熟时黏着于稃内，不脱出。花果期7~9月。金昌市各乡镇种植。栽培品种较多。

大麦属 *Hordeum*　青稞 *Hordeum vulgare* var. *coeleste*

一年生，秆直立，光滑，高约 100 厘米，具 4~5 节。叶鞘光滑，大都短于或基部者长于节间，两侧具两叶耳，互相抱茎；叶舌膜质，微粗糙。穗状花序成熟后黄褐色或为紫褐色；颖线状披针形，被短毛，先端渐尖呈芒状；外稃先端延伸为芒，两侧具细刺毛。颖果成熟时易于脱出稃体。金昌市各乡镇农户有零星种植，栽培品种较多。

洽草属 *Koeleria*　洽草 *Koeleria macrantha*

多年生草本。秆直立，具 2~3 节，高 25~60 厘米。叶鞘灰白色或淡黄色；叶舌膜质，截平或边缘呈细齿状；叶片灰绿色，线形，常内卷或扁平。圆锥花序穗状，下部间断，草绿色或黄褐色，小穗含 2~3 小花；颖倒卵状长圆形至长圆状披针形；外稃披针形，背部无芒。花果期 5~9 月。分布于永昌县所辖祁连山及北部荒地、河滩等区域。

洽草属 *Koeleria*　大花洽草 *Koeleria cristata* var. *pseudocristata*

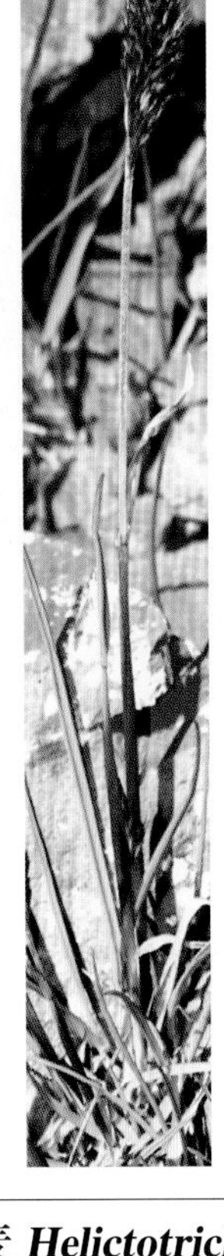

与原变种区别在于：圆锥花序长且较宽，分枝较长；小穗大，常含 4 小花。分布于永昌县所辖祁连山西大河林区泥石流滩等区域。

异燕麦属 *Helictotrichon*　藏异燕麦 *Helictotrichon tibeticum*

多年生。须根较细韧。秆直立，丛生，高 15~70 厘米，具 2~3 节，花序以下茎被微毛；叶片质硬，常内卷如针状，粗糙或上面被短毛。圆锥花序紧缩呈穗状，卵形或长圆形，黄褐色或深褐色；小穗含 2~3 小花，通常第三小花退化。芒自稃体中部稍上处伸出，膝曲，芒柱稍扭转；内稃略短于外稃。花果期 7~8 月。分布于永昌县所辖祁连山夹道、西大河等林区山坡等区域。

异燕麦属 *Helictotrichon*　异燕麦 *Helictotrichon hookeri*

多年生草本。须根细弱。根茎明显或不甚明显。秆直立，丛生，光滑无毛，高25~70厘米，通常具2节。叶鞘松弛；叶舌透明膜质；叶片扁平，两面均粗糙。圆锥花序紧缩，淡褐色，有光泽，分枝常孪生，具1~4小穗；小穗含3~6小花（顶花退化）；颖披针形，芒自稃体中部稍上处伸出。花期6~9月。分布于永昌县所辖祁连山林区山坡等区域。

发草属 *Deschampsia*　滨发草 *Deschampsia littoralis*

多年生草本。须根较粗韧。秆直立，常具2节。叶鞘光滑无毛，松弛；叶舌膜质，顶端渐尖且常2裂；叶片线形，直立，通常卷折。圆锥花序疏松稍开展，分枝较细弱，屈曲，粗糙，多3叉分歧，顶具较多小穗；小穗长卵形，含2~3小花，灰褐色、暗紫色或褐紫色。花果期7~9月。分布于永昌县所辖祁连山山坡草地等区域。

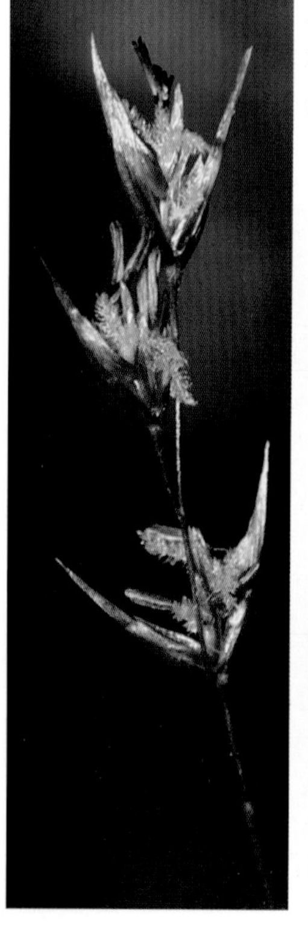

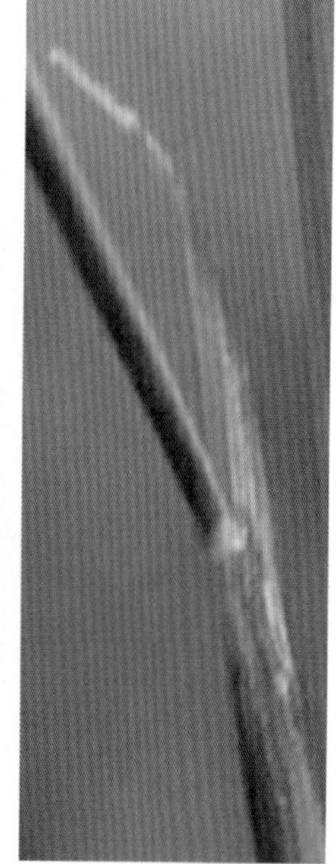

燕麦属 *Avena*　野燕麦 *Avena fatua*

一年生草本。高 60~120 厘米，具 2~4 节。叶鞘松弛；叶舌透明膜质；叶片扁平。圆锥花序开展，金字塔形，分枝具棱角；小穗含 2~3 小花，其柄弯曲下垂，顶端膨胀；小穗轴密生淡棕色或白色硬毛，芒自稃体中部稍下处伸出，膝曲，芒柱棕色，扭转。花果期 4~9 月。分布于金昌市各乡镇农地、荒地等区域。

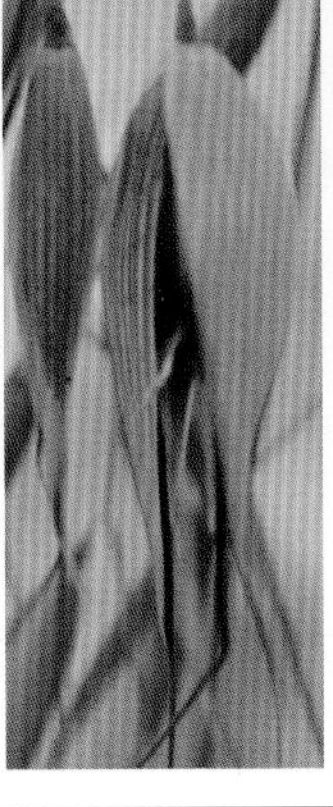

黄花茅属 *Anthoxanthum*　茅香 *Anthoxanthum nitens*

多年生。根茎细长。秆高 50~60 厘米，具 3~4 节，上部长裸露。叶鞘无毛或毛极少，长于节间；叶舌透明膜质，先端啮蚀状；叶片披针形，质较厚，上面被微毛。圆锥花序；小穗淡黄褐色，有光泽。花果期 6~9 月。分布于金昌市沿祁连山各乡镇地埂、荒滩等区域。

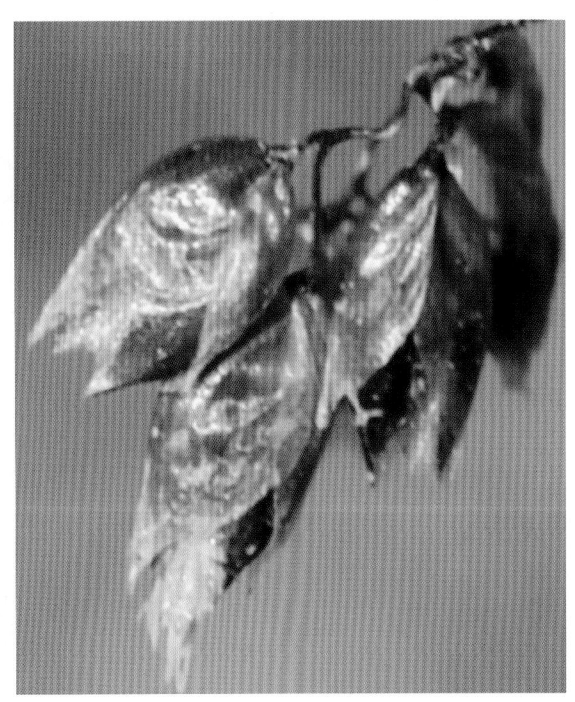

黄花茅属 *Anthoxanthum*　光稃香草 *Anthoxanthum glabrum*

多年生草本。根茎细长。秆高 15~22 厘米，具 2~3 节，上部长裸露。叶鞘密生微毛，长于节间；叶舌透明膜质，先端啮蚀状；叶片披针形，质较厚，上面被微毛，秆生者较短，基生者较长而窄狭。圆锥花序；小穗黄褐色，有光泽。花果期 6~9 月。分布于永昌县所辖祁连山林区山沟等区域。

看麦娘属 *Alopecurus*　苇状看麦娘 *Alopecurus arundinaceus*

多年生草本。高 20~80 厘米，具 3~5 节。叶鞘松弛，大都短于节间；叶舌膜质；叶片斜向上升，上面粗糙，下面平滑。圆锥花序长圆状圆柱形，灰绿色或成熟后黑色；小穗卵形；颖基部约 1/4 互相连合，顶端尖，稍向外张开；外稃较颖短，先端钝，具微毛，芒近于光滑，约自稃体中部伸出，隐藏或稍露出颖外。花果期 7~9 月。分布于金昌市金川河流域湿地、水沟、河道等区域。

拂子茅属 *Calamagrostis*　假苇拂子茅 *Calamagrostis pseudophragmites*

秆直立，高 40~100 厘米。叶鞘平滑无毛；叶舌膜质，长圆形，顶端钝而易破碎；叶片扁平或内卷。圆锥花序长圆状披针形，疏松开展，分枝簇生，直立，细弱，稍糙涩，草黄色或紫色。花果期 7~9 月。分布于金昌市各乡镇水渠、地埂等区域。

拂子茅属 *Calamagrostis*　大拂子茅 *Calamagrostis macrolepis*

多年生草本。秆高 0.75~1.2 米，4~5 节。叶鞘无毛，叶舌长顶端尖；叶片扁平或边缘内卷。圆锥花序窄披针形，有间断；分枝粗糙，基部密生小穗；小穗淡绿色，成熟时带紫色；颖不等长，锥状披针形。外稃先端微 2 裂，芒自裂齿间或稍下处伸出。花果期 7~9 月。分布于金昌市各乡镇湿地、水沟、河道等区域。

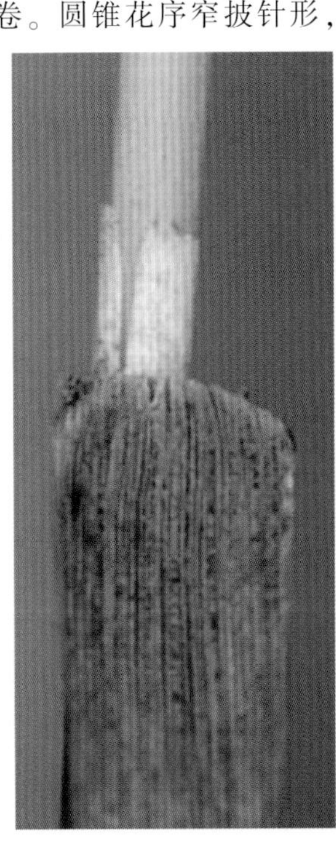

拂子茅属 *Calamagrostis* 拂子茅 *Calamagrostis epigeios*

多年生草本。秆直立，高 45~100 厘米。叶鞘平滑或稍粗糙，短于或基部者长于节间；叶舌膜质，长圆形，先端易破裂；叶片扁平或边缘内卷，上面及边缘粗糙，下面较平滑。圆锥花序紧密，圆筒形，劲直、具间断，分枝粗糙，直立或斜向上升；小穗淡绿色或带淡紫色。花果期 5~9 月。分布于金昌市各乡镇荒山、河道等区域。

菵草属 *Beckmannia* 菵草 *Beckmannia syzigachne*

一年生草本，高 15~90 厘米。叶鞘无毛，多长于节间；叶舌透明膜质；叶片扁平，粗糙或下面平滑。圆锥花序，分枝稀疏，直立或斜升；小穗扁平，圆形，灰绿色。花果期 6~9 月。分布于金昌市金川河流域湿地、水沟、河滩等区域。

棒头草属 *Polypogon*　　长芒棒头草 *Polypogon monspeliensis*

一年生草本。秆直立或基部膝曲，高8~60厘米；叶舌膜质，2深裂或呈不规则地撕裂状；叶片长，上面及边缘粗糙，下面较光滑。圆锥花序穗状；小穗淡灰绿色，成熟后枯黄色。花果期5~10月。分布于金昌市金川河流域湿地、河滩、水沟等区域。

剪股颖属 *Agrostis*　　巨序剪股颖 *Agrostis gigantea*

多年生草本。秆丛生，直立或基部微膝曲，高35~90厘米，具3~4节。叶鞘无毛；叶舌膜质，先端钝或撕裂；叶片扁平，线形，微粗糙。圆锥花序疏松开展，分枝纤细，每节具分枝2至多数；小穗黄绿色或带紫色；两颖近等长，外稃与颖近等长，先端钝，无芒，脉不明显。花果期夏秋季。分布于金昌市金川河流域湿地、河道等区域。

针茅属 *Stipa* 戈壁针茅 *Stipa tianschanica* var. *gobica*

多年生草本。基部膝曲，高(10)20~50厘米。叶上面光滑，下面脉上被短刺毛。圆锥花序下部被顶生叶鞘包裹，分枝细弱、光滑、直伸，单生或孪生；小穗绿色或灰绿色；颖狭披针形；外稃顶端关节处光滑，芒一回膝曲，芒柱扭转、光滑，芒针急折弯曲近呈直角，非弧状弯曲。花果期5~6月。分布于金昌市北部乡镇山坡、戈壁等区域。

针茅属 *Stipa* 短花针茅 *Stipa breviflora*

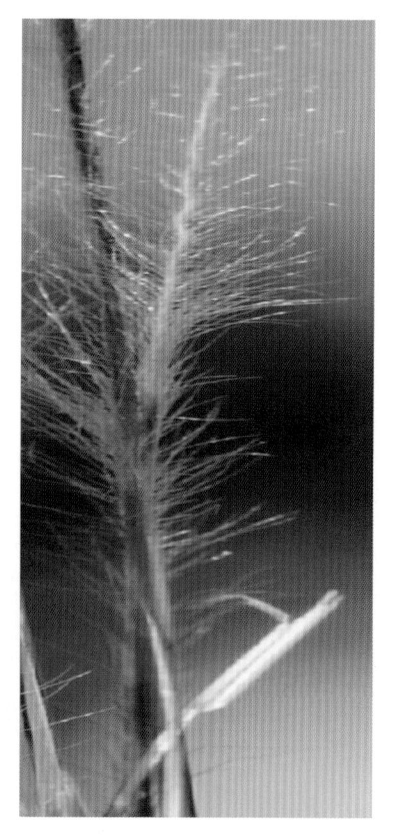

多年生草本。秆高20~60厘米，具2~3节。叶鞘短于节间，基部者具短柔毛；基生叶舌钝，秆生叶舌顶端常两裂，均具缘毛；叶片纵卷如针状。圆锥花序狭窄，基部常为顶生叶鞘所包藏，分枝细而光滑，孪生，上部可再分枝而具少数小穗。花期5~7月。分布于永昌县所辖祁连山及各乡镇山坡、荒滩等区域。

针茅属 *Stipa*　沙生针茅 *Stipa caucasica* subsp. *glareosa*

多年生草本。须根粗韧。秆粗糙，高 15~25 厘米，具 1~2 节，基部宿存枯死叶鞘。叶鞘具密毛；基生与秆生叶舌短而钝圆；叶片纵卷如针。圆锥花序常包藏于顶生叶鞘内，分枝简短，仅具 1 小穗。花果期 5~10 月。分布于金昌市东水岸等北部沙滩、山坡等区域。

针茅属 *Stipa*　长芒草 *Stipa bungeana*

多年生草本。基部膝曲，高 20~60 厘米，有 2~5 节。叶鞘光滑无毛或边缘具纤毛，基生者有隐藏小穗；基生叶舌钝圆形，先端具短柔毛；叶片纵卷似针状。圆锥花序为顶生叶鞘所包，每节有 2~4 细弱分枝小穗，灰绿色或紫色。花果期 6~8 月。分布于永昌县所辖祁连山区及北部山区山坡等区域。

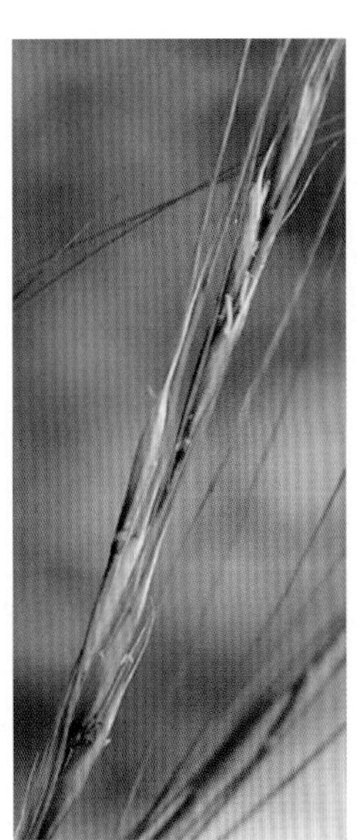

针茅属 *Stipa*　大针茅 *Stipa grandis*

多年生草本。高 50~100 厘米，具 3~4 节。基生叶舌钝圆，秆生者披针形；叶片纵卷似针状。圆锥花序基部包藏于叶鞘内，分枝细弱，直立上举；小穗淡绿色或紫色；颖尖披针形，先端丝状；外稃长，具 5 脉，顶端关节处生 1 圈短毛，芒两回膝曲扭转；芒针卷曲，细丝状。花果期 5~8 月。分布于永昌县所辖祁连山山坡草地等区域。

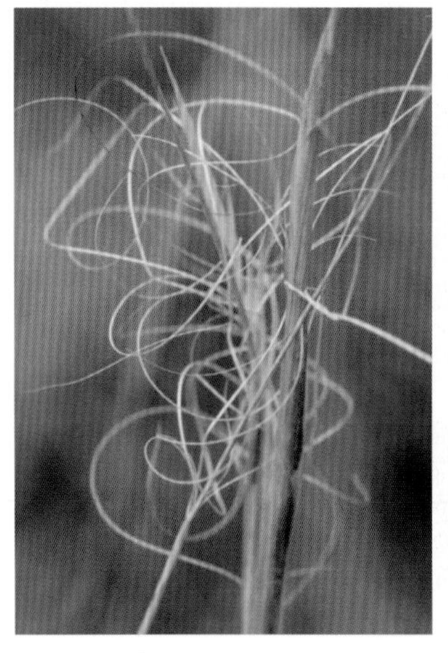

针茅属 *Stipa*　疏花针茅 *Stipa penicillata*

多年生草本。秆高 30~70 厘米，具 1~2 节。叶片粗糙，纵卷似线形。圆锥花序开展，分枝孪生(上部者可单生)，下部裸露，上部疏生 2~4 小穗；小穗紫色或绿色；颖长披针形，两颖几等长或第一颖稍长；外稃背部遍生柔毛，芒两回膝曲扭转，第一芒柱和第二芒柱两者均具白色柔毛，芒针粗糙，无毛。花果期 7~9 月。分布于永昌县所辖祁连山林区山坡草地等区域。

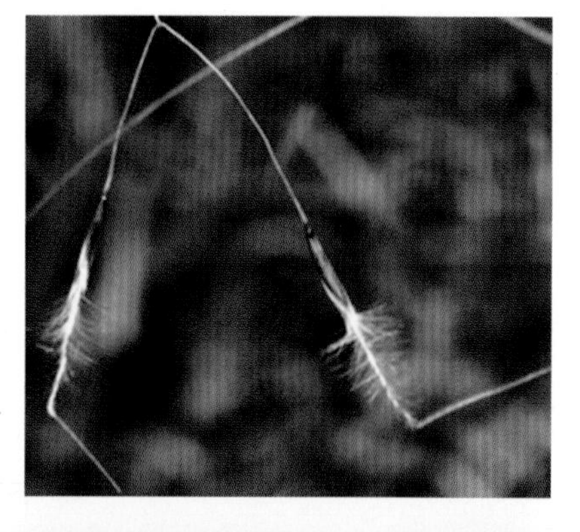

芨芨草属 *Achnatherum*　　芨芨草 *Achnatherum splendens*

多年生草本。秆直立，内具白色的髓，高 50~250 厘米，节多聚于基部，具 2~3 节。叶鞘无毛；叶舌三角形或尖披针形；叶片纵卷，上面脉纹凸起。圆锥花序，分枝 2~6 枚簇生；小穗长灰绿色，基部带紫褐色，成熟后常变草黄色。花果期 6~9 月。分布于金昌市祁连山区及各乡镇山坡、地埂等区域。

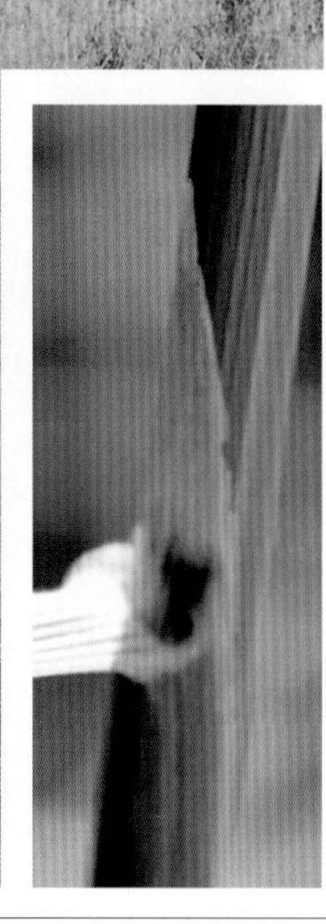

芨芨草属 *Achnatherum*　　醉马草 *Achnatherum inebrians*

多年生草本。秆直立，高 60~100 厘米，通常具 3~4 节，节下贴生微毛。叶鞘口具微毛；叶舌厚膜质，顶端平截或具裂齿；叶片质地较硬，直立，边缘常卷折。圆锥花序紧密呈穗状，小穗灰绿色或基部带紫色，成熟后变褐铜色。花果期 7~9 月。分布于金昌市祁连山及各乡镇山沟、河滩等区域。

细柄茅属 *Ptilagrostis*　中亚细柄茅 *Ptilagrostis pelliotii*

多年生草本，高 20~50 厘米。叶鞘光滑，叶舌平，叶片质地较硬，纵卷如刚毛状，灰绿色。圆锥花序疏松，分枝细弱，常孪生，下部裸露，上部着生小穗，淡黄色；颖薄膜质，光滑，透明，几等长，披针形，先端渐尖，具 3 脉；外稃顶端具 2 微齿；芒全被毛，不明显的一回膝曲。花果期秋季。分布于金昌市各乡镇荒滩、荒山等区域。

细柄茅属 *Ptilagrostis*　双叉细柄茅 *Ptilagrostis dichotoma*

多年生。须根细而坚韧。秆直立，紧密丛生，光滑，高 40~50 厘米，具 1~2 节。叶舌膜质，三角形或披针形；叶片丝线状。圆锥花序开展，分枝细弱呈丝状；小穗灰褐色；颖膜质，透明；外稃先端 2 裂，下部具柔毛，芒膝曲，芒柱扭转且具柔毛。花果期 7~8 月。分布于永昌县所辖祁连山林区山坡草地。

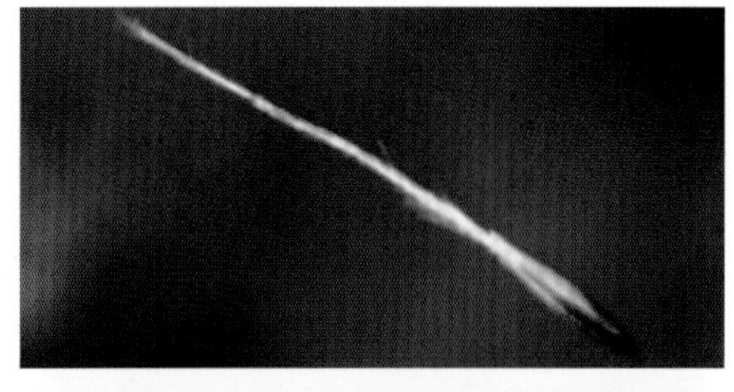

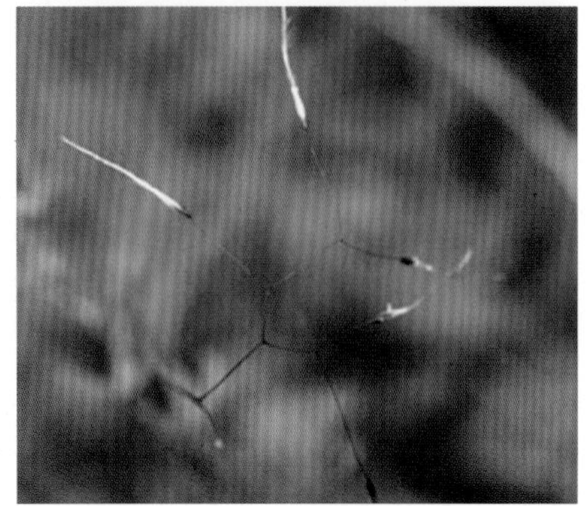

沙鞭属 *Psammochloa*　沙鞭 *Psammochloa villosa*

多年生。具长 2~3 米的根状茎；秆直立，光滑，高 1~2 米，径 0.8~1 厘米，基部具有黄褐色枯萎的叶鞘。叶鞘光滑，几包裹全部植株；叶舌膜质，披针形；叶片坚硬，扁平，常先端纵卷。圆锥花序紧密直立，分枝数枚生于主轴 1 侧；小穗淡黄白色。花果期 5~9 月。分布于金昌市东水岸等沙化区域。

九顶草属 *Enneapogon*　九顶草 *Enneapogon desvauxii*

多年生密丛草本。基部鞘内常具隐藏小穗。秆节常膝曲，高 5~25(35)厘米。叶鞘多短于节间，密被短柔毛，鞘内常有分枝；叶舌极短，顶端具纤毛；叶片多内卷，密生短柔毛，基生叶呈刺毛状。圆锥花序短穗状，紧缩呈圆柱形，铅灰色或成熟后呈草黄色；小穗通常含 2~3 小花。花果期 8~11 月。分布于金昌市各乡镇荒滩、山坡等区域。

隐子草属 *Cleistogenes*　无芒隐子草 *Cleistogenes songorica*

多年生草本，高 15~50 厘米。基部具密集枯叶鞘，鞘口有长柔毛；叶舌具短纤毛；叶片线形，上面粗糙，扁平或边缘稍内卷。圆锥花序开展，分枝开展或稍斜上，分枝腋间具柔毛；含 3~6 小花，绿色或带紫色。花果期 7~9 月。分布于金昌市北部沙区荒滩、山坡等区域。

羊茅属 *Festuca*　毛稃羊茅 *Festuca rubra* subsp. *arctica*

多年生，具细弱根茎。秆较硬直，或基部稍膝曲，平滑无毛，具 2~3 节。叶鞘平滑无毛，下部者短于而上部者长于节间；叶舌平截，具纤毛；叶片常对折。圆锥花序紧缩，或花期稍开展；分枝每节 1~2 枚；小穗褐紫色，含 4~6 小花。花果期 6~8 月。分布于永昌县所辖祁连山林区山坡草地等区域。

画眉草属 *Eragrostis*　大画眉草 *Eragrostis cilianensis*

一年生草本。高30~90厘米，直立丛生，基部常膝曲，具3~5个节，节下有一圈明显的腺体。叶鞘疏松裹茎，鞘口具长柔毛；叶舌为一圈成束的短毛；叶片线形扁平。圆锥花序长圆形或尖塔形，单生；小穗长圆形或卵状长圆形，墨绿色带淡绿色或黄褐色，扁压并弯曲，有10~40小花，小穗除单生外，常密集簇生。花果期7~10月。分布于金昌市各乡镇荒滩、荒山等区域。

虎尾草属 *Chloris*　虎尾草 *Chloris virgata*

一年生草本。秆直立或基部膝曲，高12~75厘米。叶鞘背部具脊，包卷松弛，无毛；叶舌无毛或具纤毛；叶片线形，两面无毛或边缘及上面粗糙。穗状花序5至10余枚，指状着生于秆顶，常直立而并拢成毛刷状，有时包藏于顶叶之膨胀叶鞘中，成熟时常带紫色。花果期6~10月。分布于金昌市各乡镇荒滩、荒地、地埂等区域。

隐花草属 *Crypsis*　蔺状隐花草 *Crypsis schoenoides*

一年生草本，丛生。秆向上斜升或平卧，平滑，常有分枝，高5~17厘米，有3~5节。叶鞘常短于节间，疏松而多少肿胀，平滑；叶舌短小，成为一圈纤毛状；叶片先端常内卷如针刺状。圆锥花序紧缩成穗状、圆柱状或长圆形，其下托以一膨大的苞片状叶鞘；淡绿色或紫红色。花果期6~9月。分布于金昌市金川峡水库上游湿地、河道边。

锋芒草属 *Tragus*　锋芒草 *Tragus mongolorum*

一年生草本。茎丛生，基部常膝曲而伏卧地面，高15~25厘米。叶鞘短于节间；叶舌纤毛状；叶片边缘加厚，软骨质，疏生小刺毛。花序紧密呈穗状，小穗通常3个簇生；第一颖退化或极微小，薄膜质，第二颖革质，背部有5(7)肋，肋上具钩刺，顶端具明显伸出刺外的小头。花果期7~9月。分布于金昌市各乡镇山坡、荒滩、荒地等区域。

马唐属 *Digitaria*　止血马唐 *Digitaria ischaemum*

一年生草本。秆直立或基部倾斜，高 15~40 厘米。叶鞘具脊；叶片扁平，线状披针形，顶端渐尖，基部近圆形，多少生长柔毛。总状花序，具白色中肋，两侧翼缘粗糙；小穗 2~3 枚着生于各节；第一颖不存在，第二颖具 3~5 脉；第一外稃具 5~7 脉，第二外稃成熟后紫褐色。花果期 6~11 月。分布于金昌市朱王堡等乡镇农地及地埂等区域。

黍属 *Panicum*　稷 *Panicum miliaceum*

一年生草本，高 40~120 厘米。叶舌膜质；叶片线形或线状披针形，两面具疣基的长柔毛或无毛，顶端渐尖，基部近圆形。圆锥花序开展或较紧密，成熟时下垂，分枝粗或纤细，具棱槽，边缘具糙刺毛，下部裸露，上部密生小枝与小穗；小穗卵状椭圆形，颖纸质，无毛；第一外稃形似第二颖；内稃透明膜质，成熟后因品种不同，而有黄、乳白、褐、红和黑等色。金昌市各乡镇零星种植。

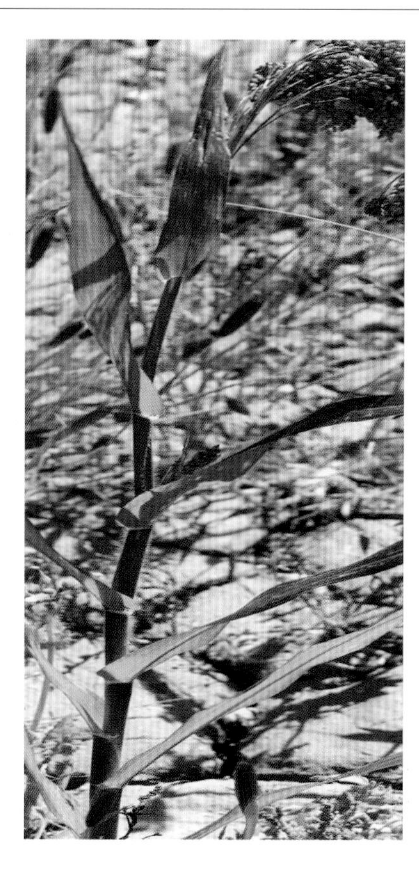

三芒草属 *Aristida*　三芒草 *Aristida adscensionis*

一年生草本。须根坚韧。秆具分枝，丛生，高15~45厘米。叶鞘短于节间，光滑无毛，疏松包茎，叶舌短而平截，膜质；叶片纵卷。圆锥花序狭窄或疏松；分枝细弱，单生，多贴生或斜向上升；小穗灰绿色或紫色；颖膜质，披针形，两颖稍不等长；外稃明显长于第二颖，具3脉，中脉粗糙，背部平滑或稀粗糙，基盘尖，芒粗糙，主芒长，两侧芒稍短；内稃长披针形。花果期6~10月。分布于金昌市北部沙区荒滩、荒地等区域。

稗属 *Echinochloa*　无芒稗 *Echinochloa crus-galli* var. *mitis*

一年生。秆高50~120厘米，光滑无毛，基部倾斜或膝曲。叶鞘疏松裹秆；叶片扁平，线形，无毛，边缘粗糙。圆锥花序直立；分枝斜上举而开展，常再分枝；小穗卵状椭圆形，长约3毫米，无芒或具极短芒，芒长常不超过0.5毫米，脉上被疣基硬毛。花果期夏秋季。分布于金昌市各乡镇农地、荒地及地埂等区域。

狼狗尾草属 *Pennisetum* 白草 *Pennisetum flaccidum*

多年生草本，高 20~90 厘米。叶片狭线形，两面无毛。圆锥花序紧密，直立或稍弯曲，主轴具棱角，无毛或罕疏生短毛；小穗通常单生，卵状披针形，第一颖微小，先端钝圆、锐尖或齿裂，脉不明显；第二颖长为小穗的 1/3~3/4，先端芒尖，第一外稃与小穗等长，厚膜质，先端芒尖，具 3~5(7)脉；第二外稃具 5 脉，先端芒尖，与其内稃同为纸质。花果期 7~10 月。分布于金昌市各乡镇山坡、荒滩、地埂等区域。

狗尾草属 *Setaria* 狗尾草 *Setaria viridis*

一年生草本。秆直立或基部膝曲，高 10~100 厘米。叶片扁平，长三角状狭披针形或线状披针形。圆锥花序紧密呈圆柱状或基部稍疏离，直立或稍弯垂，主轴被较长柔毛，粗糙或微粗糙，直或稍扭曲，通常绿色或褐黄到紫红或紫色；小穗 2~5 个簇生于主轴上或更多的小穗着生在短小枝上。花果期 5~10 月。分布于金昌市各乡镇山坡、荒地、农地等各区域。

狗尾草属 *Setaria*　金色狗尾草 *Setaria pumila*

一年生草本，单生或丛生。秆直立或基部倾斜膝曲，近地面节可生根，高 20~90 厘米。叶舌具一圈纤毛，叶片线状披针形或狭披针形，先端长渐尖，基部钝圆。圆锥花序紧密呈圆柱状或狭圆锥状，主轴具短细柔毛，刚毛金黄色或稍带褐色，通常在一簇中仅具一个发育的小穗。花果期 6~10 月。分布于金昌市城郊苗圃林地及北海湿地绿化带。

狗尾草属 *Setaria*　粟 *Setaria italica* var. *germanica*

一年生草本。秆粗壮，直立，高 0.1~1 米或更高。叶片长披针形或线状披针形。圆锥花序呈圆柱状或近纺锤状，通常下垂，基部多少有间断，常因品种的不同而多变异，主轴密生柔毛，刚毛显著长于或稍长于小穗，黄色、褐色或紫色；小穗椭圆形或近圆球形，黄色、橘红色或紫色。花果期 8~9 月。金昌市各乡镇零星种植。

高粱属 *Sorghum*　高粱 *Sorghum bicolor*

一年生草本。高3~5米，基部节上具支撑根。叶鞘无毛或稍有白粉；叶舌硬膜质；叶片线形至线状披针形，先端渐尖，基部圆或微呈耳形，两面无毛，边缘软骨质，中脉较宽，白色。圆锥花序疏松，主轴裸露，总梗直立或微弯曲；分枝3~7枚，轮生；每一总状花序具3~6节，节间粗糙或稍扁；无柄小穗倒卵形或倒卵状椭圆形。花果期6~9月。金昌市朱王堡、水源等乡镇零星种植，栽培品种较多。

孔颖草属 *Bothriochloa*　白羊草 *Bothriochloa ischaemum*

多年生草本。秆丛生，直立或基部倾斜，高25~70厘米，具3至多节，节上无毛或具白色髯毛；叶鞘无毛，常短于节间；叶舌膜质，具纤毛；叶片线形，先端渐尖，基部圆形。总状花序4至多数着生于秆顶呈指状。花果期秋季。分布于金昌市沿祁连山各乡镇地埂、山坡等区域。

玉蜀黍属 *Zea*　玉蜀黍 *Zea mays*

一年生高大草本。高 1~4 米，基部各节具气生支柱根。叶片扁平宽大，线状披针形，基部圆形呈耳状。顶生雄性圆锥花序大型，雄性小穗孪生；雌花序被多数宽大的鞘状苞片所包藏；雌小穗孪生，两颖等长；外稃及内稃透明膜质。花果期秋季。金昌市朱王堡镇等乡镇大面积种植，栽培品种较多。

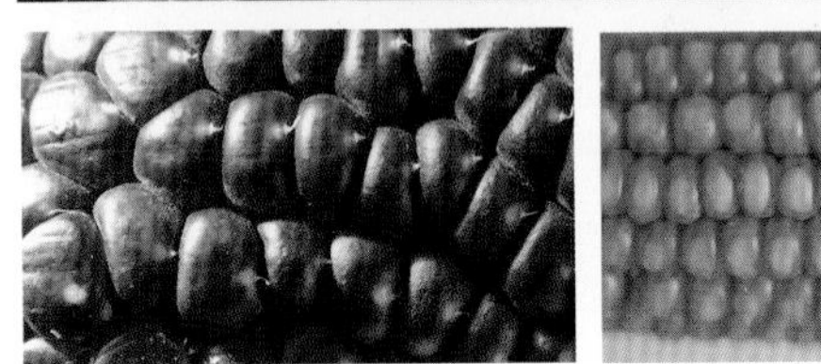

莎草科 Cyperaceae

水葱属 *Schoenoplectus*　三棱水葱 *Schoenoplectus triqueter*

多年生草本。高 20~90 厘米，秆三棱形。叶片扁平，苞片 1 枚，为秆的延长，三棱形。简单长侧枝聚伞花序假侧生，有 1~8 个辐射枝；每辐射枝顶端有 1~8 个簇生的小穗；小穗卵形或长圆形，密生许多花。花果期 6~9 月。分布于金昌市金川河流域湿地、河道等区域。

藨草属 *Trichophorum* 矮针蔺 *Trichophorum pumilum*

多年生草本。具细长匍匐根状茎。秆纤细，高 5~15 厘米。叶呈半圆柱状，具槽。小穗单生于秆的顶端，倒卵形或椭圆形，具少数花；鳞片膜质，卵形或椭圆形，顶端钝；背面具 1 条绿色脉，两侧黄褐色，边缘无色透明。小坚果长圆状倒卵形，三棱形。花果期 5 月。分布于金昌市金川河流域湿地、河道等区域。

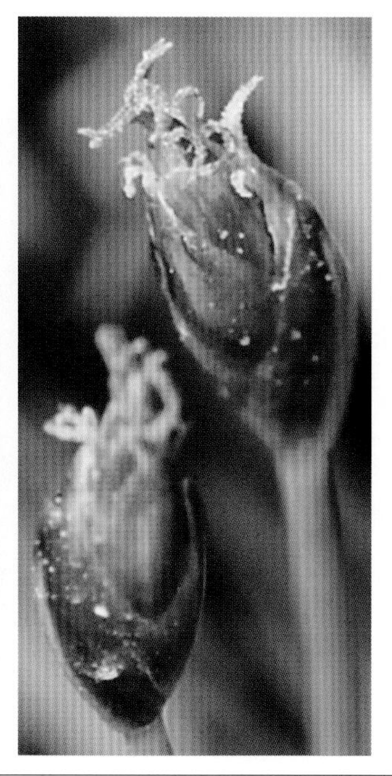

三棱草属 *Bolboschoenus* 扁秆荆三棱 *Bolboschoenus planiculmis*

多年生草本。具匍匐根状茎和块茎。秆高 60~100 厘米，三棱形，具秆生叶。叶扁平，向顶部渐狭，具长叶鞘。叶状苞片 1~3 枚，常长于花序；长侧枝聚伞花序短缩成头状，通常具 1~6 个小穗；小穗卵形或长圆状卵形，锈褐色，具多数花。小坚果宽倒卵形。花果期 5~9 月。分布于金川河流域湿地、河道等区域。

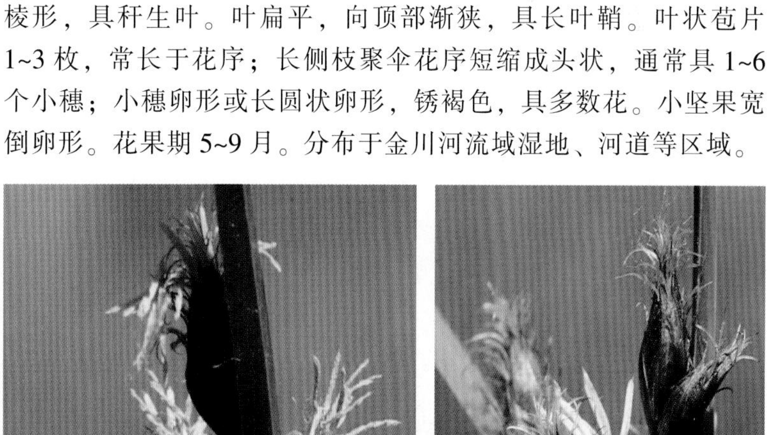

扁穗草属 *Blysmus*　华扁穗草 *Blysmus sinocompressus*

多年生草本，有长的匍匐根状茎；秆近于散生，扁三棱形。叶平张，边略内卷并有疏而细的小齿。穗状花序1个，顶生，长圆形或狭长圆形；小穗3~10多个，排列成2列或近2列；小穗卵披针形，有2~9朵两性花；鳞片近2行排列。小坚果宽倒卵形，平凸状。花果期6~9月。分布于永昌县所辖祁连山及沿祁连山各乡镇湿地、水沟、林地等区域。

扁莎属 *Pycreus*　红鳞扁莎 *Pycreus sanguinolentus*

根为须根。稈密丛生，扁三稜形，平滑。叶稍多，常短于稈，平张。苞片3~4枚，叶状，长于花序；简单长侧枝聚繖花序具3~5个辐射枝；辐射枝有时极短，因而花序近似头状，由4~12个或更多的小穗密聚成短的穗状花序；小穗辐射展开，长圆形、线状长圆形或长圆状披针形，具6~24朵花；小穗轴直，四稜形，无翅；鳞片稍疏松地复瓦状排列，膜质，卵形，背面中间部分黄绿色，两侧具较宽的槽，麦稈黄色或褐黄色，边缘暗血红色或暗褐红色。花果期7~9月。分布于金昌市金川河流域湿地、水沟等区域。

荸荠属 *Eleocharis* 单鳞苞荸荠 *Eleocharis uniglumis*

多年生草本。秆少数或多数，单生或密丛生，高 10~15 厘米。叶缺如，只在秆的基部有 2~3 个叶鞘，鞘上部黄绿色，下部血红色，鞘口截形或微斜。小穗狭卵形、卵形或长圆形，有少数花；在小穗基部有一片鳞片中空无花，抱小穗基部一周；其余鳞片全有花。花果期 4~6 月。分布于金昌市金川河流域河道、水沟等区域。

荸荠属 *Eleocharis* 沼泽荸荠 *Eleocharis palustris*

多年生草本。秆少数或稍多数，丛生，圆柱状，高 15~60 厘米，有钝肋条和纵槽。叶缺如，只在秆的基部有 1~2 个叶鞘，鞘基部带红色，鞘口截形。小穗卵形，有多数密生的两性花；小穗基部的一片鳞片中空无花，抱小穗基部 1/2 周；其余鳞片全有花。花果期 6~7 月。分布于金昌市金川河流域河道、水沟等区域。

荸荠属 *Eleocharis*　具槽秆荸荠 *Eleocharis valleculosa*

有匍匐根状茎。秆多数或少数，单生或丛生，圆柱状，干后略扁，高 6~50 厘米，有少数锐肋条。叶缺如，在秆的基部有 1~2 个长叶鞘，鞘膜质，鞘的下部紫红色，鞘口平。小穗长圆状卵形或线状披针形，有多数或极多数密生的两性花；在小穗基部有 2 片鳞片中空无花，抱小穗基部的 1/2~2/3 周以上；其余鳞片全有花。花果期 6~8 月。分布于金昌市金川河流域河滩等区域。

嵩草属 *Kobresi*　粗壮嵩草 *Kobresia robusta*

多年生草本。秆粗壮，坚挺，高 15~30 厘米。叶短于秆，对折，质硬，腹面有沟，平滑，边缘粗糙。穗状花序圆柱形，粗壮；支小穗多数，通常上部的排列紧密，下部的较疏生，顶生的雄性，侧生的雄雌顺序，在基部雌花之上具 3~4 朵雄花。花果期 5~9 月。分布于永昌县所辖祁连山林区山坡等区域。

薹草属 *Carex* 白颖薹草 *Carex duriuscula* subsp. *rigescens*

多年生草本。秆高 5~20 厘米。叶短于秆，扁平。苞片鳞片状；穗状花序卵形或球形；小穗 3~5 个，卵形，密生，雄雌顺序，具少数花；雌花鳞片宽卵形或椭圆形，淡锈褐色，具宽的白色膜质边缘，具短尖。花果期 7~8 月。分布于金昌市各乡镇水沟、湖滩等区域。

薹草属 *Carex* 膨囊薹草 *Carex lehmannii*

多年生草本。秆高 15~70 厘米，纤细，三棱形。叶与秆近等长，平张，柔软。苞片叶状，长于花序；小穗 3~5 个，顶生 1 个雌雄顺序，长圆形；侧生小穗雌性，卵形或长圆形。雌花鳞片宽卵形，顶端钝或稍尖，暗紫色或中间淡绿色，两侧深棕色，有 1~3 脉。果囊长于鳞片 1 倍，倒卵形或倒卵状椭圆形，三棱形，膨胀，淡黄绿色。花果期 7~8 月。分布于永昌县所辖祁连山林区山坡、林下等区域。

薹草属 *Carex*　箭叶薹草 *Carex ensifolia*

多年生草本。秆高 15~60 厘米，三棱形。叶短于秆。小穗 3~4 个，顶生 1 个雄性，长圆状圆柱形至圆柱形；侧生小穗雌性，长圆形或长圆状圆柱形至圆柱形，花密生；雌花鳞片长圆形，顶端钝，黑紫色，具狭白色膜质边缘，背面中间 1 脉色淡。花果期 7~8 月。分布于金昌市北海子等金川河流域水沟等区域。

薹草属 *Carex*　黄囊薹草 *Carex korshinskyi*

多年生草本。秆密丛生，高 15~35 厘米，扁三棱形。叶短于或等长于或稍长于秆，具叶鞘。苞片鳞片状，最下面的苞片顶端有的具长芒；小穗 2~3(4)个，上面的雌小穗靠近雄小穗，最下面的雌小穗稍远离，顶生小穗为雄小穗，棒形或披针形；其余小穗为雌小穗。果囊斜展，椭圆形或倒卵形。花果期 7~9 月。分布于金昌市大黄山林区山坡等区域。

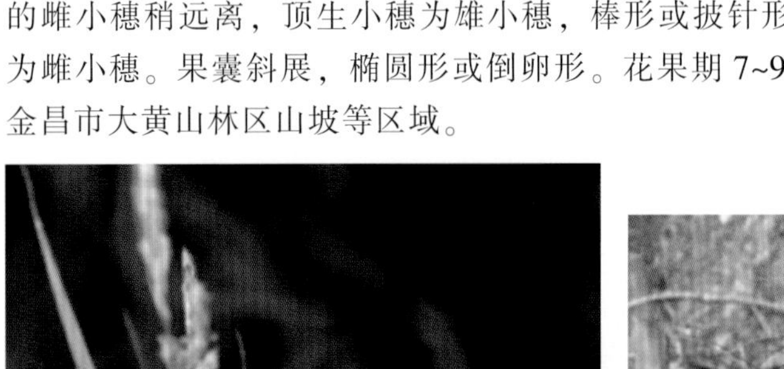

薹草属 *Carex* 红棕薹草 *Carex przewalskii*

多年生草本。秆丛生，高 15~45 厘米，直立，三棱形。叶短于或等长于秆，平张，顶端长渐尖。苞片最下部的 1 枚短叶状，具鞘；小穗 3~7 个，上部 1~5 个雄性，圆柱形；其余的雌性，其顶端有时具雄花，长圆形或卵状椭圆形，花密生；小穗具短柄；雌花鳞片长圆状卵形或长圆状披针形，红棕色。花果期 6~9 月。分布于永昌县祁连山林区海拔 2500 米以上山坡草甸等区域。

薹草属 *Carex* 圆囊薹草 *Carex orbicularis*

根状茎短，具匍匐茎。秆丛生，高 10~25 厘米。叶短于秆。小穗 2~3（4）个，顶生 1 个雄性，圆柱形；侧生小穗雌性，卵形或长圆形；雌花鳞片长圆形或长圆状披针形，暗紫红色或红棕色。果囊稍长于鳞片而较鳞片宽 2~3 倍，近圆形或倒卵状圆形，平凸状。花果期 7~8 月。分布于永昌县所辖祁连山山坡草地等区域。

薹草属 *Carex* 甘肃薹草 *Carex kansuensis*

多年生草本。秆丛生，高 45~100 厘米，锐三棱形，基部具紫红色。小穗 4~6 个，顶生 1 个雌雄顺序；其余的雌性，在雌小穗基部有时具少数雄花，花密生，长圆状圆柱形；小穗柄纤细，下垂；雌花鳞片椭圆状披针形，顶端渐尖，暗紫色，边缘具狭的白色膜质。果囊近等长于鳞片，压扁，麦秆黄色。花果期 7~9 月。分布于金昌市所辖祁连山西大河等林区山坡等区域。

薹草属 *Carex* 黑褐穗薹草 *Carex atrofusca subsp. minor*

根状茎长而匍匐。秆三棱形，平滑，基部具褐色的叶鞘。叶短于秆，平张，稍坚挺，淡绿色。苞片最下部的 1 个短叶状，绿色，短于小穗，具鞘，上部的鳞片状，暗紫红色。小穗 2~5 个，顶生 1~2 个雄性；其余小穗雌性。花密生，小穗柄纤细。雌花鳞片卵状披针形或长圆状披针形，暗紫红色或中间色淡，先端长渐尖，顶端具白色膜质，边缘为狭的白色膜质。果囊长于鳞片，小坚果疏松地包于果囊中。花果期 7~8 月。分布于永昌所辖祁连山山坡草地等区域。

薹草属 *Carex* 柄状薹草 *Carex pediformis*

根状茎短或长而斜生。秆密或疏丛生。叶短于秆或与之等长。苞片佛焰苞状；小穗3~4个，下部的1个略疏远；顶生的1个雄性，不超出、微超出或明显超出其下的雌小穗，棒状圆柱形，具少数或多数密生的花；侧生的2~3个小穗雌性，长圆形或长圆状圆柱形，具多数稍密生或疏生的花；小穗柄通常不伸出或微伸出苞鞘外；小穗轴直。分布于金昌市祁连山及枸子山等区域。

薹草属 *Carex* 灰脉薹草 *Carex appendiculata*

根状茎短。秆密丛生，高30~75厘米，锐三棱形，基部叶鞘无叶片。叶与秆近等长，平张，有时内卷。苞片最下部的叶状；小穗3~5个，上部1~2个雄性，狭圆柱形；花密生；雌花鳞片狭椭圆形，紫黑色，边缘为狭的白色膜质。果囊长于鳞片，椭圆形，平凸状。花果期6~7月。分布于金昌市金川河流域湿地等区域。

薹草属 *Carex*　干生薹草 *Carex aridula*

根状茎具细长的地下匍匐茎。秆丛生。叶短于秆或有的稍长于秆。苞片鳞片状，最下面的一枚苞片顶端具长芒；小穗 2~3 个，最上面的雌小穗与雄小穗间距很短，最下面的小穗稍疏远，顶生小穗为雄小穗，棒形；其余小穗为雌小穗；雄花鳞片长圆状倒卵形或狭长圆形；雌花鳞片卵形或宽卵形。花果期 6~9 月。分布于永昌县所辖祁连山林下及林缘山坡等区域。

灯心草科 Juncaceae

灯心草属 *Juncus*　展苞灯心草 *Juncus thomsonii*

多年生草本。根状茎短，具褐色须根。茎直立，圆柱形。叶全部基生，常 2 枚；叶片细线形，叶鞘红褐色，边缘膜质；叶耳明显，钝圆。头状花序单一顶生，有 4~8 朵花；苞片 3~4 枚，开展；花具短梗；花被片长圆状披针形，顶端钝；雄蕊 6 枚，长于花被片。蒴果三棱状椭圆形。花果期 7~9 月。分布于永昌县所辖祁连山林区山坡、湿地等区域。

灯心草属 *Juncus*　细灯心草 *Juncus gracillimus*

多年生常绿草本，簇生，根状茎横走。茎高25~75厘米，圆柱形，中空。有基生叶和茎生叶，叶线形，扁平，基部叶鞘边缘膜质，有叶耳，叶片边缘卷曲，先端稍硬质尖。聚伞花序上的花单生。蒴果卵状球形，红褐色，稍有光泽。种子近椭圆形，黑褐色。分布于金昌市金川河流域湿地、河道边等区域。

灯心草属 *Juncus*　小花灯心草 *Juncus articulatus*

多年生草本。茎密丛生，直立，圆柱形。叶基生和茎生，鞘状；基生叶1~2枚；叶鞘基部红褐色至褐色；茎生叶1~2枚；叶片扁圆筒形，顶端渐尖呈钻状，具有明显的横隔。花序由5~30个头状花序组成，排列成顶生复聚伞花序，花序分枝常2~5个；叶状总苞片1枚；花被片披针形，幼时黄绿色，晚期变淡红褐色；雄蕊6枚；花药长圆形，黄色；柱头3分叉。蒴果三棱状长卵形。花果期6~9月。分布于金昌市北海子等金川河流域湿地、水边及浅水滩等区域。

灯心草属 *Juncus*　小灯心草 *Juncus bufonius*

一年生草本，高 4~20(30)厘米。茎丛生。叶基生和茎生；茎生叶常 1 枚；叶片线形，扁平，顶端尖。花序呈二歧聚伞状，或排列成圆锥状，生于茎顶；花排列疏松；小苞片 2~3 枚，三角状卵形；花被片披针形，外轮者背部中间绿色，边缘宽膜质，内轮者稍短，几乎全为膜质；雄蕊 6 枚；花药长圆形，淡黄色。蒴果三棱状椭圆形，黄褐色。花果期 5~9 月。分布于金昌市北海子等金川河流域湿地、水边及浅水滩等区域。

灯心草属 *Juncus*　栗花灯心草 *Juncus castaneus*

多年生草本，高 15~40 厘米，具长根状茎及黄褐色须根。茎直立，单生或丛生，圆柱形。叶基生和茎生；基生叶 2~4 枚，顶端尖，边缘常内卷或折叠；叶鞘边缘膜质；茎生叶 1 枚或缺；叶片扁平或边缘内卷。花序由 2~8 个头状花序排成顶生聚伞状；叶状总苞片 1~2 枚；头状花序含 4~10 朵花；花被片披针形，外轮者背脊明显，稍长于内轮。蒴果三棱状长圆形。花果期 7~9 月。分布于永昌县所辖祁连山西大河、大黄山林区山坡草地等区域。

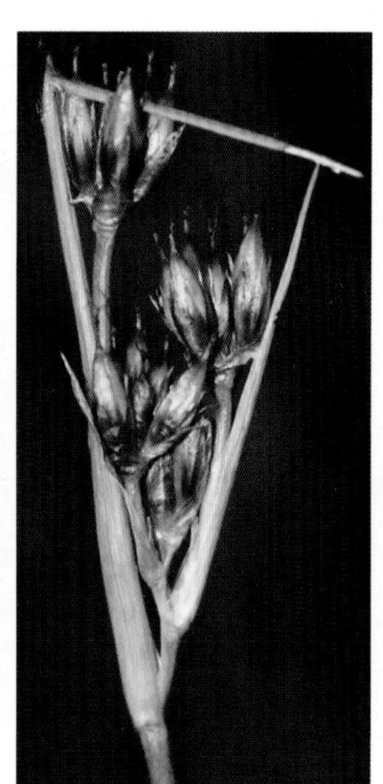

天门冬科 Asparagaceae

天门冬属 *Asparagus*　戈壁天门冬 *Asparagus gobicus*

半灌木，高15~45厘米。分枝常强烈回折状，略具纵凸纹，疏生软骨质齿。叶状枝每3~8枚成簇，通常下倾或平展，和分枝交成钝角，鳞片状叶基部具短距，无硬刺。花每1~2朵腋生，关节位于近中部或上部；雄花花丝中部以下贴生于花被片上；雌花略小于雄花。浆果熟时红色。花果期5~9月。分布于金昌市各乡镇山坡、荒滩等区域。

天门冬属 *Asparagus*　攀缘天门冬 *Asparagus brachyphyllus*

攀缘植物。块根肉质。茎近平滑。叶状枝每4~10枚成簇，近扁的圆柱形，略有几条棱，伸直或弧曲。花通常每2~4朵腋生，淡紫褐色；关节位于近中部；雄花花丝中部以下贴生于花被片上；雌花较小。浆果熟时红色。花果期5~8月。分布于永昌县所辖祁连山林区山坡、林缘等区域。

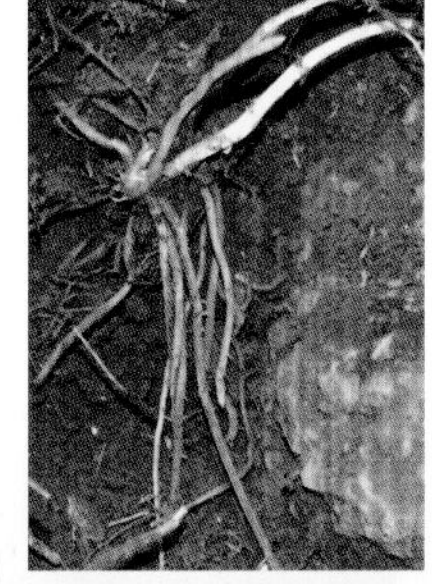

黄精属 *Polygonatum*　卷叶黄精 *Polygonatum cirrhifolium*

多年生草本。根状茎肥厚，圆柱状，茎高 30~90 厘米。叶通常每 3~6 枚轮生，很少下部有少数散生的，细条形至条状披针形，少有矩圆状披针形，先端拳卷或弯曲成钩状，边常外卷。花序轮生，通常具 2 花，俯垂；花被淡紫色。浆果红色或紫红色。花果期 5~10 月。分布于金昌市枸子山及祁连山林区林中空地等区域。

黄精属 *Polygonatum*　玉竹 *Polygonatum odoratum*

多年生草本，根状茎圆柱形。茎高 20~50 厘米，具 7~12 叶。叶互生，椭圆形至卵状矩圆形，先端尖，下面带灰白色，下面脉上平滑至呈乳头状粗糙。花序具 1~4 花；花被黄绿色至白色，花被筒较直，花丝丝状，近平滑至具乳头状突起。浆果蓝黑色。花果期 5~9 月。分布于永昌县所辖祁连山南坝山杨林中空地及林缘。

黄精属 *Polygonatum*　轮叶黄精 *Polygonatum verticillatum*

多年生草本。根状茎一头粗，一头较细，粗的一头有短分枝；茎高(20)40~80 厘米。叶通常为 3 叶轮生，或间有少数对生或互生的，少有全株为对生的，矩圆状披针形至条状披针形或条形，先端尖至渐尖。花单朵或 2（3~4）朵成花序，俯垂；花被淡黄色或淡紫色。浆果红色。花果期 5~10 月。分布于永昌县所辖祁连山林区林中空地及灌丛等区域。

石蒜科 Amaryllidaceae

葱属 *Allium*　葱 *Allium fistulosum*

鳞茎单生，圆柱状；鳞茎外皮白色，稀淡红褐色。叶圆筒状，中空，向顶端渐狭，约与花葶等长。花葶圆柱状，中空；伞形花序球状，多花，较疏散；花白色；花被片近卵形，先端渐尖，具反折的尖头，外轮的稍短；花丝为花被片长度的 1.5~2 倍，锥形，在基部合生并与花被片贴生。花果期 4~7 月。金昌市各乡镇农地及庭院均种植。

葱属 *Allium*　洋葱 *Allium cepa*

鳞茎粗大，近球状至扁球状；鳞茎外皮紫红色、褐红色、淡褐红色、黄色至淡黄色，纸质至薄革质，内皮肥厚，肉质，均不破裂。叶圆筒状，中空，中部以下最粗，向上渐狭，比花葶短。花葶粗壮，中空的圆筒状，在中部以下膨大，向上渐狭，下部被叶鞘；总苞 2~3 裂；伞形花序球状，具多而密集的花。花果期 5~7 月。金昌市各乡镇种植。

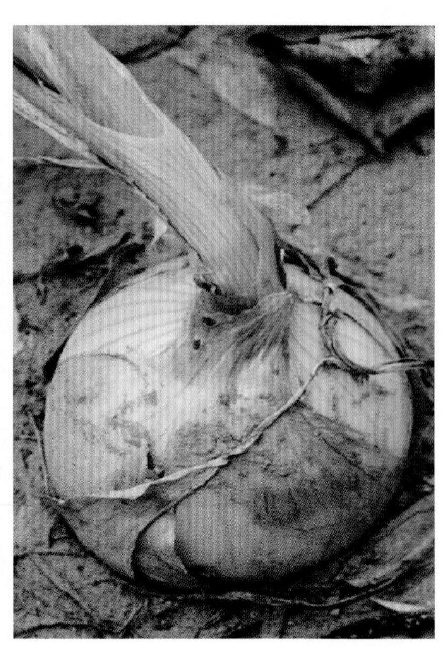

葱属 *Allium*　楼子葱 *Allium cepa* var. *proliferum*

与洋葱的区别在于：本变种的鳞茎卵状至卵状矩圆形；伞形花序具大量珠芽，间有数花，常常珠芽在花序上就发出幼叶；花被片白色，具淡红色中脉，但在鳞茎外皮、叶形、花被片、花丝和子房等特征都和洋葱相似。金昌市朱王堡等乡镇种植。

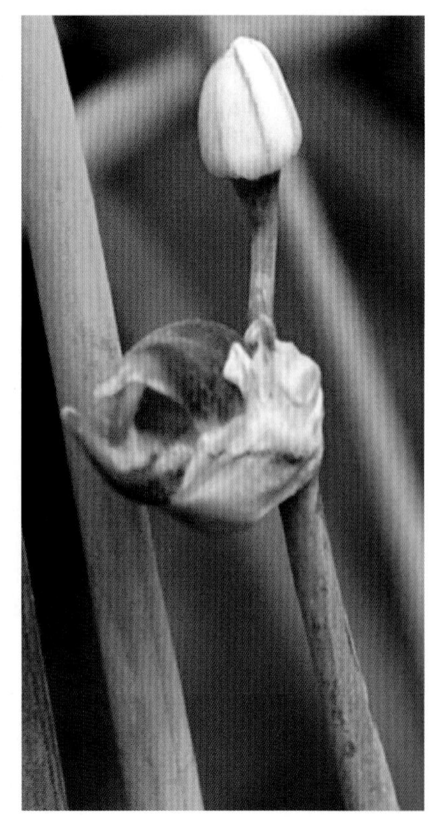

葱属 *Allium* 野韭 *Allium ramosum*

鳞茎近圆柱状。叶三棱状条形，背面具呈龙骨状隆起的纵棱，中空，比花序短。花葶圆柱状，具纵棱，下部被叶鞘；总苞单侧开裂至2裂，宿存；伞形花序半球状或近球状，多花；花白色，稀淡红色；花被片具红色中脉，内轮的矩圆状倒卵形，先端具短尖头或钝圆，外轮的常与内轮的等长但较窄，矩圆状卵形至矩圆状披针形，先端具短尖头；花丝等长，基部合生并与花被片贴生。花果期6月底到9月。分布于金昌市祁连山区及沿山乡镇地埂、河滩等区域。

葱属 *Allium* 韭 *Allium tuberosum*

鳞茎簇生。叶条形，扁平，实心。花葶圆柱状；总苞单侧开裂；伞形花序半球状；花白色；花被片常具绿色或黄绿色的中脉，内轮的矩圆状倒卵形，稀为矩圆状卵形，先端具短尖头或钝圆，外轮的常较窄，矩圆状卵形至矩圆状披针形，先端具短尖头；花丝等长，基部合生并与花被片贴生，分离部分狭三角形，内轮的稍宽。花果期7~9月。金昌市各乡镇农户庭院均有种植。

葱属 *Allium*　天蓝韭 *Allium cyaneum*

鳞茎数枚聚生。叶半圆柱状，上面具沟槽。花葶圆柱状，常在下部被叶鞘；总苞单侧开裂或2裂，比花序短；伞形花序近扫帚状，有时半球状，少花或多花，常疏散；花天蓝色；花被片卵形，或矩圆状卵形，内轮的稍长；花丝仅基部合生并与花被片贴生，内轮的基部扩大，无齿或每侧各具1齿，外轮的锥形。花果期8~10月。分布于永昌县所辖祁连山林区阳坡草地等区域。

葱属 *Allium*　唐古韭 *Allium tanguticum*

鳞茎卵球状至卵状，粗1~1.5厘米；鳞茎外皮灰褐色至灰黄色。叶条形，上面呈沟状。花葶圆柱状；总苞2裂；伞形花序半球状至近球状，具多而密集的花；花紫色或紫红色；花被片狭披针形至卵状披针形，先端渐尖，花丝等长，在基部合生并与花被片贴生，内轮的分离部分基部扩大成狭长三角形，明显比外轮的基部宽。花果期7~9月。分布于永昌县所辖祁连山林区干旱山坡等区域。

葱属 *Allium*　镰叶韭 *Allium carolinianum*

鳞茎粗壮，单生或2~3枚聚生，狭卵状至卵状圆柱形。叶宽条形，扁平，光滑，常呈镰状弯曲。花葶粗壮，下部被叶鞘；总苞常带紫色，2裂；伞形花序球状；花紫红色、淡紫色、淡红色至白色；花被片狭矩圆形至矩圆形，先端钝，有时微凹缺，内轮的常稍长，或有时内、外轮的近等长；花丝锥形，比花被片长。花果期6月底至9月。分布于永昌县所辖祁连山林区石质山坡等区域。

葱属 *Allium*　金头韭 *Allium herderianum*

鳞茎单生，圆柱状，有时下部粗。叶线形或宽线形，扁平。花葶圆柱状，下部被叶鞘；总苞2~3裂，宿存；伞形花序球状或半球状，花多而密集；花梗近等长或略长于花被片，无小苞片；花亮草黄色；内轮花被片长圆状披针形，先端反折，外轮长圆状卵形，舟状；子房卵圆形，花柱不伸出花被。花果期7~9月。分布于永昌县所辖祁连山林区山坡等区域。

葱属 *Allium*　野黄韭 *Allium rude*

鳞茎单生，圆柱状至狭卵状圆柱形。叶条形，扁平，实心。花葶圆柱状，中空，下部被叶鞘；总苞2~3裂；伞形花序球状，具多而密集的花；小花梗近等长，基部无小苞片；花淡黄色至绿黄色；花被片矩圆状椭圆形至矩圆状卵形，等长，或内轮的略长，先端钝圆；花丝等长，比花被片长1/4~1/3，锥形，基部合生并与花被片贴生；子房卵状至卵球状，腹缝线基部具凹陷的蜜穴；花柱伸出花被外。花果期7月底至9月。分布于永昌县所辖祁连山山坡等区域。

葱属 *Allium*　青甘韭 *Allium przewalskianum*

鳞茎数枚聚生；鳞茎外皮红色，呈明显的网状。叶半圆柱状至圆柱状。花葶圆柱状，下部被叶鞘；总苞与伞形花序近等长或较短，单侧开裂；花淡红色至深紫红色；花被片先端微钝，内轮的矩圆形至矩圆状披针形，外轮的卵形或狭卵形，略短；花丝等长；内轮花丝基部扩大成矩圆形，每侧各具1齿。花果期6~9月。分布于永昌县所辖祁连山林区山坡及沿祁连山各乡镇荒滩等区域。

葱属 *Allium*　蜜囊韭 *Allium subtilissimum*

鳞茎数枚或更多聚生，鳞茎外皮淡灰褐色，略带红色。叶 3~5 枚，近圆柱状，纤细；伞形花序具少数花，松散；小花梗近等长；花淡红色至淡红紫色，近星芒状开展；内轮花被片矩圆状椭圆形，先端具短尖头，外轮的卵状椭圆形，舟状，稍短而狭，先端具短尖头；花丝等长，略比花被片长，稀略短于花被片，锥形，无齿，基部合生并与花被片贴生；子房近球状，外壁多少具细的疣状突起，沿腹缝线具隆起的蜜囊，蜜囊在子房基部开口；花柱伸出花被外。花果期 7~8 月。分布于金昌市武当山等北山石缝等区域。

葱属 *Allium*　碱韭 *Allium polyrhizum*

鳞茎成丛地紧密簇生，圆柱状。叶半圆柱状；伞形花序半球状，具多而密集的花；花紫红色或淡紫红色；花被片外轮的狭卵形至卵形、内轮的矩圆形至矩圆状狭卵形，稍长；花丝等长，基部合生成筒状，合生部分与花被片贴生，内轮分离部分的基部扩大，扩大部分每侧各具 1 锐齿。花果期 6~8 月。分布于金昌市各乡镇荒滩、沙地、荒山等区域。

葱属 *Allium* 蒙古韭 *Allium mongolicum*

鳞茎密集地丛生，圆柱状。叶半圆柱状至圆柱状。花葶圆柱状，下部被叶鞘；总苞单侧开裂，宿存；伞形花序半球状至球状，具多而通常密集的花；花淡红色、淡紫色至紫红色；花被片卵状矩圆形，先端钝圆，内轮的常比外轮的长，基部合生并与花被片贴生，内轮的基部扩大成卵形。花期 7~9 月，果期 8~10 月。分布于金昌市各乡镇山坡、荒滩、沙地等区域。

葱属 *Allium* 山韭 *Allium senescens*

鳞茎单生或数枚聚生。叶狭条形至宽条形，肥厚，基部近半圆柱状，上部扁平，有时略呈镰状弯曲，先端钝圆。花葶圆柱状，常具 2 纵棱，高度变化很大，下部被叶鞘；总苞 2 裂，宿存；伞形花序半球状至近球状，具多而稍密集的花；花紫红色至淡紫色；花被片：内轮的矩圆状卵形至卵形，先端钝圆并常具不规则的小齿，外轮的卵形，舟状，略短。花果期 7~9 月。分布于永昌县所辖祁连山林区山坡等区域。

葱属 *Allium* 阿拉善葱 *Allium alaschanicnm*

鳞茎单生或2~3枚聚生，圆柱状，外皮黄褐色，纤维状撕裂。叶半圆状，中空，上面具沟槽。总苞2裂，伞形花序球形，花多而密集或疏松；小花梗近等长，花黄色，花被片矩圆形，外轮者稍短，背面淡红色，内轮者基部扩大，每侧各具1钝齿。子房近球形。花果期6~8月。分布于金昌市枸子山及祁连山南坝林区山坡石缝。

百合科 Liliaceae

百合属 *Lilium* 山丹 *Lilium pumilum*

鳞茎卵形或圆锥形。叶散生于茎中部，条形，中脉下面突出，边缘有乳头状突起。花单生或数朵排成总状花序，鲜红色，下垂；花被片反卷，蜜腺两边有乳头状突起；花丝无毛，花药长椭圆形，黄色，花粉近红色；子房圆柱形。蒴果矩圆形。花果期7~10月。分布于金昌市祁连山及武当山等北部山区山坡石缝等区域。

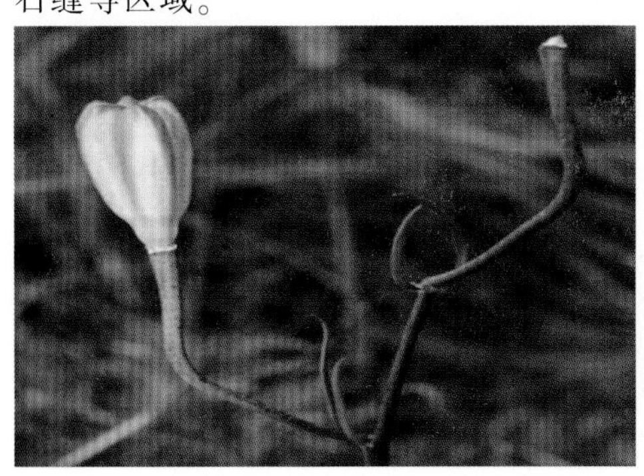

洼瓣花属 *Lloydia*　洼瓣花 *Lloydia serotina*

多年生草本。鳞茎狭卵形，上端延伸，上部开裂。基生叶通常 2 枚，很少仅 1 枚；茎生叶狭披针形或近条形。花 1~2 朵；内外花被片近相似，白色而有紫斑；雄蕊长为花被片的 1/2~3/5，花丝无毛；子房近矩圆形或狭椭圆形。蒴果近倒卵形。种子近三角形，扁平。花果期 6~10 月。分布于永昌县所辖祁连山山坡草地。

顶冰花属 *Gagea*　少花顶冰花 *Gagea pauciflora*

鳞茎狭卵形，上端延伸成圆筒状，多少撕裂，抱茎。基生叶 1 枚，茎生叶通常 1~3 枚。花 1~3 朵，排成近似总状花序；花被片条形，绿黄色。蒴果近倒卵形。种子三角状，扁平。花果期 4~7 月。分布于金昌市所辖祁连山区及武当山等北部山区山坡、灌丛等区域。

鸢尾科 Iridaceae

鸢尾属 *Iris* 卷鞘鸢尾 *Iris potaninii*

多年生草本，植株基部围有大量老叶叶鞘的残留纤维，向外反卷。根状茎木质。叶条形。花茎极短，不伸出地面，基部生有1~2枚鞘状叶；苞片2枚，顶端渐尖，内包含有1朵花；花黄色，中脉上密生有黄色的须毛状附属物，内花被裂片倒披针形，顶端微凹，直立；花药短宽，紫色；花柱分枝扁平，黄色，顶端裂片近半圆形。果实椭圆形。花期5~6月，果期7~9月。分布于永昌县所辖祁连山林区海拔3200米以上的砾石草地等区域。

鸢尾属 *Iris* 白花马蔺 *Iris lactea*

多年生密丛草本。根状茎粗壮。叶基生，坚韧，灰绿色，条形或狭剑形，顶端渐尖，基部鞘状，带红紫色，无明显的中脉。花茎光滑，苞片3~5枚，草质，顶端渐尖或长渐尖，内包含有2~4朵花；花乳白色；花被管甚短，外花被裂片倒披针形，顶端钝或急尖，爪部楔形，内花被裂片狭倒披针形，爪部狭楔形。蒴果长椭圆状柱形，有6条明显的肋，顶端有短喙。花果期5~9月。分布于全市各乡镇水沟、地埂、湿地、荒滩等区域及祁连山区。

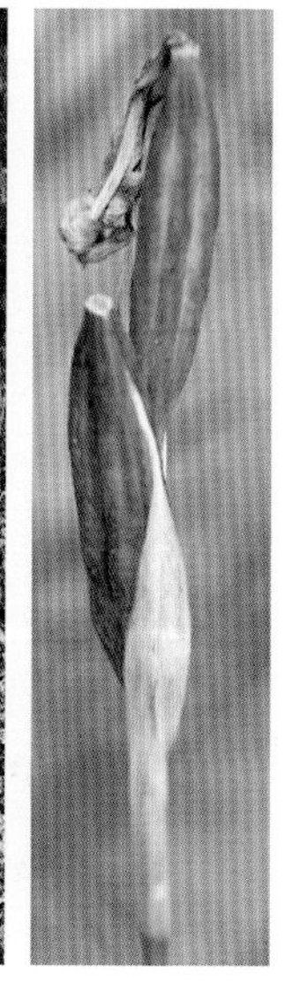

鸢尾属 *Iris*　蓝花卷鞘鸢尾 *Iris potaninii* var. *ionantha*

本变种花为蓝紫色，其他形状特征与卷鞘鸢尾相同。

鸢尾属 *Iris*　锐果鸢尾 *Iris goniocarpa*

多年生草本。叶柔软，黄绿色，条形，顶端钝，中脉不明显，无茎生叶；苞片2枚，膜质，绿色，略带淡红色，披针形，顶端渐尖，向外反折，内包含有1朵花；花蓝紫色，外花被裂片倒卵形或椭圆形，有深紫色的斑点，顶端微凹，基部楔形，中脉上的须毛状附属物基部白色，顶端黄色，内花被裂片狭椭圆形或倒披针形，顶端微凹，直立，花药黄色；花柱分枝花瓣状，顶端裂片狭三角形。蒴果黄棕色，三棱状圆柱形或椭圆形，顶端有短喙。花期5~6月，果期6~8月。分布于永昌县祁连山林区林中空地、林缘等区域。

鸢尾属 *Iris* 粗根鸢尾 *Iris tigridia*

多年生草本，植株基部围有大量毛发状黄褐色的老叶残留纤维。根状茎块状，很短；根粗壮，近肉质，上、下近于等粗，旁有细小的侧根，黄褐色。叶灰绿色，条形。花茎实心，基部有数枚鳞片叶，膜质，披针形；苞片2~3枚，膜质，披针形，内多包含有2朵花；花红紫色。蒴果卵圆形。花果期5~8月。分布于金昌市龙首山、永昌县车路沟等北山山坡及永昌县所辖祁连山林区阳坡等区域。

鸢尾属 *Iris* 大苞鸢尾 *Iris bungei*

多年生密丛草本，叶条形，有4~7条纵脉，无明显的中脉。花茎的高度往往随沙埋深度而变化，有2~3枚茎生叶，叶片基部鞘状，抱茎。苞片3枚，草质，绿色，边缘膜质，白色，宽卵形或卵形，平行脉间无横脉相连，中脉1条，明显而突出，内包含有2朵花；花蓝紫色。蒴果圆柱状狭卵形，有6条明显的肋，顶端有喙。花果期7~8月。分布于金昌市北部铧尖滩、东水岸等沙漠、半荒漠、沙质草地区域。

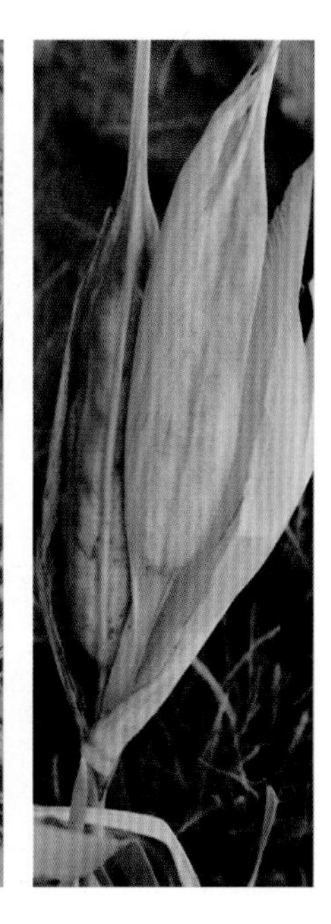

鸢尾属 *Iris*　马蔺 *Iris lactea* var.*chinensis*

本变种花为浅蓝色、蓝色或蓝紫色，花被上有较深色的条纹，其他特征均与白花马蔺相同。分布于金昌市所辖祁连山林区山坡、沟谷等区域。

鸢尾属 *Iris*　准噶尔鸢尾 *Iris songarica*

多年生密丛草本，叶灰绿色，条形。花茎高 25~50 厘米，光滑，生有 3~4 枚茎生叶。花下苞片 3 枚，草质，绿色，边缘膜质，颜色较淡，内包含有 2 朵花；花蓝色，外花被裂片提琴形，上部椭圆形或卵圆形，爪部近披针形，内花被裂片倒披针形。蒴果三棱状卵圆形。花果期 6~9 月。分布于永昌县所辖祁连山林区山沟等区域。

兰科
Orchidaceae

盔花兰属 *Galearis* 北方盔花兰 *Galearis roborowskyi*

植株高 5~15 厘米。无块茎，具狭圆柱状、伸长、肉质的根状茎。茎直立，圆柱形，基部具 2~3 枚筒状鞘，鞘之上具叶。叶 1 枚，罕 2 枚，基生，叶片卵形、卵圆形或狭长圆形，直立伸展。花茎直立，较纤细；花序具 1~5 朵花，常偏向一侧；花紫红色。花期 6~7 月。分布于永昌县所辖西大河林区林中空地等区域。

掌裂兰属 *Dactylorhiza* 掌裂兰 *Dactylorhiza hatagirea*

地生兰。 植株高 12~40 厘米。块茎下部 3~5 裂呈掌状，肉质。茎直立。叶(3)4~6 枚，互生，叶片长圆形、长圆状椭圆形、披针形至线状披针形。花序具几朵至多朵密生的花，圆柱状；花蓝紫色、紫红色或玫瑰红色；花瓣直立，卵状披针形；唇瓣向前伸展，卵形、卵圆形。花果期 6~8 月。分布于永昌县所辖祁连山林区及北海子湿地内草地等区域。

掌裂兰属 *Dactylorhiza*　凹舌掌裂兰 *Dactylorhiza viridis*

地生兰。植株高 14~45 厘米。块茎肉质，前部呈掌状分裂。茎直立，基部具 2~3 枚筒状鞘，鞘之上具叶。叶之上常具 1 至数枚苞片状小叶；叶常 3~4(5)枚，叶片狭倒卵状长圆形，先端钝或急尖，基部收狭成抱茎的鞘。总状花序具多数花，花绿黄色或绿棕色；花瓣直立，线状披针形；唇瓣下垂，肉质。蒴果直立，椭圆形。花果期 6~10 月。分布于永昌县所辖祁连山林区山坡等区域。

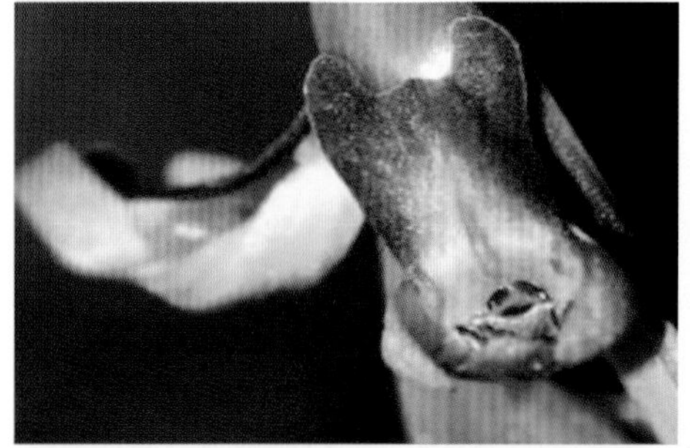

鸟巢兰属 *Neottia*　尖唇鸟巢兰 *Neottia acuminata*

腐生兰。植株高 14~30 厘米。茎直立，无毛，中部以下具 3~5 枚鞘，无绿叶；鞘膜质，长 1~5 厘米，抱茎。总状花序顶生，通常具 20 余朵花；花序轴无毛；花小，黄褐色，常 3~4 朵聚生而呈轮生状；花瓣狭披针形；唇瓣形状变化较大，通常卵形、卵状披针形或披针形。花果期 6~8 月。分布于永昌县所辖祁连山林区石缝及林下山坡草地。

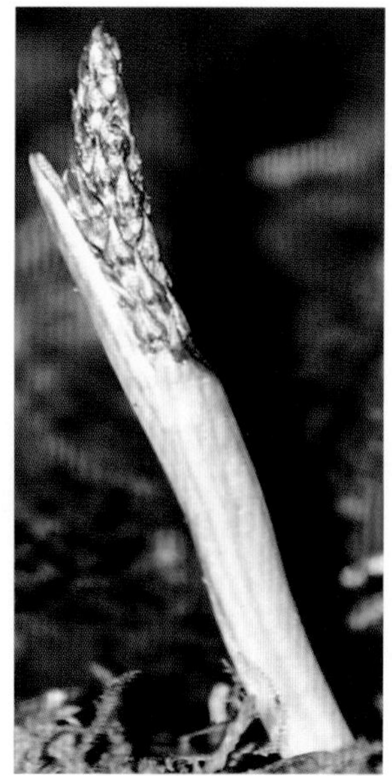

鸟巢兰属 *Neottia* 对叶兰 *Neottia puberula*

地生兰。植株高 10~20 厘米，具细长的根状茎。茎纤细，近基部处具 2 枚膜质鞘，近中部处具 2 枚对生叶。叶片心形、宽卵形或宽卵状三角形。总状花序，疏生 4~7 朵花；花绿色，中萼片卵状披针形，侧萼片斜卵状披针形；花瓣线形，唇瓣窄倒卵状楔形或长圆状楔形，先端 2 裂，裂片长圆形，两裂片叉开。蒴果倒卵形。花果期 7~10 月。分布于永昌县所辖祁连山云杉林下等区域。

珊瑚兰属 *Corallorhiza* 珊瑚兰 *Corallorhiza trifida*

腐生兰。植株高达 10~22 厘米，根状茎肉质，珊瑚状。茎红褐色，被 3~4 枚鞘，红褐色。花序具 3~7 花；花淡黄或白色；花瓣近长圆形，常较萼片略宽短，多少与中萼片靠合成盔状，唇瓣近长圆形或宽长圆形，3 裂，侧裂片较小，直立，中裂片近椭圆形。蒴果下垂。花果期 6~8 月。分布于永昌县所辖祁连山云杉林下及林中空地等区域。

角盘兰属 *Herminium*　裂瓣角盘兰 *Herminium alaschanicum*

地生兰。植株高达60厘米。块茎球形，茎下部密生叶2~4枚。叶窄椭圆状披针形。花序具多花；子房扭转；花绿色；中萼片卵形，侧萼片卵状披针形或披针形；花瓣直立，中部骤窄呈尾状且肉质，或多或少呈3裂，中裂片近线形，唇瓣近长圆形，基部凹入具距，前部3裂至近中部，侧裂片线形，中裂片线状三角形，较侧裂片稍宽短；距长圆状，向前弯曲。花期6~9月。分布于永昌县所辖祁连山西大河河沟草滩等区域。

主要参考文献

1.中国科学院中国植物志编辑委员会.中国植物志[M].北京.科学出版社.1-80 卷.1959-2004.

2.中国科学院北京植物研究所.中国高等植物图鉴.第 1-5 册[M].北京.科学出版社.1972-1983.

3.中国科学院兰州沙漠研究所.中国沙漠植物志:第 1-3 卷[M].北京.科学出版社.1985-1992.

4.甘肃植物志编辑委员会.甘肃植物志:第 2 卷[M].兰州.甘肃科学技术出版社.2005.

5.张勇,冯起,高海宁,李鹏.祁连山维管植物彩色图谱[M].北京.科学出版社.2013.

6.内蒙古阿拉善右旗植物图鉴编委会.内蒙古阿拉善右旗植物图鉴[M].呼和浩特.内蒙古人民出版社.2010.

7.中国科学院西北高原生物研究所.青海植物志:第 1-4 卷[M].西宁.青海人民出版社.1996-1999.

8.安国庆,安丽娜,杜美玲.甘肃省肃南裕固族自治县植物图鉴.上.下册[M].兰州.甘肃人民出版社.2016.

9.徐世健,潘建斌,安藜哲.河西走廊常见植物图谱[M].北京.科学出版社.2019.

中文名索引

A

阿尔泰葶苈 …… 122
阿尔泰狗娃花 …… 335
阿拉善葱 …… 461
阿拉善独行菜 …… 117
阿拉善黄耆 …… 189
阿拉善马先蒿 …… 308
阿拉善沙拐枣 …… 41
矮垂头菊 …… 367
矮火绒草 …… 339
矮金莲花 …… 92
矮脚锦鸡儿 …… 183
矮生豆列当 …… 314
矮生忍冬 …… 325
矮喜山葶苈 …… 124
矮针蔺 …… 439
暗绿紫堇 …… 111
凹舌掌裂兰 …… 468

B

巴天酸模 …… 36
霸王 …… 216
白菜 …… 113
白草 …… 435
白杜 …… 222
白花草木樨 …… 174
白花马蔺 …… 463
白花枝子花 …… 293
白桦 …… 26
白茎盐生草 …… 63
白蜡树 …… 260
白蓝翠雀花 …… 82
白梨 …… 151
白麻 …… 272
白毛花旗杆 …… 127
白羊草 …… 437
白缘蒲公英 …… 390
白颖薹草 …… 443
百金花 …… 261
百日菊 …… 346
宝盖草 …… 297
半抱茎葶苈 …… 123
半卧狗娃花 …… 336
瓣蕊唐松草 …… 87
抱草 …… 404
抱茎风毛菊 …… 373
暴马丁香 …… 260
北齿缘草 …… 286
北点地梅 …… 254
北方还阳参 …… 393
北方盔花兰 …… 467
北极果 …… 251
北千里光 …… 364
北水苦荬 …… 319
蓖齿眼子菜 …… 398
碧桃 …… 167
扁秆荆三棱 …… 439
扁果草 …… 84
扁蕾 …… 268

萹蓄 …… 37
变异黄耆 …… 191
滨发草 …… 418
冰草 …… 412
冰岛蓼 …… 32
兵豆 …… 208
柄状薹草 …… 447
并头黄芩 …… 292
播娘蒿 …… 133
薄荷 …… 288
薄蒴草 …… 66
擘蓝 …… 111

C

蚕豆 …… 206
苍耳 …… 344
糙草 …… 280
糙果紫堇 …… 110
糙叶黄耆 …… 194
草地风毛菊 …… 383
草地老鹳草 …… 211
草地早熟禾 …… 407
草木樨 …… 174
草木樨状黄耆 …… 194
草玉梅 …… 91
草泽泻 …… 401
侧柏 …… 11
梣叶槭 …… 224
叉子圆柏 …… 11
长柄唐松草 …… 86
长稃早熟禾 …… 406
长梗蝇子草 …… 73
长果茶藨子 …… 143
长果婆婆纳 …… 320
长茎飞蓬 …… 339
长茎藁本 …… 242
长茎毛茛 …… 99
长芒草 …… 425
长芒棒头草 …… 423
长毛风毛菊 …… 377
长叶二裂委陵菜 …… 163
长叶碱毛茛 …… 102
长叶微孔草 …… 284
长柱沙参 …… 334
朝天委陵菜 …… 163
车前 …… 316
车前状垂头菊 …… 366
橙黄花黄耆 …… 192
橙舌狗舌草 …… 363
重齿风毛菊 …… 381
臭草 …… 403
臭椿 …… 219
臭蒿 …… 363
川赤芍 …… 77
穿叶眼子菜 …… 399
垂果大蒜芥 …… 132
垂果亚麻 …… 212
垂柳 …… 20
垂穗披碱草 …… 413
垂头蒲公英 …… 389
垂枝早熟禾 …… 407
刺儿菜 …… 371
刺槐 …… 179
刺藜 …… 62
刺芒龙胆 …… 265
刺沙蓬 …… 47
刺旋花 …… 277
葱 …… 453
葱皮忍冬 …… 327
粗根鸢尾 …… 465
粗茎棱子芹 …… 241

粗茎驼蹄瓣 …… 217
粗壮蒿草 …… 442
翠雀 …… 81

D

达乌里秦艽 …… 263
鞑靼滨藜 …… 53
打碗花 …… 278
大白刺 …… 214
大苞点地梅 …… 253
大苞鸢尾 …… 465
大唇马先蒿 …… 310
大豆 …… 207
大萼委陵菜 …… 164
大拂子茅 …… 421
大花洽草 …… 417
大画眉草 …… 431
大丽花 …… 347
大麻 …… 29
大麦 …… 415
大针茅 …… 426
大籽蒿 …… 353
单花翠雀花 …… 80
单花金腰 …… 141
单花荠 …… 125
单花新麦草 …… 413
单鳞苞荸荠 …… 441
单脉大黄 …… 34
单叶黄耆 …… 187
单子麻黄 …… 14
淡黄香青 …… 341
党参 …… 333
倒披针叶风毛菊 …… 381
倒羽叶风毛菊 …… 378
地肤 …… 49
地锦草 …… 221
地蔷薇 …… 150
地梢瓜 …… 274
垫状点地梅 …… 255
叠裂黄堇 …… 107
叠裂银莲花 …… 90
碟果虫实 …… 57
丁座草 …… 315
钉柱委陵菜 …… 162
顶羽菊 …… 384
东方草莓 …… 157
东方茶藨子 …… 142
东方泽泻 …… 401
独行菜 …… 118
杜梨 …… 151
杜松 …… 13
短梗箭头叶唐松草 …… 88
短果小柱荠 …… 131
短花针茅 …… 424
短穗柽柳 …… 229
短穗兔耳草 …… 322
短筒兔儿草 …… 321
短尾铁线莲 …… 96
短腺小米草 …… 306
短星菊 …… 338
短叶假木贼 …… 44
短叶锦鸡儿 …… 184
短翼岩黄芪 …… 204
短颖披碱草 …… 414
对叶红景天 …… 135
对叶兰 …… 469
钝苞雪莲 …… 374
钝萼繁缕 …… 69
钝叶独行菜 …… 117
多刺绿绒蒿 …… 105
多裂骆驼蓬 …… 215

多裂蒲公英 …… 388
多裂叶荆芥 …… 294
多叶棘豆 …… 199
多枝柽柳 …… 230
多枝黄耆 …… 188

E

鹅绒藤 …… 273
二白杨 …… 18
二裂委陵菜 …… 161
二柱繁缕 …… 68

F

番茄 …… 302
繁缕 …… 71
反枝苋 …… 63
费菜 …… 137
粉绿铁线莲 …… 94
锋芒草 …… 432
凤仙花 …… 225
伏毛山莓草 …… 158
拂子茅 …… 422
附地菜 …… 281
辐状肋柱花 …… 269

G

干生薹草 …… 448
甘草 …… 195
甘蓝 …… 112
甘露子 …… 293
甘蒙锦鸡儿 …… 181
甘青报春 …… 256
甘青蒿 …… 360
甘青老鹳草 …… 210
甘青青兰 …… 294
甘青铁线莲 …… 95
甘青微孔草 …… 284
甘青乌头 …… 78
甘肃臭草 …… 402
甘肃旱雀豆 …… 178
甘肃黄耆 …… 190
甘肃棘豆 …… 200
甘肃马先蒿 …… 309
甘肃薹草 …… 446
甘肃驼蹄瓣 …… 218
甘肃小檗 …… 104
甘肃雪灵芝 …… 68
甘新念珠芥 …… 133
刚毛忍冬 …… 327
高粱 …… 437
高山唐松草 …… 88
高山瓦韦 …… 5
高山绣线菊 …… 145
高山野决明 …… 173
高乌头 …… 78
高原香薷 …… 289
戈壁天门冬 …… 451
戈壁驼蹄瓣 …… 217
戈壁针茅 …… 424
葛缕子 …… 248
沟子荠 …… 131
钩柱唐松草 …… 87
狗娃花 …… 335
狗尾草 …… 435
枸杞 …… 298
拐轴鸦葱 …… 386
管花秦艽 …… 262
管状长花马先蒿 …… 310
灌木小甘菊 …… 348
灌木亚菊 …… 350
光稃香草 …… 420
光缘虎耳草 …… 138
广布野豌豆 …… 207

鬼箭锦鸡儿 …… 181

H

海韭菜 …… 398
海乳草 …… 252
海棠花 …… 153
旱柳 …… 20
旱雀麦 …… 410
蒿叶猪毛菜 …… 48
禾叶繁缕 …… 70
禾叶风毛菊 …… 383
合萼肋柱花 …… 270
合头草 …… 52
何首乌 …… 43
河西阿魏 …… 246
河西菊 …… 387
荷包牡丹 …… 107
褐苞蒿 …… 358
褐花雪莲 …… 377
黑边假龙胆 …… 267
黑柴胡 …… 243
黑翅地肤 …… 49
黑萼棘豆 …… 196
黑褐穗薹草 …… 446
黑果枸杞 …… 297
黑虎耳草 …… 137
黑毛雪兔子 …… 375
黑沙蒿 …… 356
黑紫花黄耆 …… 186
红果龙葵 …… 299
红花 …… 368
红花山竹子 …… 204
红花岩生忍冬 …… 326
红花紫堇 …… 108
红蓼 …… 39
红瑞木 …… 249
红砂 …… 229
红紫糖芥 …… 130
红棕薹草 …… 445
胡卢巴 …… 175
胡萝卜 …… 248
胡桃 …… 25
虎尾草 …… 431
虎榛子 …… 26
互叶醉鱼草 …… 304
花花柴 …… 343
花椒 …… 219
花苜蓿 …… 176
红鳞扁莎 …… 440
花椰菜 …… 113
华北落叶松 …… 9
华北驼绒藜 …… 45
华北珍珠梅 …… 144
华扁穗草 …… 440
槐 …… 171
荒漠黄耆 …… 193
荒漠锦鸡儿 …… 182
黄白火绒草 …… 340
黄斑龙胆 …… 266
黄刺玫 …… 155
黄瓜 …… 332
黄花补血草 …… 258
黄花蒿 …… 362
黄花棘豆 …… 201
黄花梅花草 …… 223
黄花软紫草 …… 279
黄花铁线莲 …… 95
黄毛棘豆 …… 201
黄毛头 …… 51
黄囊薹草 …… 444
黄缨菊 …… 370

黄帚橐吾 …… 365
灰白风毛菊 …… 380
灰绿黄堇 …… 108
灰绿藜 …… 59
灰脉薹草 …… 447
灰毛软紫草 …… 279
灰枸子 …… 147
灰叶铁线莲 …… 96
茴茴蒜 …… 99
火炬树 …… 222
火媒草 …… 373

J

芨芨草 …… 427
鸡娃草 …… 258
鸡爪大黄 …… 33
极地早熟禾 …… 405
急折百蕊草 …… 32
蒺藜 …… 216
戟叶鹅绒藤 …… 273
稷 …… 433
荠 …… 120
假北紫堇 …… 109
假苇拂子茅 …… 421
尖齿糙苏 …… 295
尖唇鸟巢兰 …… 468
尖头叶藜 …… 60
尖叶藁本 …… 242
尖叶盐爪爪 …… 50
碱蒿 …… 354
碱韭 …… 459
碱茅 …… 409
碱毛茛 …… 101
碱蓬 …… 55
碱蛇床 …… 245
碱小苦苣菜 …… 394
箭杆杨 …… 19
箭叶薹草 …… 444
箭叶橐吾 …… 365
胶黄耆状棘豆 …… 197
角果碱蓬 …… 54
角果藻 …… 400
接骨木 …… 330
节节草 …… 3
金色狗尾草 …… 436
金丝桃叶绣线菊 …… 146
金头韭 …… 457
金翼黄耆 …… 185
金盏菊 …… 368
锦葵 …… 227
颈果草 …… 282
九顶草 …… 429
韭 …… 455
救荒野豌豆 …… 206
菊叶香藜 …… 61
菊芋 …… 345
巨序剪股颖 …… 423
苣荬菜 …… 391
具槽秆荸荠 …… 442
具鳞水柏枝 …… 231
聚头绢蒿 …… 352
卷鞘鸢尾 …… 463
卷叶黄精 …… 452
绢毛苣 …… 395
蕨麻 …… 162

K

苦豆子 …… 172
苦苣菜 …… 391
苦马豆 …… 180
宽苞棘豆 …… 202
宽苞水柏枝 …… 230

宽苞微孔草 …… 283
宽翅沙芥 …… 114
宽叶独行菜 …… 116
宽叶羌活 …… 244
葵花大蓟 …… 370
阔叶景天 …… 136

L

辣椒 …… 302
赖草 …… 414
蓝白龙胆 …… 264
蓝侧金盏花 …… 97
蓝花荆芥 …… 295
蓝花卷鞘鸢尾 …… 464
蓝花鼠尾草 …… 290
蓝堇草 …… 83
狼杷草 …… 344
狼毒 …… 235
狼紫草 …… 280
肋果沙棘 …… 236
肋柱花 …… 270
冷蒿 …… 362
离子芥 …… 127
藜 …… 59
李 …… 170
粟 …… 436
粟花灯心草 …… 450
砾地毛莨 …… 98
砾玄参 …… 305
连翘 …… 259
莲山黄耆 …… 191
镰萼喉毛花 …… 269
镰荚棘豆 …… 200
镰叶韭 …… 457
两裂婆婆纳 …… 321
两栖蓼 …… 38
疗齿草 …… 306
蓼子朴 …… 342
烈香杜鹃 …… 250
裂瓣角盘兰 …… 470
裂叶独活 …… 240
裂叶堇菜 …… 232
裂叶榆 …… 27
林生风毛菊 …… 376
林生茜草 …… 323
林猪殃殃 …… 324
鳞茎堇菜 …… 232
鳞叶龙胆 …… 264
蔺状隐花草 …… 432
铃铃香青 …… 342
零余虎耳草 …… 139
瘤糖茶藨子 …… 142
柳兰 …… 237
柳叶菜风毛菊 …… 376
柳叶亚菊 …… 351
龙蒿 …… 357
龙葵 …… 301
龙爪槐 …… 171
龙爪柳 …… 24
龙爪榆 …… 28
陇蜀杜鹃 …… 251
耧斗菜 …… 84
耧斗菜叶绣线菊 …… 145
楼子葱 …… 454
露蕊乌头 …… 79
芦苇 …… 402
鹿蹄草 …… 249
栾树 …… 224
卵盘鹤虱 …… 281
轮生叶野决明 …… 172
轮叶黄精 …… 453

轮叶马先蒿 …… 311
萝卜 …… 115
裸果木 …… 65
裸茎金腰 …… 141
骆驼蓬 …… 215

M

麻花艽 …… 262
麻叶荨麻 …… 31
马鞭草 …… 287
马齿苋 …… 64
马蔺 …… 466
马衔山黄耆 …… 186
麦蓝菜 …… 75
麦瓶草 …… 74
馒头柳 …… 24
蔓黄耆 …… 195
蔓茎蝇子草 …… 73
蔓首乌 …… 42
曼陀罗 …… 303
牻牛儿苗 …… 209
猫头刺 …… 198
毛白杨 …… 18
毛翠雀花 …… 83
毛稃羊茅 …… 430
毛果婆婆纳 …… 319
毛果群心菜 …… 115
毛果荨麻 …… 30
毛颏马先蒿 …… 312
毛连菜 …… 387
毛莲蒿 …… 359
毛茛状金莲花 …… 92
毛葶苈 …… 125
毛头牛蒡 …… 369
毛洋槐 …… 180
毛樱桃 …… 166
毛叶水栒子 …… 147
茅香 …… 419
玫瑰 …… 154
美丽茶藨子 …… 143
美丽风毛菊 …… 382
美丽毛茛 …… 97
美头火绒草 …… 340
蒙古白头翁 …… 93
蒙古扁桃 …… 168
蒙古蒿 …… 357
蒙古韭 …… 460
蒙古葶苈 …… 123
蒙古绣线菊 …… 144
蒙古鸦葱 …… 385
蒙古莸 …… 288
蒙疆苓菊 …… 372
迷果芹 …… 243
米蒿 …… 359
密花棘豆 …… 202
密花香薷 …… 289
密序山萮菜 …… 129
蜜囊韭 …… 459
绵刺 …… 149
绵穗马先蒿 …… 309
膜果麻黄 …… 14
牡丹 …… 76
木本猪毛菜 …… 46
木藤蓼 …… 43

N

内蒙古旱蒿 …… 358
南瓜 …… 331
囊种草 …… 76
拟耧斗菜 …… 85
拟漆姑 …… 64
宁夏枸杞 …… 298

柠条锦鸡儿 …… 182
牛蒡 …… 369
牛尾蒿 …… 360
牛膝菊 …… 346
女娄菜 …… 72

O

欧李 …… 166
欧氏马先蒿 …… 312
欧亚旋覆花 …… 343

P

攀援天门冬 …… 451
盘果菊 …… 393
盘花垂头菊 …… 366
泡泡刺 …… 214
蓬子菜 …… 323
膨囊薹草 …… 443
披针叶野决明 …… 173
啤酒花 …… 30
偏翅龙胆 …… 263
偏穗臭草 …… 403
平车前 …… 317
平卧碱蓬 …… 55
平卧藜 …… 58
婆婆纳 …… 320
铺散亚菊 …… 350
匍匐委陵菜 …… 160
葡萄 …… 226
蒲公英 …… 389
普氏马先蒿 …… 311
普通小麦 …… 412

Q

漆姑无心菜 …… 67
祁连山黄耆 …… 193
祁连山棘豆 …… 199
祁连圆柏 …… 12
祁连獐牙菜 …… 271
歧伞獐牙菜 …… 271
歧穗大黄 …… 33
洽草 …… 416
茜草 …… 322
羌活 …… 245
荞麦 …… 36
茄 …… 301
芹叶牻牛儿苗 …… 209
芹叶铁线莲 …… 94
秦岭小檗 …… 102
青藏狗娃花 …… 336
青藏棱子芹 …… 240
青甘韭 …… 458
青甘锦鸡儿 …… 183
青海苜蓿 …… 176
青海云杉 …… 9
青稞 …… 416
青杞 …… 300
青山生柳 …… 21
秋英 …… 347
楸子 …… 154
全缘叶绿绒蒿 …… 106
泉沟子荠 …… 121
雀瓢 …… 274
雀舌草 …… 69

R

绒果芹 …… 247
柔毛蓼 …… 38
柔毛连蕊芥 …… 128
柔毛微孔草 …… 285
肉果草 …… 304
乳白香青 …… 341
乳苣 …… 392
锐果鸢尾 …… 464

S

三棱水葱 …… 438
三裂碱毛茛 …… 101
三裂紫堇 …… 110
三芒草 …… 434
三叶马先蒿 …… 313
伞花繁缕 …… 70
桑 …… 29
涩荠 …… 129
沙鞭 …… 429
沙苁蓉 …… 315
沙蒿 …… 355
沙木蓼 …… 42
沙蓬 …… 56
沙生鹤虱 …… 282
沙生针茅 …… 425
沙枣 …… 235
砂蓝刺头 …… 367
砂引草 …… 287
山丹 …… 461
山地虎耳草 …… 140
山韭 …… 460
山卷耳 …… 65
山莨菪 …… 303
山生柳 …… 21
山桃 …… 167
山杏 …… 169
山杨 …… 17
山楂 …… 148
杉叶藻 …… 318
珊瑚兰 …… 469
陕甘花椒 …… 148
扇穗茅 …… 409
芍药 …… 77
少花顶冰花 …… 462
少花米口袋 …… 196
深裂蒲公英 …… 388
绳虫实 …… 57
湿地银莲花 …… 91
石竹 …… 75
莳萝蒿 …… 361
疏齿银莲花 …… 89
疏花翠雀花 …… 81
疏花针茅 …… 426
鼠掌老鹳草 …… 211
蜀葵 …… 228
双叉细柄茅 …… 428
双果荠 …… 119
双花堇菜 …… 231
水苦荬 …… 318
水蓼 …… 39
水麦冬 …… 397
水茫草 …… 305
水毛茛 …… 100
水母雪兔子 …… 375
水芹 …… 246
水生酸模 …… 35
水烛 …… 396
丝裂亚菊 …… 352
丝毛飞廉 …… 372
四蕊山莓草 …… 158
四数獐牙菜 …… 272
松叶猪毛菜 …… 47
宿根亚麻 …… 212
酸模叶蓼 …… 37
穗花马先蒿 …… 313
穗状狐尾藻 …… 239
梭梭 …… 44
锁阳 …… 239

T

胎生早熟禾 …… 405
唐古红景天 …… 136
唐古韭 …… 456
唐古拉齿缘草 …… 285
唐古特虎耳草 …… 138
唐古特瑞香 …… 234
唐古特雪莲 …… 374
洮河柳 …… 22
天蓝韭 …… 456
天蓝苜蓿 …… 175
天山报春 …… 257
天山花楸 …… 149
天山千里光 …… 364
天仙子 …… 299
田葛缕子 …… 247
田旋花 …… 276
条裂黄堇 …… 109
铁棒锤 …… 79
头花杜鹃 …… 250
头状石头花 …… 71
菟丝子 …… 275
驼绒藜 …… 45
椭圆叶花锚 …… 267

W

洼瓣花 …… 462
瓦松 …… 134
弯齿风毛菊 …… 379
弯茎假苦菜 …… 394
豌豆 …… 205
菵草 …… 422
苇状看麦娘 …… 420
紊蒿 …… 349
问荆 …… 3
乌拉特黄耆 …… 189
乌柳 …… 23
乌苏里风毛菊 …… 380
乌头 …… 80
无苞双脊荠 …… 120
无苞香蒲 …… 397
无茎黄鹌菜 …… 395
无芒稗 …… 434
无芒隐子草 …… 430
无尾果 …… 150
五福花 …… 329
五脉绿绒蒿 …… 105
五月艾 …… 356
雾冰藜 …… 58

X

西北铁角蕨 …… 5
西北沼委陵菜 …… 159
西伯利亚滨藜 …… 52
西伯利亚蓼 …… 40
西伯利亚远志 …… 220
西藏点地梅 …… 253
西藏堇菜 …… 234
西藏棱子芹 …… 241
西藏微牛儿苗 …… 210
西藏荨麻 …… 31
西藏沙棘 …… 237
西藏早熟禾 …… 406
西府海棠 …… 153
西瓜 …… 332
西葫芦 …… 331
西南无心菜 …… 67
西山委陵菜 …… 165
菥蓂 …… 118
稀叶珠蕨 …… 4
喜马拉雅沙参 …… 334
喜山葶苈 …… 122

细叉梅花草 …… 223
细灯心草 …… 449
细果角茴香 …… 106
细裂叶莲蒿 …… 361
细叶棘豆 …… 198
细叶石头花 …… 72
细叶小檗 …… 103
细叶亚菊 …… 351
细叶益母草 …… 296
细枝山竹子 …… 203
细枝盐爪爪 …… 50
狭苞紫菀 …… 337
狭萼报春 …… 257
狭叶微孔草 …… 283
狭叶红景天 …… 135
夏至草 …… 291
鲜黄小檗 …… 103
藓生马先蒿 …… 307
线叶柳 …… 23
线叶龙胆 …… 265
腺毛翠雀花 …… 82
香花槐 …… 179
香荚蒾 …… 330
向日葵 …… 345
小白藜 …… 60
小车前 …… 316
小丛红景天 …… 134
小大黄 …… 34
小灯心草 …… 450
小点地梅 …… 254
小甘菊 …… 349
小果白刺 …… 213
小果亚麻荠 …… 121
小花草玉梅 …… 90
小花棘豆 …… 197
小花柳叶菜 …… 238
小花糖芥 …… 130
小花灯心草 …… 449
小头花香薷 …… 290
小缬草 …… 328
小眼子菜 …… 399
小叶金露梅 …… 161
小叶柳 …… 25
小叶女贞 …… 261
小叶蔷薇 …… 156
小叶忍冬 …… 325
小叶鼠李 …… 225
小叶杨 …… 19
蝎虎驼蹄瓣 …… 218
斜茎黄耆 …… 184
缬草 …… 328
心叶独行菜 …… 116
新疆梨 …… 152
新疆杨 …… 17
兴安胡枝子 …… 203
星毛短舌菊 …… 348
星毛委陵菜 …… 159
星舌紫菀 …… 337
杏 …… 169
雪地黄耆 …… 188
熏倒牛 …… 208
薰衣草 …… 296

Y

鸦葱 …… 386
鸦跖花 …… 93
亚麻 …… 213
亚欧唐松草 …… 85
芫荽 …… 244
岩生忍冬 …… 326
沿沟草 …… 408

盐地风毛菊 …… 378
盐生草 …… 62
盐生肉苁蓉 …… 314
盐爪爪 …… 51
偃麦草 …… 411
阳芋 …… 300
洋葱 …… 454
野滨藜 …… 53
野草莓 …… 156
野黄韭 …… 458
野韭 …… 455
野葵 …… 228
野苜蓿 …… 177
野西瓜苗 …… 227
野燕麦 …… 419
一叶黄耆 …… 185
异花孩儿参 …… 66
异色风毛菊 …… 379
异燕麦 …… 418
缢苞麻花头 …… 384
银灰旋花 …… 276
银露梅 …… 160
蚓果芥 …… 132
隐瓣蝇子草 …… 74
鹰爪柴 …… 275
硬秆以礼草 …… 411
硬质早熟禾 …… 408
优越虎耳草 …… 140
油松 …… 10
鼬瓣花 …… 292
榆树 …… 27
榆叶梅 …… 168
羽裂花旗杆 …… 128
羽毛委陵菜 …… 165
羽叶点地梅 …… 252
玉门黄耆 …… 190
玉蜀黍 …… 438
玉竹 …… 452
毓泉风毛菊 …… 382
圆柏 …… 12
圆瓣黄花报春 …… 256
圆萼刺参 …… 329
圆冠榆 …… 28
圆囊薹草 …… 445
圆穗蓼 …… 40
圆头蒿 …… 355
圆叶牵牛 …… 277
圆叶小堇菜 …… 233
远志 …… 220
月季花 …… 155
云南黄耆 …… 192
云生毛茛 …… 98
云雾龙胆 …… 266
芸薹 …… 112
芸香叶唐松草 …… 86

Z

杂配藜 …… 61
杂配轴藜 …… 56
藏蓟 …… 371
藏芹叶荠 …… 119
藏异燕麦 …… 417
早开堇菜 …… 233
早熟禾 …… 404
枣 …… 226
泽漆 …… 221
窄边蒲公英 …… 390
窄裂委陵菜 …… 164
窄叶鲜卑花 …… 146
窄叶野豌豆 …… 205
粘毛鼠尾草 …… 291

展苞灯心草 …… 448
樟子松 …… 10
掌裂兰 …… 467
掌裂毛茛 …… 100
胀萼黄耆 …… 187
沼生蔊菜 …… 126
沼生柳叶菜 …… 238
沼生水马齿 …… 317
沼泽荸荠 …… 441
针刺齿缘草 …… 286
珍珠猪毛菜 …… 46
芝麻菜 …… 114
直梗高山唐松草 …… 89
直穗鹅观草 …… 410
直立点地梅 …… 255
止血马唐 …… 433
栉叶蒿 …… 353
中国黄花柳 …… 22
中国马先蒿 …… 307
中国沙棘 …… 236
中华花荵 …… 278
中华苦荬菜 …… 392
中麻黄 …… 13
中亚滨藜 …… 54
中亚细柄茅 …… 428
中亚紫菀木 …… 338
帚状鸦葱 …… 385
皱孢冷蕨 …… 4
皱边喉毛花 …… 268
皱皮木瓜 …… 152
皱叶绢毛苣 …… 396
皱叶酸模 …… 35
皱褶马先蒿 …… 308
珠芽蓼 …… 41
猪毛菜 …… 48
猪毛蒿 …… 354
猪殃殃 …… 324
爪瓣虎耳草 …… 139
准噶尔鸢尾 …… 466
紫大麦草 …… 415
紫丁香 …… 259
紫苜蓿 …… 177
紫花碎米荠 …… 126
紫色悬钩子 …… 157
紫穗槐 …… 178
紫叶李 …… 170
紫叶小檗 …… 104
总苞葶苈 …… 124
菹草 …… 400
钻裂风铃草 …… 333
醉马草 …… 427

拉丁文名索引

A

Acer negundo ······ 224
Achnatherum inebrians ······ 427
Achnatherum splendens ······ 427
Aconitum carmichaelii ······ 80
Aconitum gymnandrum ······ 79
Aconitum pendulum ······ 79
Aconitum sinomontanum ······ 78
Aconitum tanguticum ······ 78
Adenophora himalayana ······ 334
Adenophora stenanthina ······ 334
Adonis coerulea ······ 97
Adoxa moschatellina ······ 329
Agriophyllum squarrosum ······ 56
Agropyron cristatum ······ 412
Agrostis gigantea ······ 423
Ailanthus altissima ······ 219
Ajania fruticulosa ······ 350
Ajania khartensis ······ 350
Ajania nematoloba ······ 352
Ajania salicifolia ······ 351
Ajania tenuifolia ······ 351
Alcea rosea ······ 228
Alisma gramineum ······ 401
Alisma orientale ······ 401
Allium alaschanicum ······ 461
Allium carolinianum ······ 457
Allium cepa ······ 454
Allium cepa var. *proliferum* ······ 454
Allium cyaneum ······ 456
Allium fistulosum ······ 453
Allium herderianum ······ 457
Allium mongolicum ······ 460
Allium polyrhizum ······ 459
Allium przewalskianum ······ 458
Allium ramosum ······ 455
Allium rude ······ 458
Allium senescens ······ 460
Allium subtilissimum ······ 459
Allium tanguticum ······ 456
Allium tuberosum ······ 455
Alopecurus arundinaceus ······ 420
Amaranthus retroflexus ······ 63
Amorpha fruticosa ······ 178
Anabasis brevifolia ······ 44
Anaphalis flavescens ······ 341
Anaphalis hancockii ······ 342
Anaphalis lactea ······ 341
Anchusa ovata ······ 280
Androsace erecta ······ 255
Androsace gmelinii ······ 254
Androsace mariae ······ 253
Androsace maxima ······ 253
Androsace septentrionalis ······ 254
Androsace tapete ······ 255
Anemone geum subsp. *ovalifolia* ······ 89

Anemone imbricata ······ 90
Anemone rivularis var. *flore-minore* ······ 90
Anemone rivularis ······ 91
Anemone rupestris ······ 91
Anisodus tanguticus ······ 303
Anthoxanthum glabrum ······ 420
Anthoxanthum nitens ······ 419
Apocynum pictum ······ 272
Aquilegia viridiflora ······ 84
Arctium lappa ······ 369
Arctium tomentosum ······ 369
Arctous alpinus ······ 251
Arenaria forrestii ······ 67
Arenaria kansuensis ······ 68
Arenaria saginoides ······ 67
Aristida adscensionis ······ 434
Arnebia fimbriata ······ 279
Arnebia guttata ······ 279
Artemisia anethifolia ······ 354
Artemisia anethoides ······ 361
Artemisia annua ······ 362
Artemisia dalai-lamae ······ 359
Artemisia desertorum ······ 355
Artemisia dracunculus ······ 357
Artemisia dubia ······ 360
Artemisia frigid ······ 362
Artemisia gmelinii ······ 361
Artemisia hedinii ······ 363
Artemisia indica ······ 356
Artemisia mongolica ······ 357
Artemisia ordosica ······ 356
Artemisia phaeolepis ······ 358
Artemisia scoparia ······ 354
Artemisia sieversiana ······ 353
Artemisia sphaerocephala ······ 355
Artemisia tangutica ······ 360
Artemisia vestita ······ 359
Artemisia xerophytica ······ 358
Askellia flexuosa ······ 394
Asparagus brachyphyllus ······ 451
Asparagus gobicus ······ 451
Asperugo procumbens ······ 280
Asplenium nesii ······ 5
Aster altaicus ······ 335
Aster asteroides ······ 337
Aster boweri ······ 336
Aster farreri ······ 337
Aster hispidus ······ 335
Aster semiprostratus ······ 336
Asterothamnus centraliasiaticus ······ 338
Astragalus alaschanus ······ 189
Astragalus aurantiacus ······ 192
Astragalus chilienshanensis ······ 193
Astragalus chrysopterus ······ 185
Astragalus efoliolatus ······ 187
Astragalus ellipsoideus ······ 187
Astragalus grubovii ······ 193
Astragalus hoantchy ······ 189
Astragalus laxmannii ······ 184
Astragalus leansanicus ······ 191
Astragalus licentianus ······ 190
Astragalus mahoschanicus ······ 186
Astragalus melilotoides ······ 194
Astragalus monophyllus ······ 185
Astragalus nivalis ······ 188
Astragalus polycladus ······ 188
Astragalus przewalskii ······ 186
Astragalus scaberrimus ······ 194
Astragalus variabilis ······ 191
Astragalus yumenensis ······ 190

Astragalus yunnanensis ·························· 192
Atraphaxis bracteata ···························· 42
Atriplex centralasiatica ························· 54
Atriplex fera ··································· 53
Atriplex sibirica ······························· 52
Atriplex tatarica ······························· 53
Avena fatua ···································· 419
Axyris hybrida ································· 56

B

Bassia dasyphylla ······························ 58
Batrachium bungei ······························ 100
Beckmannia syzigachne ·························· 422
Berberis circumserrata ························· 102
Berberis diaphana ······························ 103
Berberis kansuensis ···························· 104
Berberis poiretii ······························ 103
Berberis thunbergii 'Atropurpurea' ··········· 104
Betula platyphylla ····························· 26
Bidens tripartita ······························ 344
Biebersteinia heterostemon ···················· 208
Blysmus sinocompressus ························ 440
Bolboschoenus planiculmis ····················· 439
Boschniakia himalaica ························· 315
Bothriochloa ischaemum ························ 437
Brachanthemum pulvinatum ······················ 348
Brassica oleracea var. *botrytis* ·············· 113
Brassica oleracea var. *capitata* ·············· 112
Brassica oleracea var. *gongylodes* ············ 111
Brassica rapa var. *glabra* ···················· 113
Brassica rapa var. *oleifera* ·················· 112
Bromus tectorum ······························· 410
Buddleja alternifolia ························· 304
Bupleurum smithii ····························· 243

C

Calamagrostis epigeios ························ 422
Calamagrostis macrolepis ······················ 421
Calamagrostis pseudophragmites ··············· 421
Calendula officinalis ························· 368
Calligonum alashanicum ························ 41
Callitriche palustris ························· 317
Calystegia hederacea ·························· 278
Camelin microcarpa ···························· 121
Campanula aristata ···························· 333
Cancrinia discoidea ··························· 349
Cancrinia maximowiczii ························ 348
Cannabis sativa ······························· 29
Capsella bursa-pastoris ······················· 120
Capsicum annuum ······························· 302
Caragana brachypoda ··························· 183
Caragana brevifolia ··························· 184
Caragana jubata ······························· 181
Caragana korshinskii ·························· 182
Caragana opulens ······························ 181
Caragana roborovskyi ·························· 182
Caragana tangutica ···························· 183
Cardamine purpurascens ························ 126
Cardaria pubescens ···························· 115
Carduus crispus ······························· 372
Carex appendiculata ··························· 447
Carex aridula ································· 448
Carex atrofusca subsp. *minor* ················· 446
Carex duriuscula subsp. *rigescens* ············ 443
Carex ensifolia ······························· 444
Carex kansuensis ······························ 446
Carex korshinskyi ····························· 444
Carex lehmannii ······························· 443
Carex orbicularis ····························· 445
Carex pediformis ······························ 447
Carex przewalskii ····························· 445
Carthamus tinctorius ·························· 368

Carum buriaticum ········ 247
Carum carvi ········ 248
Caryopteris mongholica ········ 288
Catabrosa aquatica ········ 408
Centaurium pulchellum var. *altaicum* ········ 261
Cerastium pusillum ········ 65
Chaenomeles speciosa ········ 152
Chamaerhodos erecta ········ 150
Chamerion angustifolium ········ 237
Chenopodium acuminatum ········ 60
Chenopodium album ········ 59
Chenopodium glaucum ········ 59
Chenopodium hybridum ········ 61
Chenopodium iljinii ········ 60
Chenopodium karoi ········ 58
Chesniella ferganensis ········ 178
Chloris virgata ········ 431
Chorispora tenella ········ 127
Chrysosplenium nudicaule ········ 141
Chrysosplenium uniflorum ········ 141
Cirsium arvense var. *alpestre* ········ 371
Cirsium arvense var. *integrifolium* ········ 371
Cirsium souliei ········ 370
Cistanche salsa ········ 314
Cistanche sinensis ········ 315
Citrullus lanatus ········ 332
Cleistogenes songorica ········ 430
Clematis aethusifolia ········ 94
Clematis brevicaudata ········ 96
Clematis glauca ········ 94
Clematis intricata ········ 95
Clematis tangutica ········ 95
Clematis tomentella ········ 96
Cnidium salinum ········ 245
Codonopsis pilosula ········ 333
Coluria longifolia ········ 150
Comarum salesovianum ········ 159
Comastoma falcatum ········ 269
Comastoma polycladum ········ 268
Convolvulus ammannii ········ 276
Convolvulus arvensis ········ 276
Convolvulus gortschakovii ········ 275
Convolvulus tragacanthoides ········ 277
Corallorhiza trifida ········ 469
Corethrodendron multijugum ········ 204
Corethrodendron scoparium ········ 203
Coriandrum sativum ········ 244
Corispermum declinatum ········ 57
Corispermum patelliforme ········ 57
Cornus alba ········ 249
Corydalis adunca ········ 108
Corydalis dasyptera ········ 107
Corydalis linarioides ········ 109
Corydalis livida ········ 108
Corydalis melanochlora ········ 111
Corydalis pseudosibirica ········ 109
Corydalis trachycarpa ········ 110
Corydalis trifoliata ········ 110
Cosmos bipinnatus ········ 347
Cotoneaster acutifolius ········ 147
Cotoneaster submultiflorus ········ 147
Crataegus pinnatifida ········ 148
Cremanthodium discoideum ········ 366
Cremanthodium ellisii ········ 366
Cremanthodium humile ········ 367
Crepis crocea ········ 393
Crypsis schoenoides ········ 432
Cryptogramma stelleri ········ 4
Cucumis sativus ········ 332
Cucurbita moschata ········ 331

Cucurbita pepo ······ 331
Cuscuta chinensis ······ 275
Cynanchum acutum subsp. *sibiricum* ······ 273
Cynanchum chinense ······ 273
Cynanchum thesioides ······ 274
Cynanchum thesioides var. *australe* ······ 274
Cynomorium songaricum ······ 239
Cystopteris dickieana ······ 4

D

Dactylorhiza hatagirea ······ 467
Dactylorhiza viridis ······ 468
Dahlia pinnata ······ 347
Daphne tangutica ······ 234
Datura stramonium ······ 303
Daucus carota var.*sativa* ······ 248
Delphinium albocoeruleum ······ 82
Delphinium candelabrum var.*monanthum* ······ 80
Delphinium grandiflorum var.*gigianum* ······ 82
Delphinium grandiflorum ······ 81
Delphinium sparsiflorum ······ 81
Delphinium trichophorum ······ 83
Deschampsia littoralis ······ 418
Descurainia sophia ······ 133
Dianthus chinensis ······ 75
Digitaria ischaemum ······ 433
Dilophia ebracteata ······ 120
Dontostemo senilis ······ 127
Dontostemon pinnatifidus ······ 128
Draba altaica ······ 122
Draba eriopoda ······ 125
Draba involucrata ······ 124
Draba mongolica ······ 123
Draba oreades var. *commutata* ······ 124
Draba oreades ······ 122
Draba subamplexicaulis ······ 123
Dracocephalum heterophyllum ······ 293
Dracocephalum tanguticum ······ 294
Dysphania aristata ······ 62
Dysphania schraderiana ······ 61

E

Echinochloa crusgalli var. *mitis* ······ 434
Echinops gmelinii ······ 367
Elaeagnus angustifolia ······ 235
Eleocharis palustris ······ 441
Eleocharis uniglumis ······ 441
Eleocharis valleculosa ······ 442
Elsholtzia cephalantha ······ 290
Elsholtzia densa ······ 289
Elsholtzia feddei ······ 289
Elymus burchan-buddae ······ 414
Elymus nutans ······ 413
Elytrigia repens ······ 411
Enneapogon desvauxii ······ 429
Ephedra intermedia ······ 13
Ephedra monosperma ······ 14
Ephedra przewalskii ······ 14
Epilobium palustre ······ 238
Epilobium parviflorum ······ 238
Equisetum arvense ······ 3
Equisetum ramosissimum ······ 3
Eragrostis cilianensis ······ 431
Erigeron acris subsp. *politus* ······ 339
Eriocycla albescens ······ 247
Eritrichium acicularum ······ 286
Eritrichium borealisinense ······ 286
Eritrichium tangkulaense ······ 285
Erodium cicutarium ······ 209
Erodium stephanianum ······ 209
Erodium tibetanum ······ 210
Eruca vesicaria subsp. *sativa* ······ 114

Erysimum cheiranthoides ········ 130
Erysimum roseum ········ 130
Euonymus maackii ········ 222
Euphorbia helioscopia ········ 221
Euphorbia humifusa ········ 221
Euphrasia regelii ········ 306
Eutrema heterophyllum ········ 129

F

Fagopyrum esculentum ········ 36
Fallopia aubertii ········ 43
Fallopia convolvulus ········ 42
Fallopia multiflora ········ 43
Ferula hexiensis ········ 246
Festuca rubra subsp. *arctica* ········ 430
Forsythia suspensa ········ 259
Fragaria orientalis ········ 157
Fragaria vesca ········ 156
Fraxinus chinensis ········ 260

G

Gagea pauciflora ········ 462
Galearis roborowskyi ········ 467
Galeopsis bifida ········ 292
Galinsoga parviflora ········ 346
Galium paradoxum ········ 324
Galium spurium ········ 324
Galium verum ········ 323
Gentiana aperta var. *aureopunctata* ········ 266
Gentiana aristata ········ 265
Gentiana dahurica ········ 263
Gentiana lawrencei var. *farreri* ········ 265
Gentiana leucomelaena ········ 264
Gentiana nubigena ········ 266
Gentiana pudica ········ 263
Gentiana siphonantha ········ 262
Gentiana squarrosa ········ 264
Gentiana straminea ········ 262
Gentianella azurea ········ 267
Gentianopsis barbata ········ 268
Geranium pratense ········ 211
Geranium pylzowianum ········ 210
Geranium sibiricum ········ 211
Glaux maritima ········ 252
Glycine max ········ 207
Glycyrrhiza uralensis ········ 195
Gueldenstaedtia verna ········ 196
Gymnocarpos przewalskii ········ 65
Gypsophila capituliflora ········ 71
Gypsophila licentiana ········ 72

H

Halenia elliptica ········ 267
Halerpestes ruthenica ········ 102
Halerpestes sarmentosa ········ 101
Halerpestes tricuspis ········ 101
Halogeton arachnoideus ········ 63
Halogeton glomeratus ········ 62
Haloxylon ammodendron ········ 44
Hedysarum brachypterum ········ 204
Helianthus annuus ········ 345
Helianthus tuberosus ········ 345
Helictotrichon hookeri ········ 418
Helictotrichon tibeticum ········ 417
Heracleum millefolium ········ 240
Herminium alaschanicum ········ 470
Hibiscus trionum ········ 227
Hippophae neurocarpa ········ 236
Hippophae rhamnoides subsp. *sinensis* ········ 236
Hippophae tibetana ········ 237
Hippuris vulgaris ········ 318
Hordeum roshevitzii ········ 415
Hordeum vulgare var. *coeleste* ········ 416

Hordeum vulgare ······························ 415
Humulus lupulus ······························ 30
Hyoscyamus niger ······························ 299
Hypecoum leptocarpum ······························ 106

I

Impatiens balsamina ······························ 225
Inula britannica ······························ 343
Inula salsoloides ······························ 342
Ipomoea purpurea ······························ 277
Iris bungei ······························ 465
Iris goniocarpa ······························ 464
Iris lactea ······························ 463
Iris lactea var. *chinensis* ······························ 466
Iris potaninii var. *ionantha* ······························ 464
Iris potaninii ······························ 463
Iris songarica ······························ 466
Iris tigridia ······························ 465
Isopyrum anemonoides ······························ 84
Ixeris chinensis ······························ 392

J

Juglans regia ······························ 25
Juncus articulatus ······························ 449
Juncus bufonius ······························ 450
Juncus castaneus ······························ 450
Juncus gracillimus ······························ 449
Juncus thomsonii ······························ 448
Juniperus chinensis ······························ 12
Juniperus przewalskii ······························ 12
Juniperus rigida ······························ 13
Juniperus sabina ······························ 11
Jurinea mongolica ······························ 372

K

Kalidium cuspidatum var. *sinicum* ······························ 51
Kalidium cuspidatum ······························ 50
Kalidium foliatum ······························ 51
Kalidium gracile ······························ 50
Karelinia caspia ······························ 343
Kengyilia rigidula ······························ 411
Klasea centauroides subsp. *strangulata* ······························ 384
Kobresia robusta ······························ 442
Kochia melanoptera ······························ 49
Kochia scoparia ······························ 49
Koeleria macrantha ······························ 416
Koeleria cristata var. *pseudocristata* ······························ 417
Koelreuteria paniculata ······························ 224
Koenigia islandica ······························ 32
Krascheninnikovia arborescens ······························ 45
Krascheninnikovia ceratoides ······························ 45

L

Lactuca tatarica ······························ 392
Lagopsis supina ······························ 291
Lagotis brachystachya ······························ 322
Lagotis brevituba ······························ 321
Lamium amplexicaule ······························ 297
Lamprocapnos spectabilis ······························ 107
Lancea tibetica ······························ 304
Lappula deserticola ······························ 282
Lappula redowskii ······························ 281
Larix gmelinii var. *principis-rupprechtii* ······························ 9
Launaea polydichotoma ······························ 387
Lavandula angustifolia ······························ 296
Lens culinaris ······························ 208
Leontopodium calocephalum ······························ 340
Leontopodium nanum ······························ 339
Leontopodium ochroleucum ······························ 340
Leonurus sibiricus ······························ 296
Lepidium alashanicum ······························ 117
Lepidium apetalum ······························ 118
Lepidium cordatum ······························ 116
Lepidium latifolium ······························ 116

Lepidium obtusum ······ 117
Lepisorus eilophyllus ······ 5
Leptopyrum fumarioides ······ 83
Lepyrodiclis holosteoides ······ 66
Lespedeza davurica ······ 203
Leymus secalinus ······ 414
Ligularia sagitta ······ 365
Ligularia virgaurea ······ 365
Ligusticum acuminatum ······ 242
Ligusticum thomsonii ······ 242
Ligustrum quihoui ······ 261
Lilium pumilum ······ 461
Limonium aureum ······ 258
Limosella aquatica ······ 305
Linum nutans ······ 212
Linum perenne ······ 212
Linum usitatissimum ······ 213
Littledalea racemosa ······ 409
Lloydia serotina ······ 462
Lomatogonium carinthiacum ······ 270
Lomatogonium gamosepalum ······ 270
Lomatogonium rotatum ······ 269
Lonicera ferdinandi ······ 327
Lonicera hispida ······ 327
Lonicera microphylla ······ 325
Lonicera rupicola var. *minuta* ······ 325
Lonicera rupicola ······ 326
Lonicera rupicola var. *syringantha* ······ 326
Lycium barbarum ······ 298
Lycium chinense ······ 298
Lycium ruthenicum ······ 297
Lycopersicon esculentum ······ 302

M

Malcolmia africana ······ 129
Malus prunifolia ······ 154
Malus spectabilis ······ 153
Malus × micromalus ······ 153
Malva cathayensis ······ 227
Malva verticillata ······ 228
Mannagettaea hummelii ······ 314
Meconopsis horridula ······ 105
Meconopsis integrifolia var. *integrifolia* ······ 106
Meconopsis quintuplinervia ······ 105
Medicago archiducis-nicolai ······ 176
Medicago falcata ······ 177
Medicago lupulina ······ 175
Medicago ruthenica ······ 176
Medicago sativa ······ 177
Megadenia pygmaea ······ 119
Melica przewalskyi ······ 402
Melica scabrosa ······ 403
Melica secunda ······ 403
Melica virgata ······ 404
Melilotus albus ······ 174
Melilotus officinalis ······ 174
Mentha canadensi ······ 288
Metaeritrichium microuloides ······ 282
Microstigma brachycarpum ······ 131
Microula pseudotrichocarpa ······ 284
Microula rockii ······ 285
Microula stenophylla ······ 283
Microula tangutica ······ 283
Microula trichocarpa ······ 284
Morina chinensis ······ 329
Morus alba ······ 29
Myricaria bracteata ······ 230
Myricaria squamosa ······ 231
Myriophyllum spicatum ······ 239

N

Nabalus tatarinowii ······ 393

Neopallasia pectinata ······ 353
Neotorularia humilis ······ 132
Neotorularia korolkowii ······ 133
Neottia acuminata ······ 468
Neottia puberula ······ 469
Nepeta coerulescens ······ 295
Nepeta multifida ······ 294
Nitraria roborowskii ······ 214
Nitraria sibirica ······ 213
Nitraria sphaerocarpa ······ 214
Notopterygium franchetii ······ 244
Notopterygium incisum ······ 245

O

Odontites vulgaris ······ 306
Oenanthe javanica ······ 246
Olgaea leucophylla ······ 373
Orostachys fimbriata ······ 134
Ostryopsis davidiana ······ 26
Oxygraphis glacialis ······ 93
Oxytropis aciphylla ······ 198
Oxytropis falcata ······ 200
Oxytropis glabra var. *tenuis* ······ 198
Oxytropis glabra ······ 197
Oxytropis imbricata ······ 202
Oxytropis kansuensis ······ 200
Oxytropis latibracteata ······ 202
Oxytropis melanocalyx ······ 196
Oxytropis myriophylla ······ 199
Oxytropis ochrantha ······ 201
Oxytropis ochrocephala ······ 201
Oxytropis qilianshanica ······ 199
Oxytropis tragacanthoides ······ 197

P

Paeonia anomala subsp. *veitchii* ······ 77
Paeonia lactiflora ······ 77
Paeonia suffruticosa ······ 76
Panicum miliaceum ······ 433
Paraquilegia microphylla ······ 85
Parnassia lutea ······ 223
Parnassia oreophila ······ 223
Pedicularis alaschanic ······ 308
Pedicularis chinensis ······ 307
Pedicularis kansuensis ······ 309
Pedicularis lasiophrys ······ 312
Pedicularis longiflora var. *tubiformis* ······ 310
Pedicularis megalochila ······ 310
Pedicularis muscicola ······ 307
Pedicularis oederi ······ 312
Pedicularis pilostachya ······ 309
Pedicularis plicata ······ 308
Pedicularis przewalskii ······ 311
Pedicularis spicata ······ 313
Pedicularis ternata ······ 313
Pedicularis verticillata ······ 311
Pegaeophyton scapiflorum ······ 125
Peganum harmala ······ 215
Peganum multisectum ······ 215
Pennisetum flaccidum ······ 435
Phedimus aizoon ······ 137
Phlomis dentosa ······ 295
Phragmites australis ······ 402
Phyllolobium chinense ······ 195
Picea crassifolia ······ 9
Picris hieracioides ······ 387
Pinus sylvestris var. *mongolica* ······ 10
Pinus tabuliformis ······ 10
Pisum sativum ······ 205
Plantago asiatica ······ 316
Plantago depressa ······ 317
Plantago minuta ······ 316

Platycladus orientalis …… 11
Pleurospermum hookeri var. *thomsonii* …… 241
Pleurospermum pulszkyi …… 240
Pleurospermum wilsonii …… 241
Plumbagella micrantha …… 258
Poa annua …… 404
Poa arctica subsp. *caespitans* …… 405
Poa attenuata var. *vivipara* …… 405
Poa pratensis subsp. *staintonii* …… 406
Poa pratensis …… 407
Poa sphondylodes …… 408
Poa szechuensis var. *debilior* …… 407
Poa tibetica …… 406
Polemonium chinense …… 278
Polygala sibirica …… 220
Polygala tenuifolia …… 220
Polygonatum cirrhifolium …… 452
Polygonatum odoratum …… 452
Polygonatum verticillatum …… 453
Polygonum amphibium …… 38
Polygonum aviculare …… 37
Polygonum hydropiper …… 39
Polygonum lapathifolium …… 37
Polygonum macrophyllum …… 40
Polygonum orientale …… 39
Polygonum sibiricum …… 40
Polygonum sparsipilosum …… 38
Polygonum viviparum …… 41
Polypogon monspeliensis …… 423
Pomatosace filicula …… 252
Populus alba var. *pyramidalis* …… 17
Populus davidiana …… 17
Populus × *gansuensis* …… 18
Populus nigra var. *thevestina* …… 19
Populus simonii …… 19
Populus tomentosa …… 18
Portulaca oleracea …… 64
Potamogeton crispus …… 400
Potamogeton perfoliatus …… 399
Potamogeton pusillus …… 399
Potaninia mongolica …… 149
Potentilla acaulis …… 159
Potentilla angustiloba …… 164
Potentilla anserina …… 162
Potentilla bifurca var. *major* …… 163
Potentilla bifurca …… 161
Potentilla conferta …… 164
Potentilla glabra …… 160
Potentilla parvifolia …… 161
Potentilla plumosa …… 165
Potentilla reptans …… 160
Potentilla saundersiana …… 162
Potentilla sischanensis …… 165
Potentilla supina …… 163
Primul tangutica …… 256
Primula nutans …… 257
Primula orbicularis …… 256
Primula stenocalyx …… 257
Prunus armeniaca …… 169
Prunus cerasifera f. *atropurpurea* …… 170
Prunus daridiana …… 167
Prunus humilis …… 166
Prunus mongolica …… 168
Prunus persica‘Duplex’ …… 167
Prunus salicina …… 170
Prunus sibirica …… 169
Prunus tomentosa …… 166
Prunus triloba …… 168
Psammochloa villosa …… 429
Psathyrostachys kronenburgii …… 413

Pseudostellaria heterantha ······ 66
Ptilagrostis dichotoma ······ 428
Ptilagrostis pelliotii ······ 428
Puccinellia distans ······ 409
Pugionium dolabratum var. *latipterum* ······ 114
Pulsatilla ambigua ······ 93
Pycreus sanguinolentus ······ 440
Pyrola calliantha ······ 249
Pyrus betulifolia ······ 151
Pyrus bretschneideri ······ 151
Pyrus sinkiangensis ······ 152

R

Ranunculus chinensis ······ 99
Ranunculus glareosus ······ 98
Ranunculus nephelogenes var. *longicaulis* ······ 99
Ranunculus nephelogenes ······ 98
Ranunculus pulchellus ······ 97
Ranunculus rigescens ······ 100
Raphanus sativus ······ 115
Reaumuria soongarica ······ 229
Rhamnus parvifolia ······ 225
Rhaponticum repens ······ 384
Rheum przewalskyi ······ 33
Rheum pumilum ······ 34
Rheum tanguticum ······ 33
Rheum uninerve ······ 34
Rhodiola dumulosa ······ 134
Rhodiola kirilowii ······ 135
Rhodiola subopposita ······ 135
Rhodiola tangutica ······ 136
Rhododendron anthopogonoides ······ 250
Rhododendron capitatum ······ 250
Rhododendron przewalski ······ 251
Rhus typhina ······ 222
Ribes himalense var. *verruculosum* ······ 142
Ribes orientale ······ 142
Ribes pulchellum ······ 143
Ribes stenocarpum ······ 143
Robinia hispida ······ 180
Robinia pseudoacacia‘daho’ ······ 179
Robinia pseudoacacia ······ 179
Roegneria turczaninovii ······ 410
Rorippa palustris ······ 126
Rosa chinensis ······ 155
Rosa rugosa ······ 154
Rosa willmottiae ······ 156
Rosa xanthina ······ 155
Rubia cordifolia ······ 322
Rubia sylvatica ······ 323
Rubus irritans ······ 157
Rumex aquaticus ······ 35
Rumex crispus ······ 35
Rumex patientia ······ 36

S

Salix babylonica ······ 20
Salix cheilophila ······ 23
Salix hypoleuca ······ 25
Salix matsudana f. *tortuosa* ······ 24
Salix matsudana f. *umbraculifera* ······ 24
Salix matsudana ······ 20
Salix oritrepha ······ 21
Salix oritrepha var. *amnematchinensis* ······ 21
Salix sinica ······ 22
Salix taoensis ······ 22
Salix wilhelmsiana ······ 23
Salsola abrotanoides ······ 48
Salsola arbuscula ······ 46
Salsola collina ······ 48
Salsola laricifolia ······ 47
Salsola passerina ······ 46

Salsola tragus …… 47
Salvia farinacea …… 290
Salvia roborowskii …… 291
Sambucus williamsii …… 330
Saussurea amara …… 383
Saussurea brunneopilosa …… 379
Saussurea cana …… 380
Saussurea chingiana …… 373
Saussurea epilobioides …… 376
Saussurea graminea …… 383
Saussurea hieracioides …… 377
Saussurea inversa …… 375
Saussurea katochaete …… 381
Saussurea mae …… 382
Saussurea medusa …… 375
Saussurea nigrescens …… 374
Saussurea nimborum …… 381
Saussurea phaeantha …… 377
Saussurea przewalskii …… 379
Saussurea pulchra …… 382
Saussurea runcinata …… 378
Saussurea salsa …… 378
Saussurea sylvatica …… 376
Saussurea tangutica …… 374
Saussurea ussuriensis …… 380
Saxifraga atrata …… 137
Saxifraga cernua …… 139
Saxifraga egregia …… 140
Saxifraga nanella …… 138
Saxifraga sinomontana …… 140
Saxifraga tangutica …… 138
Saxifraga unguiculata …… 139
Schoenoplectus triqueter …… 438
Scorzonera austriaca …… 386
Scorzonera divaricata …… 386
Scorzonera mongolica …… 385
Scorzonera pseudodivaricata …… 385
Scrophularia incisa …… 305
Scutellaria scordifolia …… 292
Sedum roborowskii …… 136
Senecio dubitabilis …… 364
Senecio thianschanicus …… 364
Seriphidium compactum …… 352
Setaria italica var. *germanica* …… 436
Setaria pumila …… 436
Setaria viridis …… 435
Sibbaldia adpressa …… 158
Sibbaldia tetrandra …… 158
Sibiraea angustata …… 146
Silene aprica …… 72
Silene conoidea …… 74
Silene gonosperma …… 74
Silene pterosperma …… 73
Silene repens …… 73
Sisymbrium heteromallum …… 132
Smelowskia tibetica …… 119
Solanum melongena …… 301
Solanum nigrum …… 301
Solanum septemlobum …… 300
Solanum tuberosum …… 300
Solanum villosum …… 299
Sonchella stenoma …… 394
Sonchus oleraceus …… 391
Sonchus wightianus …… 391
Sophora alopecuroides …… 172
Sorbaria kirilowii …… 144
Sorbus koehneana …… 148
Sorbus tianschanica …… 149
Sorghum bicolor …… 437
Soroseris glomerata …… 395

Soroseris hookeriana ······ 396
Spergularia marina ······ 64
Sphaerophysa salsula ······ 180
Sphallerocarpus gracilis ······ 243
Spiraea alpina ······ 145
Spiraea aquilegiifolia ······ 145
Spiraea hypericifolia ······ 146
Spiraea mongolica ······ 144
Stachys sieboldii ······ 293
Stellaria alsine ······ 69
Stellaria amblyosepala ······ 69
Stellaria bistyla ······ 68
Stellaria graminea ······ 70
Stellaria media ······ 71
Stellaria umbellata ······ 70
Stellera chamaejasme ······ 235
Stilpnolepis intricata ······ 349
Stipa breviflor ······ 424
Stipa bungeana ······ 425
Stipa caucasica subsp. *glareosa* ······ 425
Stipa grandis ······ 426
Stipa penicillata ······ 426
Stipa tianschanica var. *gobica* ······ 424
Stuckenia pectinata ······ 398
Styphnolobium japonicum'Pendula' ······ 171
Styphnolobium japonicum ······ 171
Suaeda corniculata ······ 54
Suaeda glauca ······ 55
Suaeda prostrata ······ 55
Swertia dichotoma ······ 271
Swertia przewalskii ······ 271
Swertia tetraptera ······ 272
Sympegma regelii ······ 52
Symphyotrichum ciliatum ······ 338
Synstemon petrovii ······ 128
Syringa oblata ······ 259
Syringa reticulata subsp. *amurensis* ······ 260

T

Tamarix laxa ······ 229
Tamarix ramosissima ······ 230
Taphrospermum altaicum ······ 131
Taphrospermum fontanum ······ 121
Taraxacum dissectum ······ 388
Taraxacum mongolicum ······ 389
Taraxacum nutans ······ 389
Taraxacum platypecidum ······ 390
Taraxacum pseudoatratum ······ 390
Taraxacum scariosum ······ 388
Tephroseris rufa ······ 363
Thalictrum alpinum var. *elatum* ······ 89
Thalictrum alpinum ······ 88
Thalictrum minus ······ 85
Thalictrum petaloideum ······ 87
Thalictrum przewalskii ······ 86
Thalictrum rutifolium ······ 86
Thalictrum simplex var. *brevipes* ······ 88
Thalictrum uncatum ······ 87
Thermopsis alpina ······ 173
Thermopsis inflata ······ 172
Thermopsis lanceolata ······ 173
Thesium refractum ······ 32
Thlaspi arvense ······ 118
Thylacospermum caespitosum ······ 76
Tournefortia sibirica ······ 287
Tragus mongolorum ······ 432
Tribulus terrestris ······ 216
Trichophorum pumilum ······ 439
Triglochin maritima ······ 398
Triglochin palustris ······ 397
Trigonella foenum-graecum ······ 175

Trigonotis peduncularis ··· 281
Triticum aestivum ··· 412
Trollius farreri ··· 92
Trollius ranunculoides ··· 92
Typha angustifolia ··· 396
Typha laxmannii ··· 397

U

Ulmus densa ··· 28
Ulmus laciniata ··· 27
Ulmus pumila 'Pendula' ··· 28
Ulmus pumila ··· 27
Urtica cannabina ··· 31
Urtica tibetica ··· 31
Urtica triangularis subsp. *trichocarpa* ··· 30

V

Vaccaria hispanica ··· 75
Valeriana officinalis ··· 328
Valeriana tangutica ··· 328
Verbena officinalis ··· 287
Veronica anagallis-aquatica ··· 319
Veronica biloba ··· 321
Veronica ciliata ··· 320
Veronica eriogyne ··· 319
Veronica polita ··· 320
Veronica undulata ··· 318
Viburnum farreri ··· 330
Vicia cracca ··· 207
Vicia faba ··· 206
Vicia sativa subsp. *nigra* ··· 205
Vicia sativa ··· 206
Viola biflora var. *rockiana* ··· 233
Viola biflora ··· 231
Viola bulbosa ··· 232
Viola dissecta ··· 232
Viola kunawarensis ··· 234
Viola prionantha ··· 233
Vitis vinifera ··· 226

X

Xanthium strumarium ··· 344
Xanthopappus subacaulis ··· 370

Y

Youngia simulatrix ··· 395

Z

Zannichellia palustris ··· 400
Zanthoxylum bungeanum ··· 219
Zea mays ··· 438
Zinnia elegans ··· 346
Ziziphus jujuba ··· 226
Zygophyllum gobicum ··· 217
Zygophyllum kansuense ··· 218
Zygophyllum loczyi ··· 217
Zygophyllum mucronatum ··· 218
Zygophyllum xanthoxylon ··· 216